UG NX 产品造型设计

——减速器

主　编　付　敏
副主编　雷　雨　李雪婧

东北林业大学出版社
Northeast Forestry University Press
·哈尔滨·

图书在版编目（CIP）数据

UG NX 产品造型设计：减速器 / 付敏主编 — 哈尔滨：东北林业大学出版社，2023.6

ISBN　978-7-5674-3203-1

Ⅰ．① U…　Ⅱ．①付…　Ⅲ．①工业产品－产品设计－计算机辅助设计－应用软件　Ⅳ．① TB472-39

中国国家版本馆 CIP 数据核字 (2023) 第 118555 号

UG NX 产品造型设计 —— 减速器

UG NX CHANPIN ZAOXING SHEJI——JIANSUQI

责任编辑：潘　琦
封面设计：乔鑫鑫
出版发行：东北林业大学出版社
（哈尔滨市香坊区哈平六道街 6 号　邮编：150040）
印　　装：三河市明华印务有限公司
开　　本：787 mm×1092 mm　1/16
印　　张：13.5
字　　数：296 千字
版　　次：2023 年 6 月第 1 版
印　　次：2023 年 6 月第 1 次印刷
书　　号：ISBN 978-7-5674-3203-1
定　　价：59.00 元

如发现印装质量问题，请与出版社联系调换。（电话：0451-82113296　82191620）

前　言

Unigraphics NX（简称 UG NX）起源于美国麦道飞机公司，是美国 UGS 公司的主导工程应用软件产品，是全球应用较为普遍的计算机辅助设计和制造系统软件之一。

UGS 公司致力于全球产品全生命周期管理（PLM）软件的开发，在全球装机量近 400 万台套，拥有近 5 万家客户，俄罗斯航空公司、北美汽油涡轮发动机、美国通用汽车、普惠喷气发动机、波音公司、以色列航空公司、英国航空公司等都是 Unigraphics 软件的重要客户。自 20 世纪 90 年代进入我国市场以来，UG NX 以其强大的功能、高端的技术和专业化的服务，在我国得到越来越广泛的应用。

UG NX 广泛应用于机械、汽车、航空航天、电气、化工、家电、电子等行业的产品设计和制造，在国内外的大中小型企业中得到了广泛应用。UG NX 软件的推广使用极大地提高了企业的生产效率，降低了产品的成本，增加了企业的竞争实力，也为广大工程技术人员从事产品开发、模具设计、数控加工、钣金设计等提供了很好的平台。

本书以单级圆柱齿轮减速器的一整套零部件为产品造型设计任务，介绍了在 UG NX 4 中根据单级圆柱齿轮减速器所有零部件的工程图纸完成减速器零部件的造型设计，以及减速器的整机装配任务。本书主要内容包括直齿圆柱齿轮、齿轮轴、深沟球轴承、定距环、平键、密封圈、轴承端盖、减速器底座、减速器机盖、螺栓、螺母等各种常见类型的机械零件设计。全书理论与实例紧密结合，图文并茂，内容由浅入深，易学易懂，使读者能快速入门并掌握一定的设计和使用技巧。

本书可以作为本科高等学校和高职高专工科院校机械设计制造及其自动化、数控技术、机电一体化、模具设计与制造、动力工程和电力工程等专业师生的教学用书，也可以作为高等职业技术院校培训教材以及机电行业工程技术人员的参考用书。

由于编者同时要承担工作任务，编写时间仓促，书中难免存在疏漏和不足之处，恳请广大读者批评指正。

编者

2023 年 2 月

目　录

第 1 章　直齿圆柱齿轮

1.1　直齿圆柱齿轮渐开线数学方程

本节简单介绍了直齿圆柱齿轮的渐开线齿廓的数学方程。首先，给出圆柱渐开线的数学模型，如图 1-1 所示。

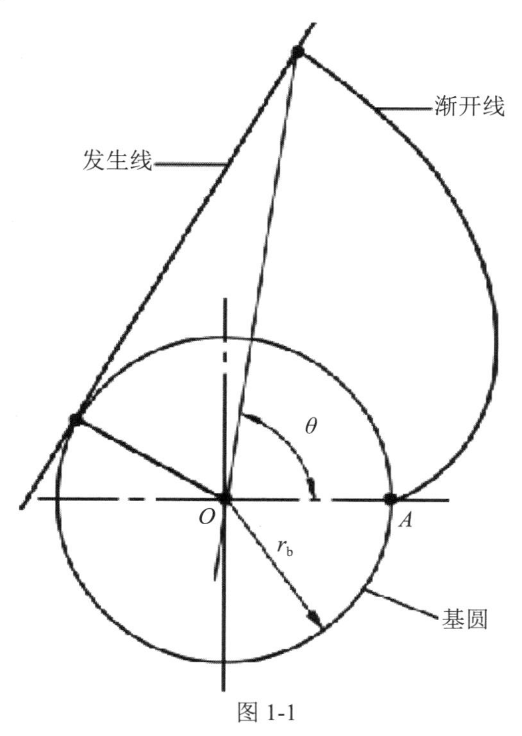

图 1-1

从渐开线的数学模型和渐开线的几何特点，可以得到渐开线的轨迹方程如下所示：

$$x = r_b \times \cos\theta + r_b \times \theta \times \sin\theta$$

$$y = r_b \times \sin\theta - r_b \times \theta \times \cos\theta$$

其中，r_b 为圆柱渐开线的基圆半径。

1.2　单级减速器中传动直齿圆柱齿轮基本参数

减速器中使用齿轮轴和大齿轮的啮合来实现传动，其中大齿轮零件图如图 1-2 所示。

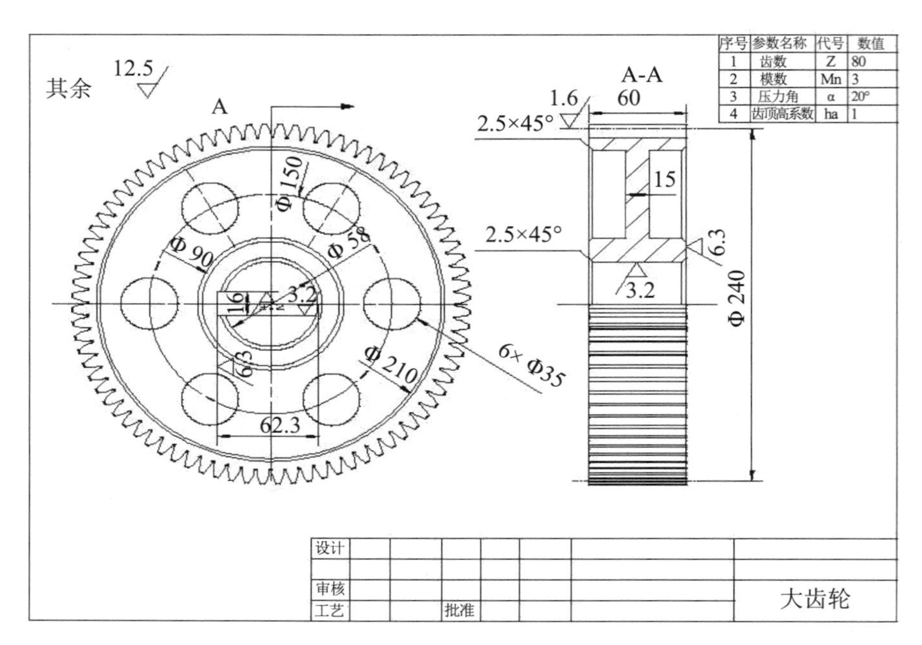

图 1-2

齿轮轴零件图如图 1-3 所示。

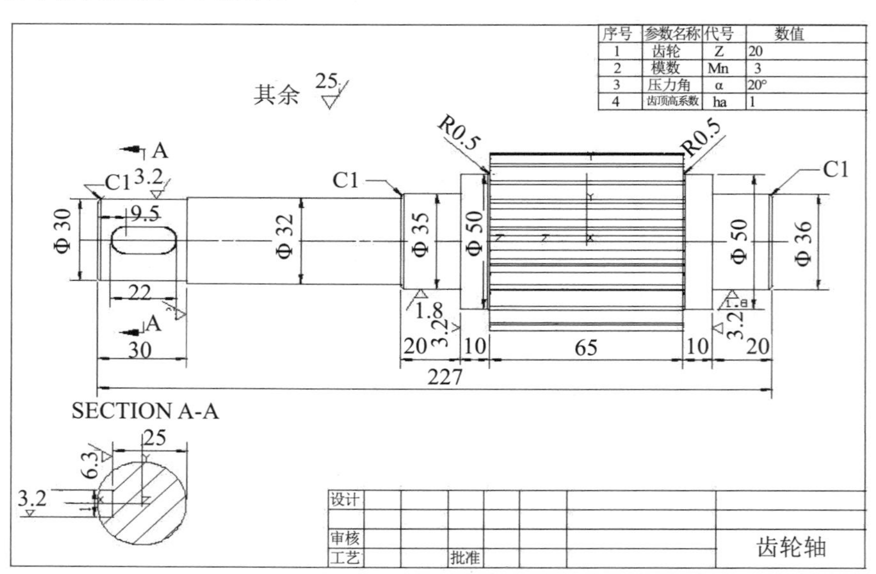

图 1-3

由大齿轮和齿轮轴零件图整理出其基本参数如表 1-1 所示。

表 1-1　大齿轮和齿轮轴的基本参数

序号	齿轮参数	名称	公式	量纲	单位	大齿轮	齿轮轴
1	模数	m	—	长度	mm	3	3
2	齿数	z	—	恒定	—	80	20

续表

序号	齿轮参数	名称	公式	量纲	单位	大齿轮	齿轮轴
3	压力角	alpha	—	角度	degree	20°	20°
4	齿宽	b	—	长度	mm	60	65
5	齿顶高系数	hak	—	恒定	—	1	1
6	顶隙系数	ck	—	恒定	—	0.25	0.25
7	分度圆半径	r	m * z/2	长度	mm	—	—
8	基圆半径	rb	r * cos(alpha)	长度	mm	—	—
9	齿顶圆半径	ra	r + hak * m	长度	mm	—	—
10	齿根圆半径	rf	r − (hak + ck) * m	长度	mm	—	—

1.3　直齿圆柱齿轮在 UG NX 4 中的参数化建模

1.3.1　UG NX 4 中绘制圆柱渐开线的参数列表

结合 UG NX 4 中绘制规律曲线的功能，整理出绘制圆柱渐开线的参数如表 1-2 所示。

表 1-2　圆柱渐开线的参数

序号	齿轮参数	名称	公式	量纲	单位
1	模数	m	1	长度	mm
2	齿数	z	80（大齿轮）20（小齿轮）	恒定	—
3	压力角	alpha	20°	角度	degree
4	齿宽	b	60（大齿轮）65（小齿轮）	长度	mm
5	齿顶高系数	hak	1	恒定	—
6	顶隙系数	ck	0.25	恒定	—
7	分度圆半径	r	m*z/2	长度	mm
8	基圆半径	rb	r*cos(alpha)	长度	mm
9	齿顶圆半径	ra	r+hak*m	长度	mm
10	齿根圆半径	rf	r−(hak+ck)*m	长度	mm
11	渐开线发生角	a1	0	角度	degree
12	渐开线终止角	a2	90	角度	degree
13	UG 系统参数	t	1	恒定	—
14	渐开线方程的展角自变量	s	(1-t)*a1+t*a2	角度	degree
15	渐开线的参数方程	xt	rb*cos(s)+rb*rad(s)*sin(s)	恒定	—
16		yt	rb*sin(s)−rb*rad(s)*cos(s)	恒定	—
17		zt	0（渐开线绘制在 XOY 平面内）	恒定	—

1.3.2　直齿圆柱齿轮的建模

本节以大齿轮为实例，介绍直齿圆柱齿轮的参数化建模的具体操作步骤。

（1）启动 UG NX 4，新建文件 GearModule.prt，单击“起始”图标，单击“建模”

图标，然后进入“建模”状态。

（2）创建工作坐标系，单击“成形特征”工具条中创建“基准 CSYS”图标，单击“绝对坐标”图标，在（0，0，0）点定义一个新的工作坐标系。

（3）单击“工具”菜单，单击“表达式”，进入“表达式”对话框，依次创建大齿轮的参数，如图 1-4 所示。

图 1-4

（4）单击“确定”，退出“表达式”对话框。

（5）利用规律曲线的功能来绘制渐开线。单击“规律曲线”图标，选择“fx”根据方程方式依次定义 X 轴、Y 轴、Z 轴方向的自变参数和函数参数分别为（t，xt）、（t，yt）、（t，zt=0），然后依次单击“确定”，完成一条渐开线的绘制，如图 1-5、图 1-6 所示。

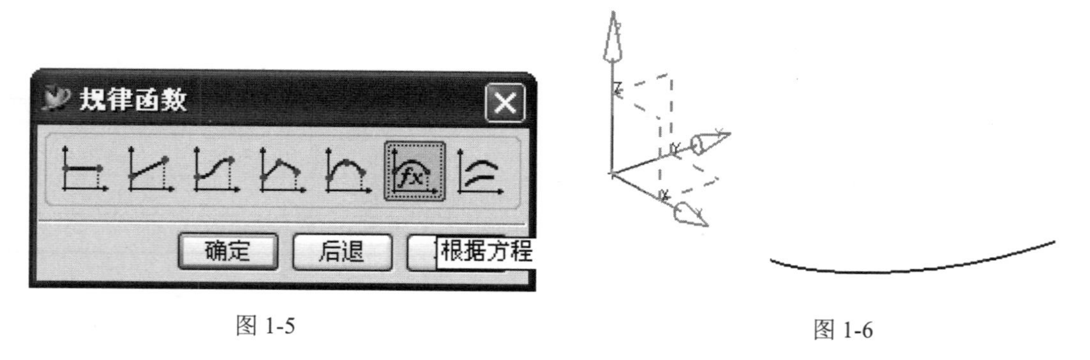

图 1-5　　图 1-6

（6）在 XOY 平面内绘制齿槽轮廓线。单击“俯视图”工具条图标，单击“圆”图标，在 XOY 平面内以（0，0，0）为圆心，由内到外依次利用参数列表中定义的圆环半径 rb、rf、r、ra 绘制出基圆、齿根圆、分度圆、齿顶圆，如图 1-7 所示。

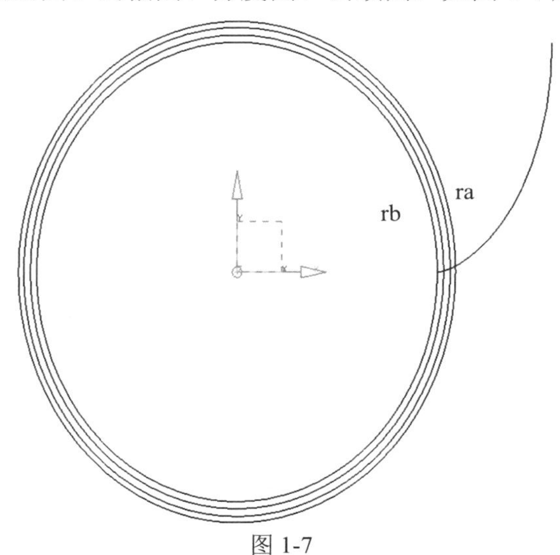

图 1-7

单击“修剪曲线” 工具条，弹出“修剪曲线”对话框，在对话框中设置“样条延伸”为“线性延伸”，启用“关联输出”，“输入曲线”为“隐藏”，如图 1-8 所示；在绘图区域单击刚生成的渐开线作为被修剪曲线，然后依次单击齿根圆 rf 和齿顶圆 ra 作为修剪边界线来修剪渐开线，得到一条齿槽轮廓线。

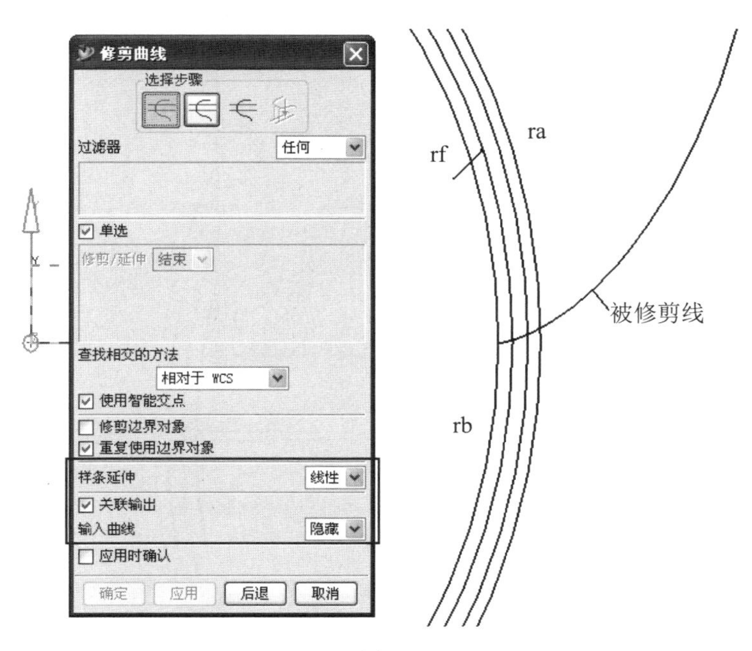

图 1-8

单击“直线” 图标，单击“捕捉交点” 图标，选择分度圆和渐开线的交点作为起点，单击原点（0，0，0）作为终点，绘制一条直线，如图 1-9 所示。

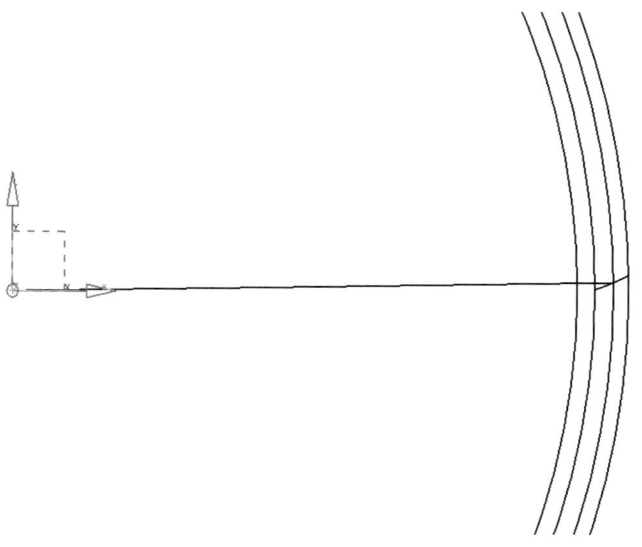

图 1-9

然后单击菜单【插入 → 曲线 → 直线 】，单击原点作为直线起点，然后单击上一步绘制的直线上其他任意一点，弹出角度文本框，输入角度“-90/z”，如图 1-10 所示。

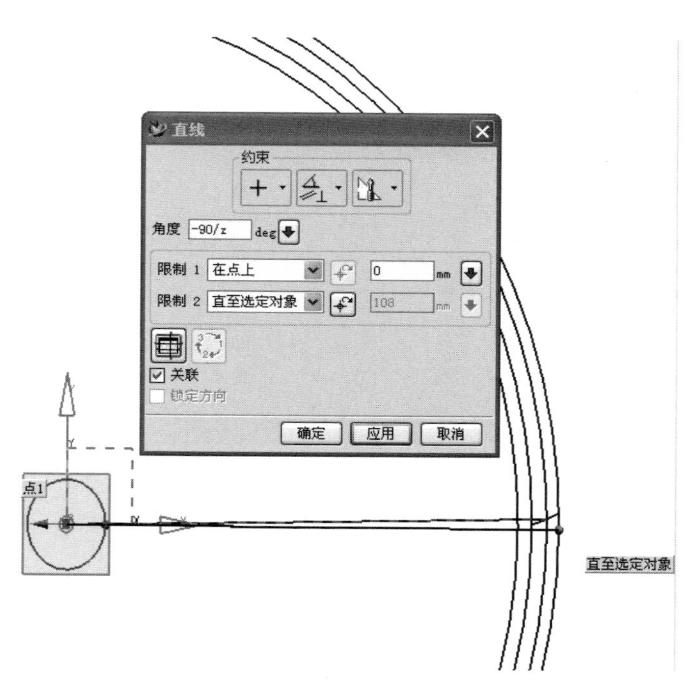

图 1-10

单击“应用”，在上述直线逆时针夹角为“-90/z”的位置绘制一条直线。这条直线就是齿槽的对称中心线，如图 1-11 所示。

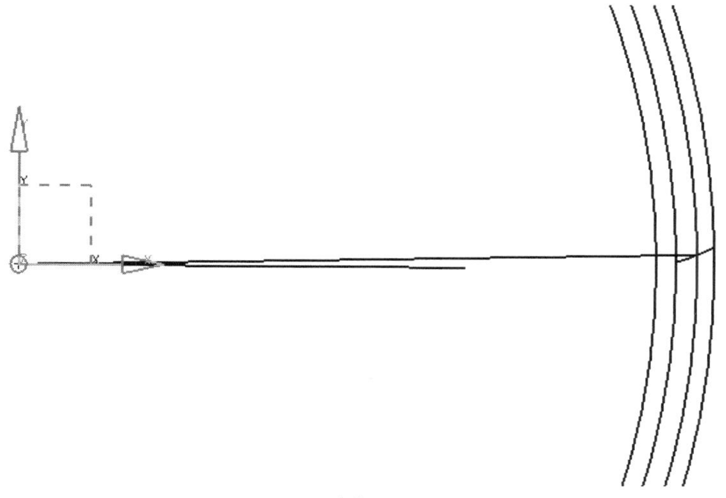

图 1-11

然后单击菜单【插入 → 来自曲线集的曲线 → 镜像曲线 】，弹出镜像曲线对话框；在选择步骤中单击第一个图标“曲线”，在绘图区域选择裁剪得到的齿槽轮廓线，如图 1-12 所示。

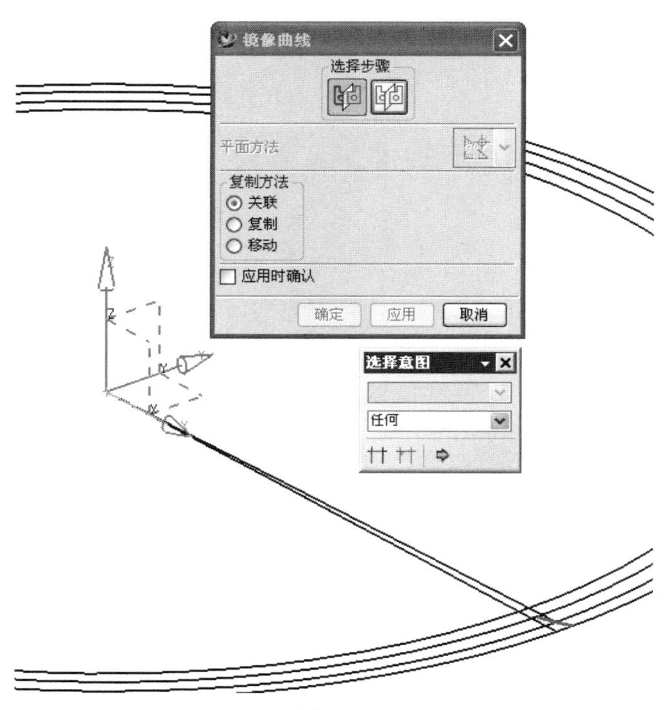

图 1-12

在选择步骤中单击第二个图标“面 / 基准平面”，在平面方法下拉菜单中单击“平面”图标，弹出基准平面对话框，如图 1-13 所示。

在类型区域中单击“两直线” 图标；在绘图区域单击“齿槽的对称中心线”和 ZC 轴；这时，绘图区域出现基准平面，如图 1-14 所示。

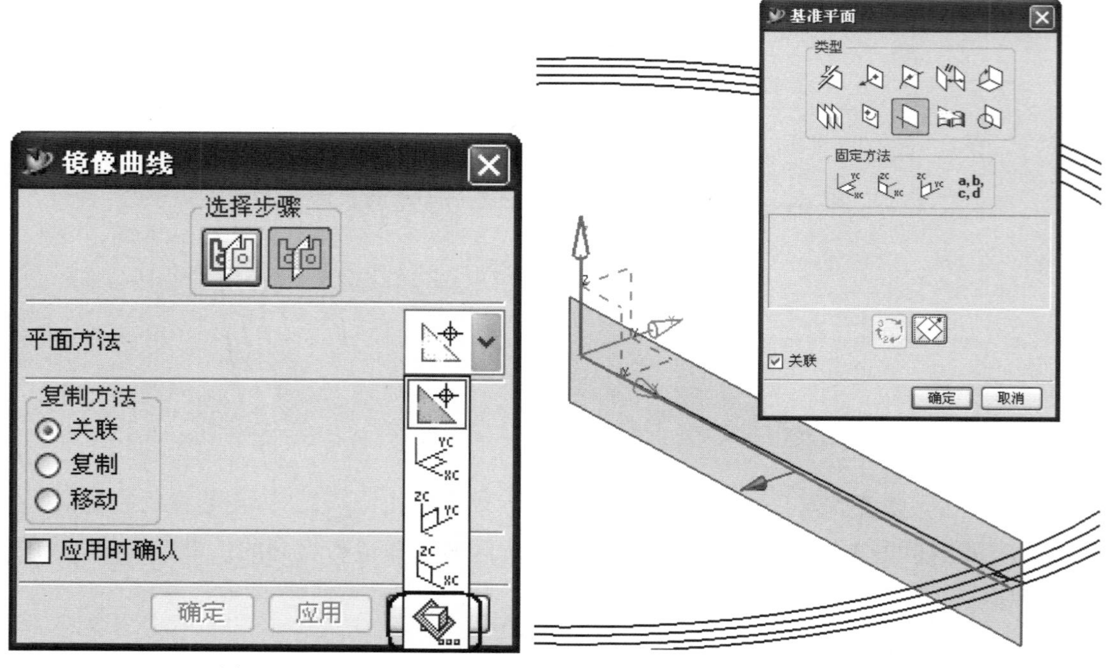

图 1-13　　　　图 1-14

单击“确定”，回到镜像曲线对话框，复制方法设置为“关联”，如图 1-15 所示。

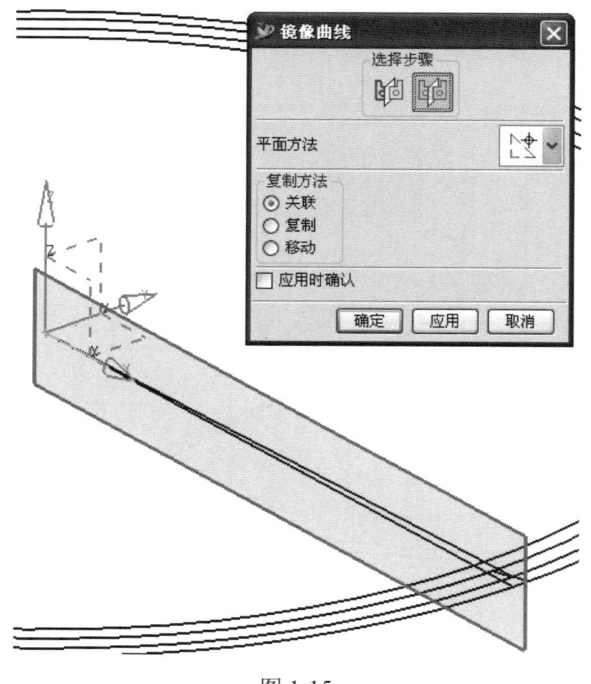

图 1-15

单击“应用”，把齿槽轮廓线镜像一条。最后得到齿槽的轮廓线，如图 1-16 所示。

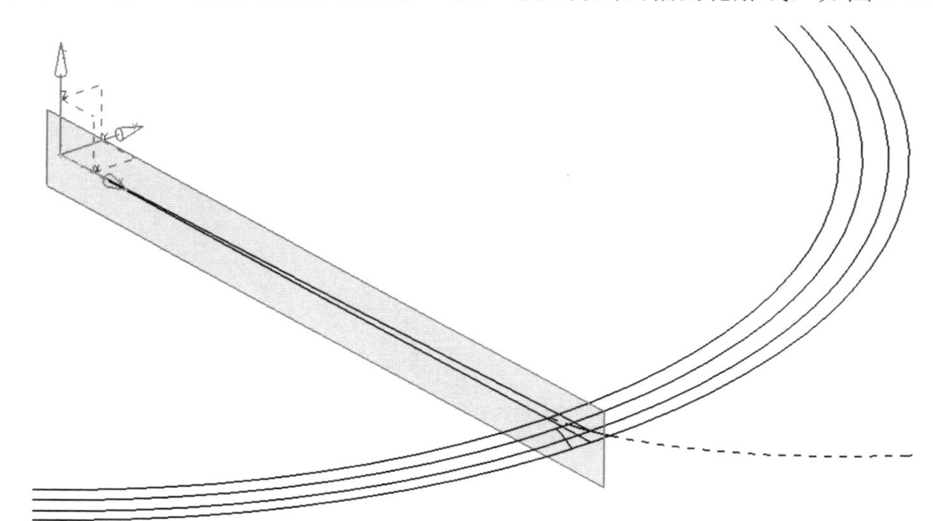

图 1-16

（7）创建圆柱齿胚。单击“圆柱”图标，再单击“直径和高度”，在矢量构造器中选择“ZC”方向，接着在“直径”文本框中输入齿顶圆直径 2*ra，在“高度”文本框中输入齿宽 b，接着圆柱的定位基点选择在（0，0，0），完成齿胚的创建，如图 1-17 所示。

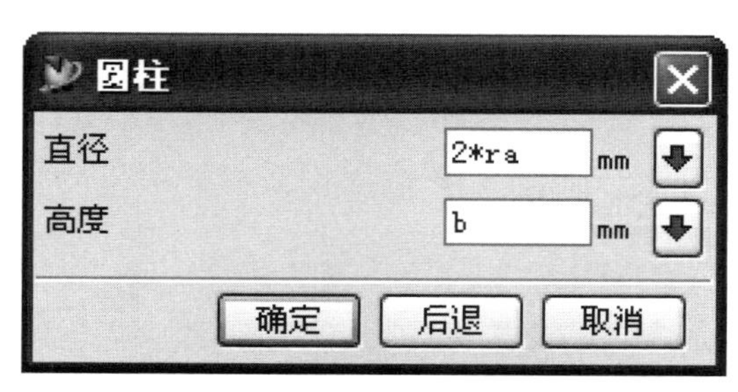

图 1-17

（8）利用齿槽轮廓线拉伸切除齿胚。把齿胚实体设置为透明静态线框显示，单击“拉伸”工具条，在选择意图对话框中单击“在交点处停止”图标，然后依次选择形成齿槽轮廓线的各条曲线作为拉伸截面，拉伸高度为“b”，最后选择布尔运算为“求差”，单击“确定”，切除齿胚得到一个齿槽，如图 1-18 所示。

（9）圆周阵列上述完成的拉伸切除特征形成所有的轮齿。单击“实例特征”工具条，选择“环形阵列”，然后选择上面的拉伸切除特征，在“数字”文本框中输入阵列数量 z，在“角度”文本框中输入阵列的角度 360/z，单击“确定”，如图 1-19 所示。

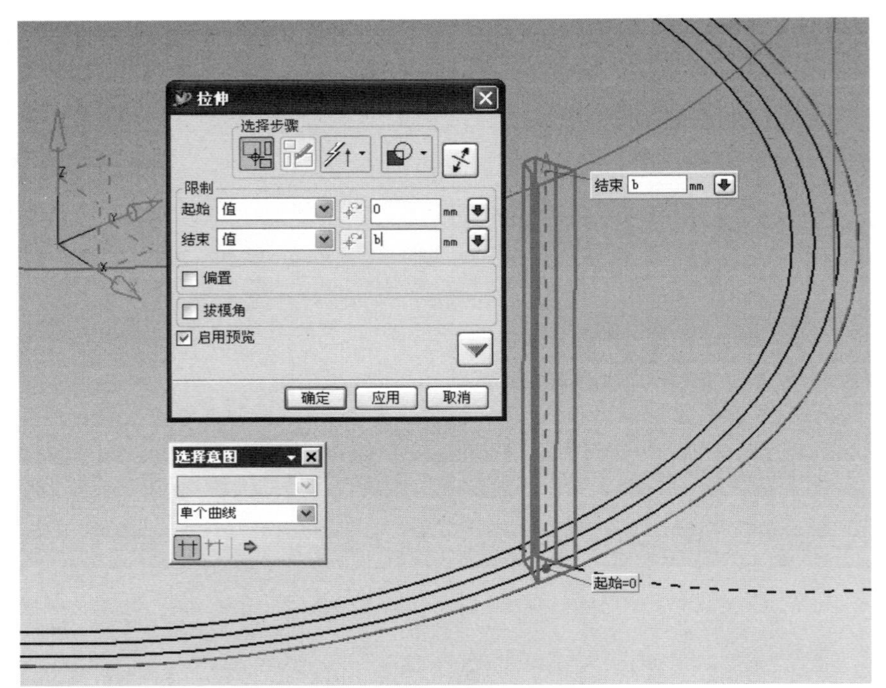

图 1-18

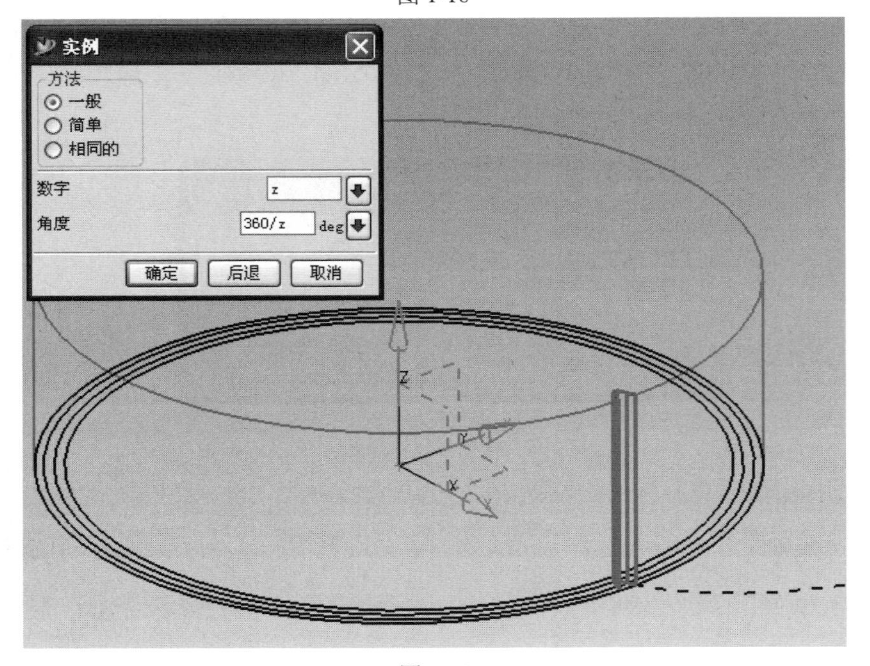

图 1-19

单击“基准轴”，在绘图区域选择“ZC 轴”，单击“创建引用”，完成阵列操作，形成整个齿轮。单击“轴测图”，齿轮如图 1-20 所示。

（10）保存 GearModule.prt 文件，完成圆柱齿轮的参数化建模（请注意，参数化建模过程中所有使用的参数全部引用于表达式中定义的参数）。

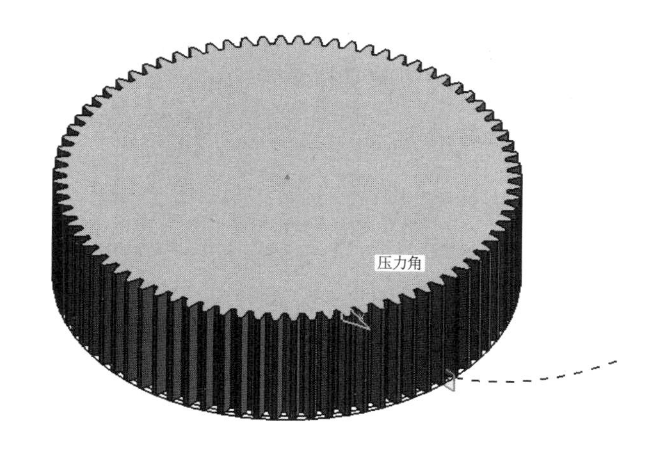

图 1-20

1.4 大齿轮的建模

大齿轮零件图如图 1-21 所示。

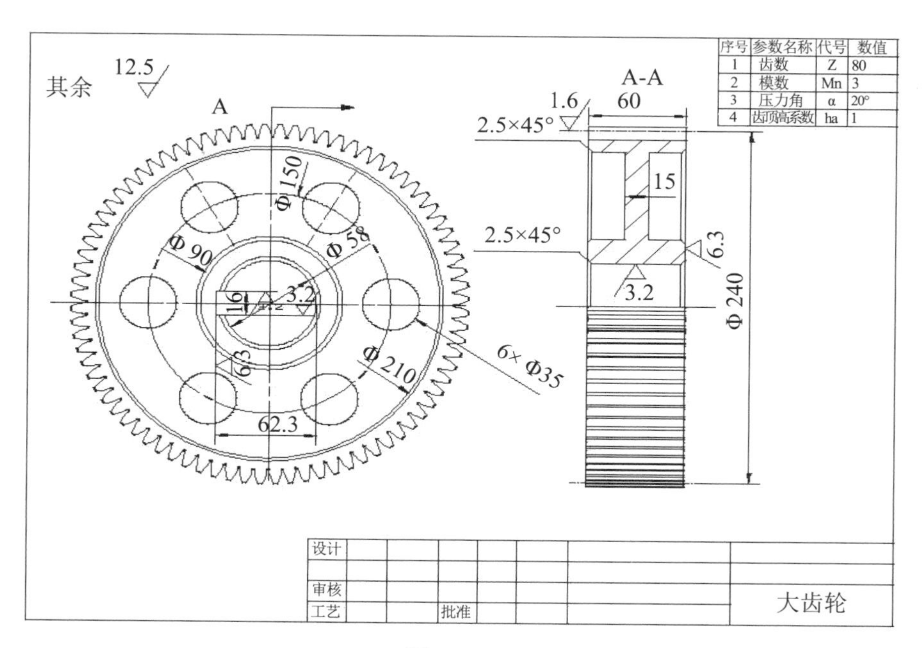

图 1-21

由于在上节中采用了全参数化建模，所以，可以使用上节中保存的文件 GearModule.prt 来进行大齿轮零件的建模。

具体操作步骤如下：

（1）在减速器文件夹里面找到上节保存的 GearModule.prt 文件，复制一份这个文件，然后把复制的文件改名为：DaChiLun.prt。

（2）启动 UG NX 4，然后打开文件 DaChiLun.prt，这时候，大齿轮的轮齿模型已经完成；齿数 z = 80，模数 m = 3，齿宽 b = 60 mm。

（3）单击 XOY 平面为基准平面，单击“草图”图标，在草图内绘制下列曲线。

a. 绘制直径为 90 mm，210 mm 的圆环。单击“圆”图标，在绘图区域单击原点（0，0），输入圆环直径 90，输入“Enter”；继续在绘图区域单击原点（0，0），输入圆环直径 210，输入“Enter”，如图 1-22 至图 1-24 所示。

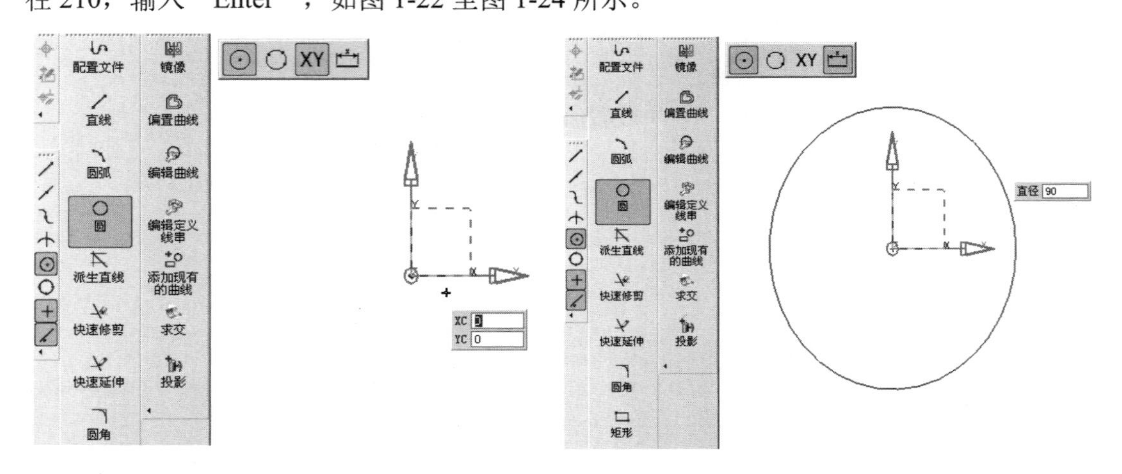

图 1-22　　　　图 1-23

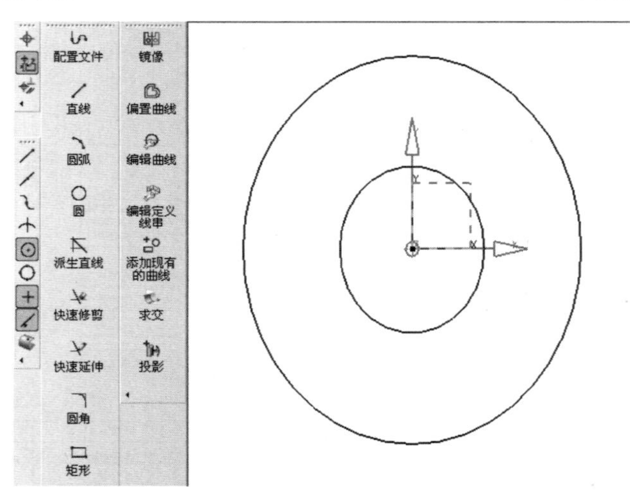

图 1-24

单击“自动判断的尺寸”图标，在绘图区域选择直径为 90 的圆环，单击鼠标左键；再选择直径为 210 的圆环，单击鼠标左键，完成两个圆环的尺寸约束，如图 1-25、图 1-26 所示。

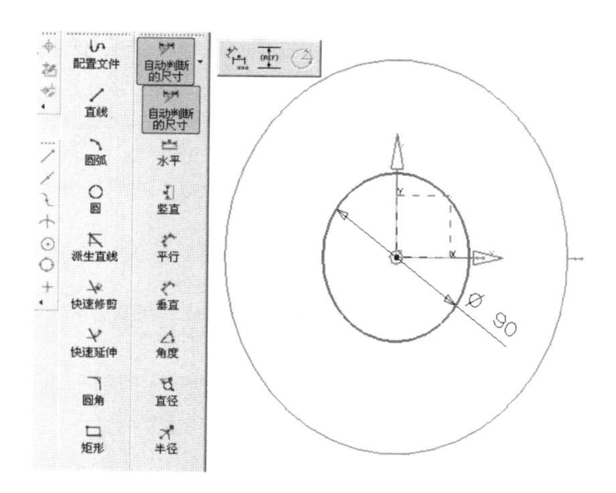

图 1-25

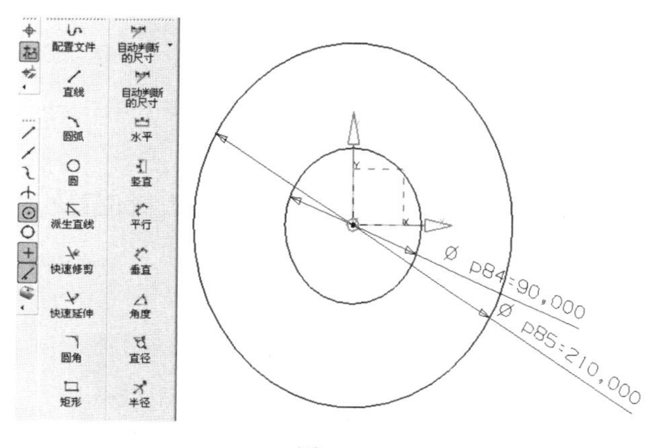

图 1-26

（b）绘制键槽的轮廓线。单击“圆”图标，在绘图区域单击原点（0，0），输入圆环直径 58，输入“Enter”，如图 1-27 所示。

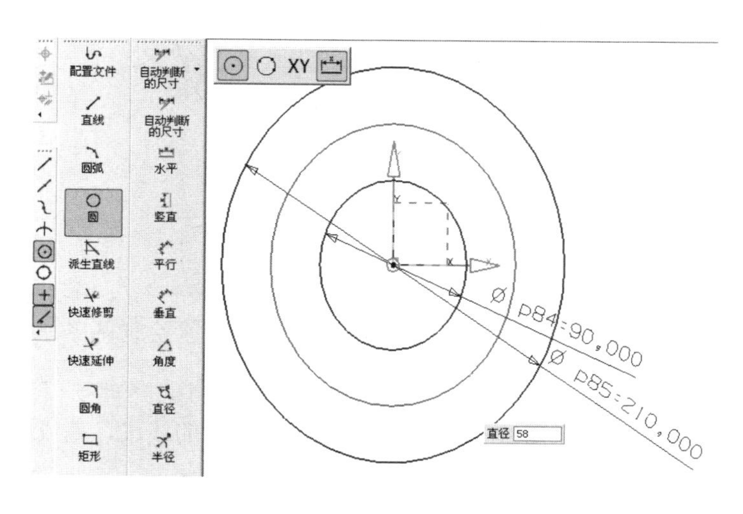

图 1-27

单击“自动判断的尺寸”图标，在绘图区域选择直径为 58 的圆环，单击鼠标左键，完成圆环的尺寸约束，如图 1-28 所示。

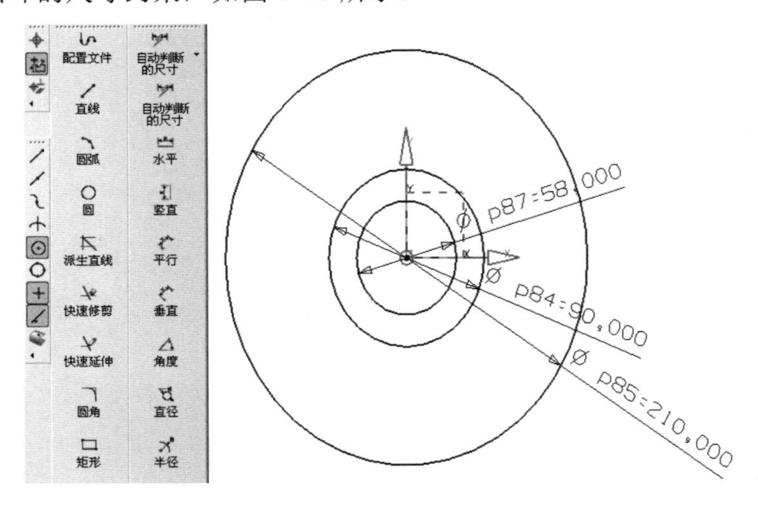

图 1-28

单击“直线”图标，在原点的左侧键槽顶面的大概位置绘制一条竖直线，如图 1-29 所示。

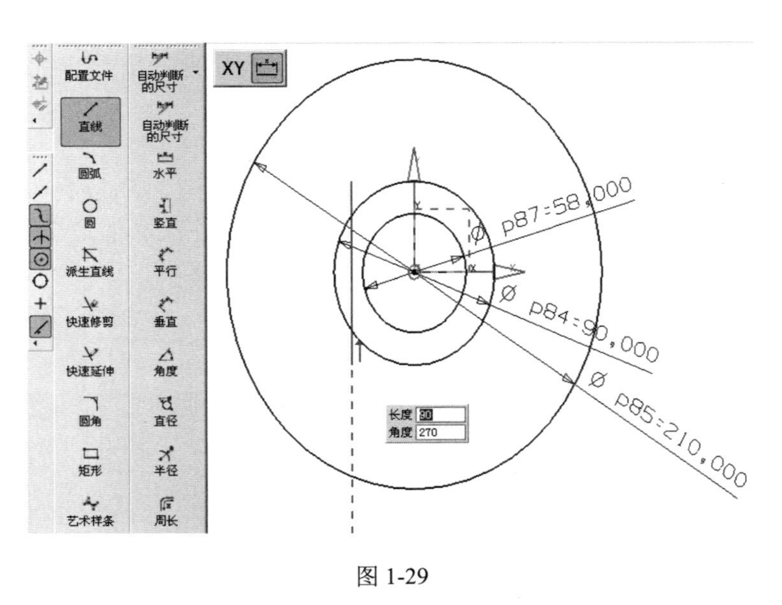

图 1-29

单击“直线”图标，在原点的左侧键槽的大概位置绘制两条水平线，如图 1-30 所示。

单击“快速修剪”图标，在绘图区域选择需要修剪的线段，完成键槽的基本轮廓，如图 1-31、图 1-32 所示。

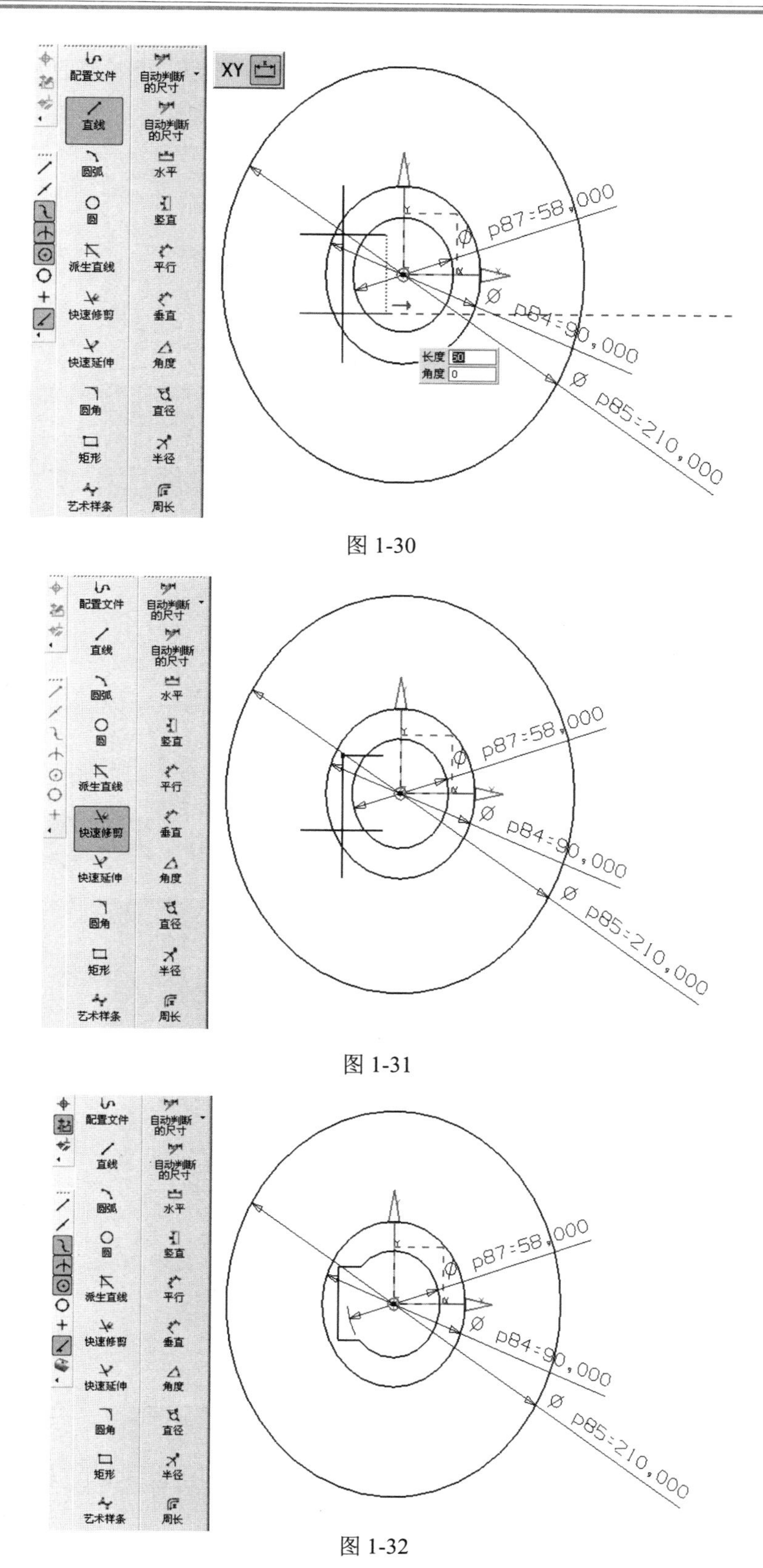

图 1-30

图 1-31

图 1-32

单击“约束”图标，在绘图区域依次选择原点和键槽顶面的竖直线，弹出约束条件工具条（选择原点的时候不要选中基准轴，移动鼠标选中原点），如图 1-33 所示。

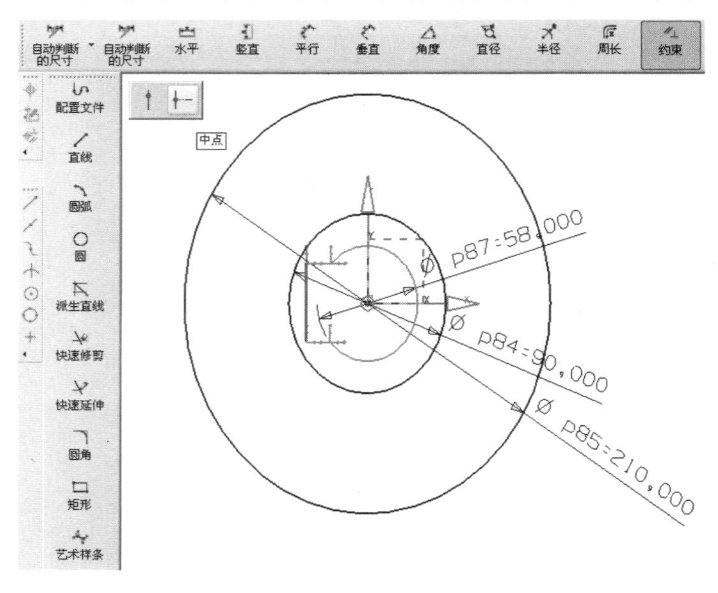

图 1-33

单击选择“中心”约束，让原点刚好在直线的中垂线上，如图 1-34 所示。

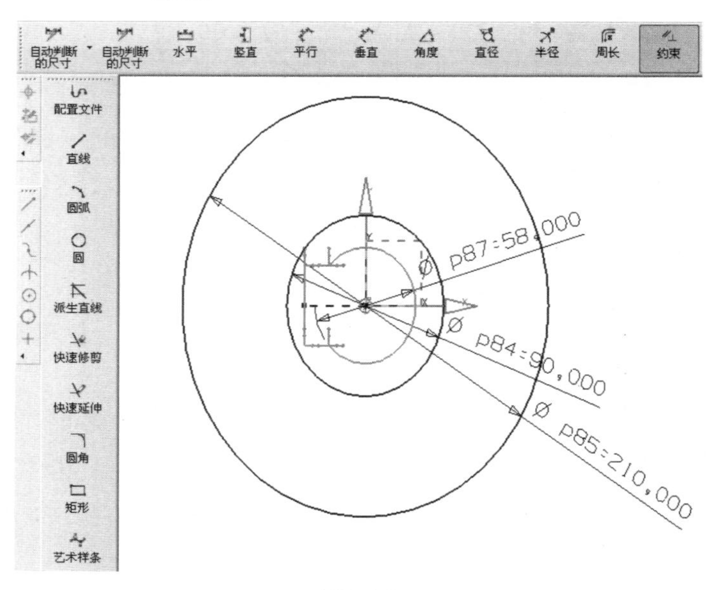

图 1-34

单击“自动判断的尺寸”图标，在绘图区域选择键槽顶面的竖直线，单击鼠标左键；在弹出的尺寸输入框中输入 16，输入“Enter”，完成键槽顶面宽度方向的尺寸约束，如图 1-35 所示。

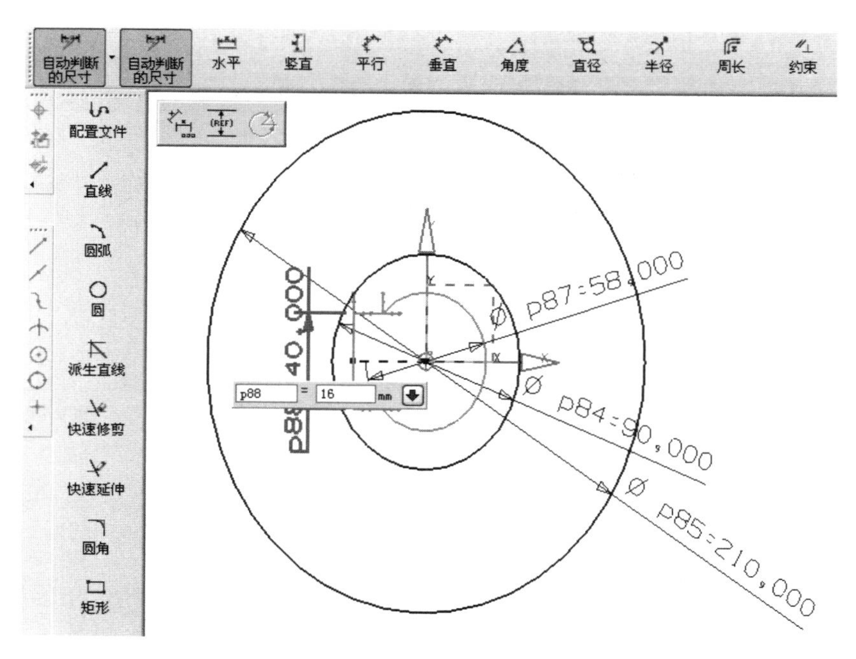

图 1-35

单击“自动判断的尺寸”图标，在绘图区域选择直径为 58 圆环与＋ X 轴的交点和键槽顶面的竖直线，单击鼠标左键；在弹出的尺寸输入框中输入 62.3，输入“Enter”，完成键槽高度方向的尺寸约束，如图 1-36 所示。

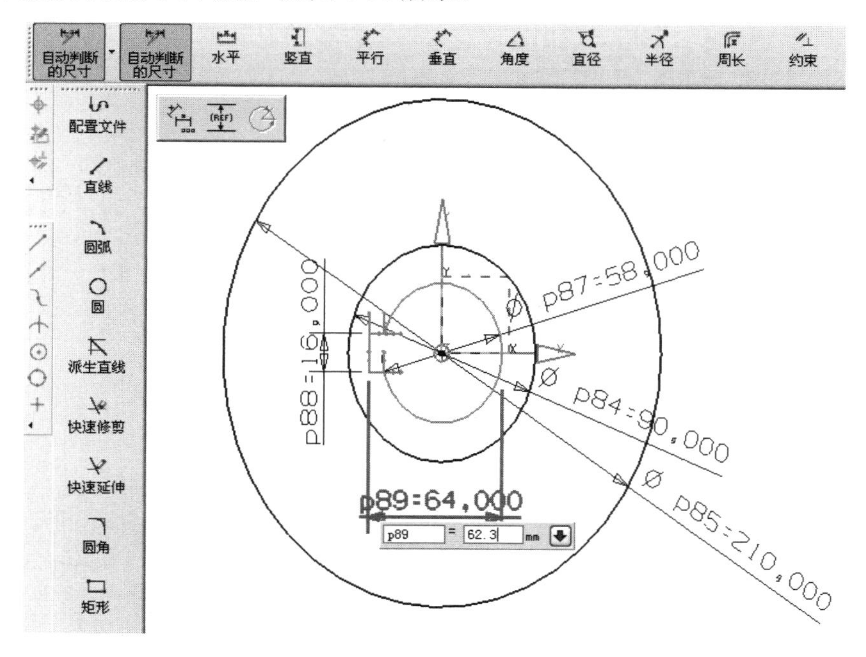

图 1-36

完成键槽轮廓线以后的草图轮廓，如图 1-37 所示。

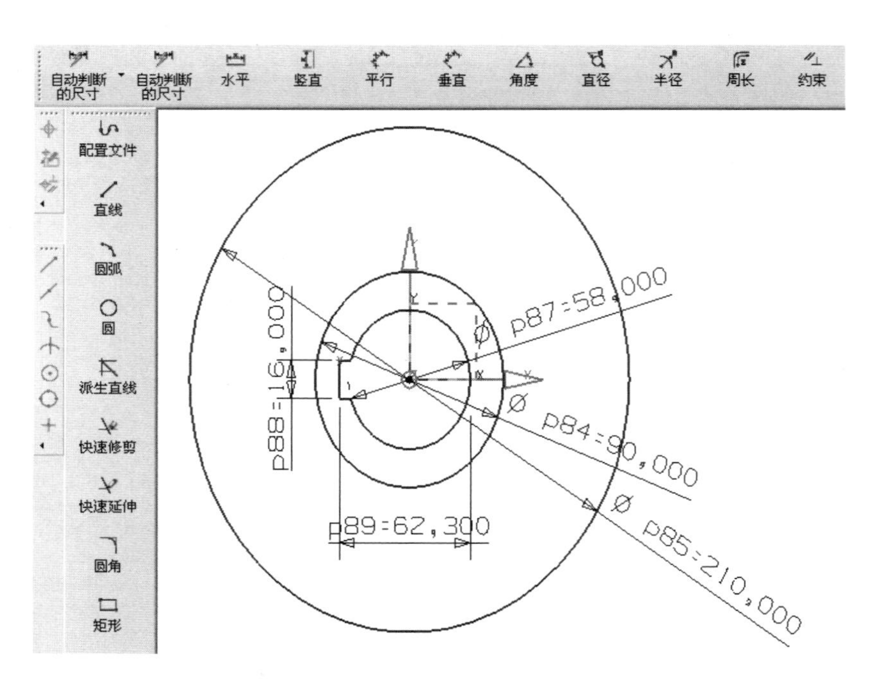

图 1-37

（c）绘制 6 个环形均布的直径为 35 的圆环。单击“圆” 图标，在绘图区域单击原点（0，0），输入圆环直径 150，输入“Enter”，如图 1-38 所示。

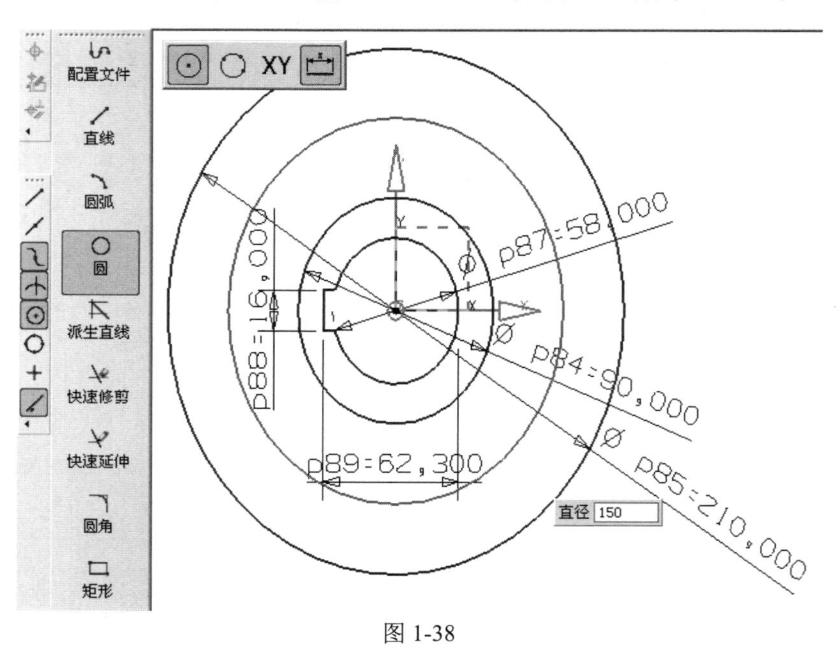

图 1-38

单击“直线” 图标，单击原点，以原点（0，0）为起点，在长度文本框中输入 75，在角度文本框中输入 0，输入“Enter”，沿着 XC 轴正方向绘制一条水平线，与直径为 150 的圆环相交，如图 1-39 所示。

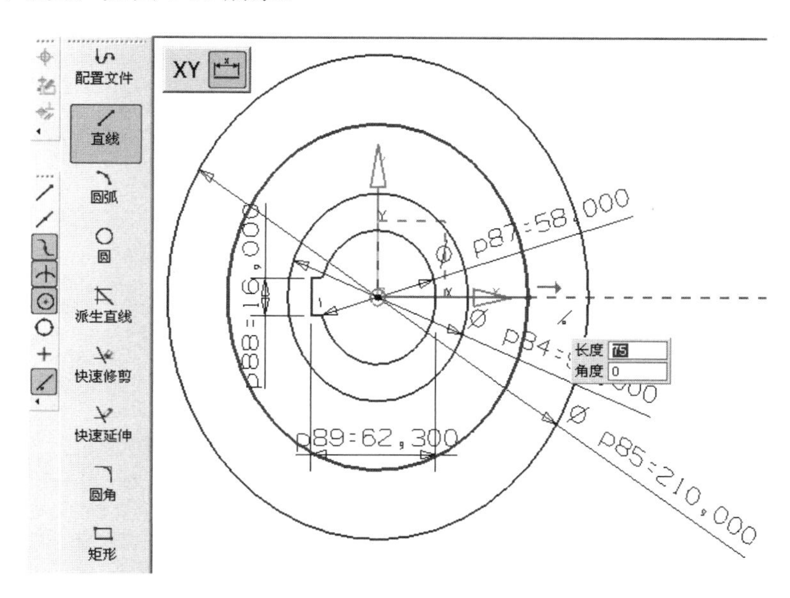

图 1-39

单击“直线”图标，单击原点，以原点（0，0）为起点，在长度文本框中输入 75，在角度文本框中输入 60，输入“Enter”，沿着与 XC 轴正方向夹角为 60° 方向绘制一条直线，与直径为 150 的圆环相交，如图 1-40 所示。

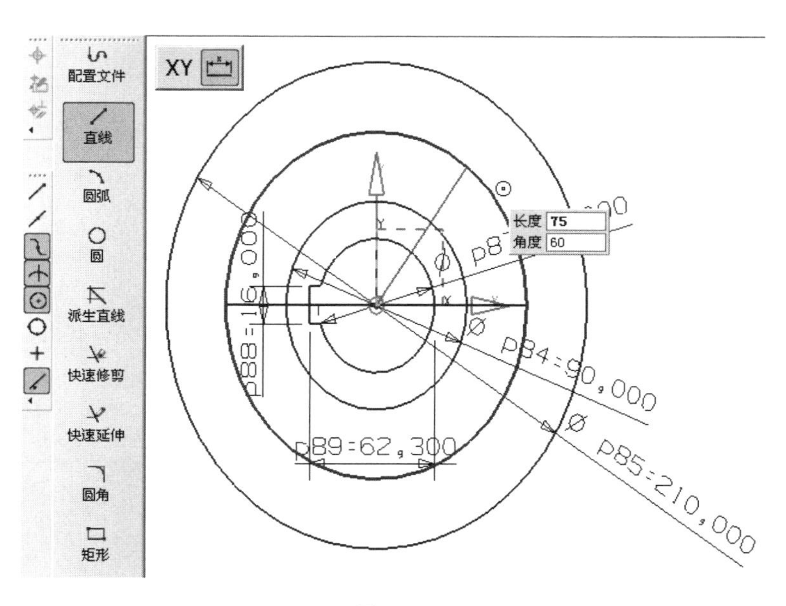

图 1-40

单击“直线”图标，单击原点，以原点（0，0）为起点，在长度文本框中输入 75，在角度文本框中输入 120，输入“Enter”，沿着与 XC 轴正方向夹角为 120° 方向绘制一条直线，与直径为 150 的圆环相交，如图 1-41 所示。

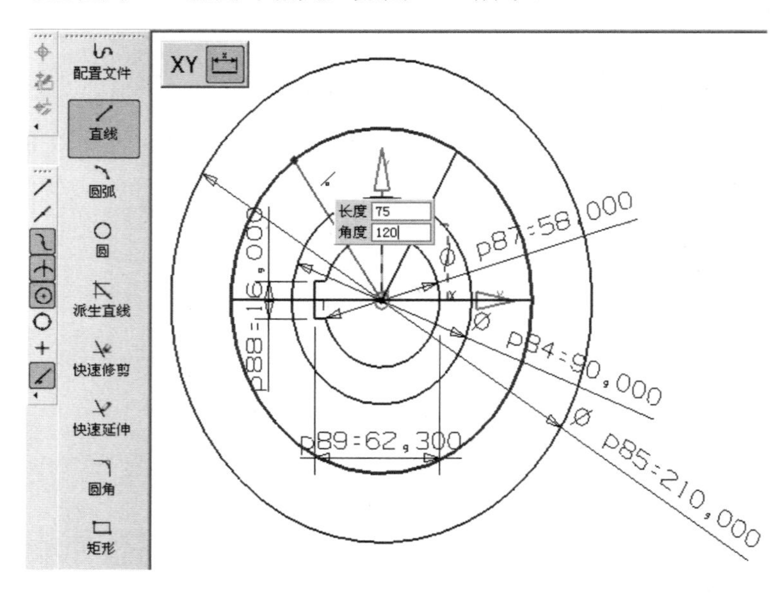

图 1-41

单击“直线” 图标，单击原点，以原点（0，0）为起点，在长度文本框中输入 75，在角度文本框中输入 180，输入“Enter”，沿着与 XC 轴正方向夹角为 180° 方向绘制一条直线，与直径为 150 的圆环相交，如图 1-42 所示。

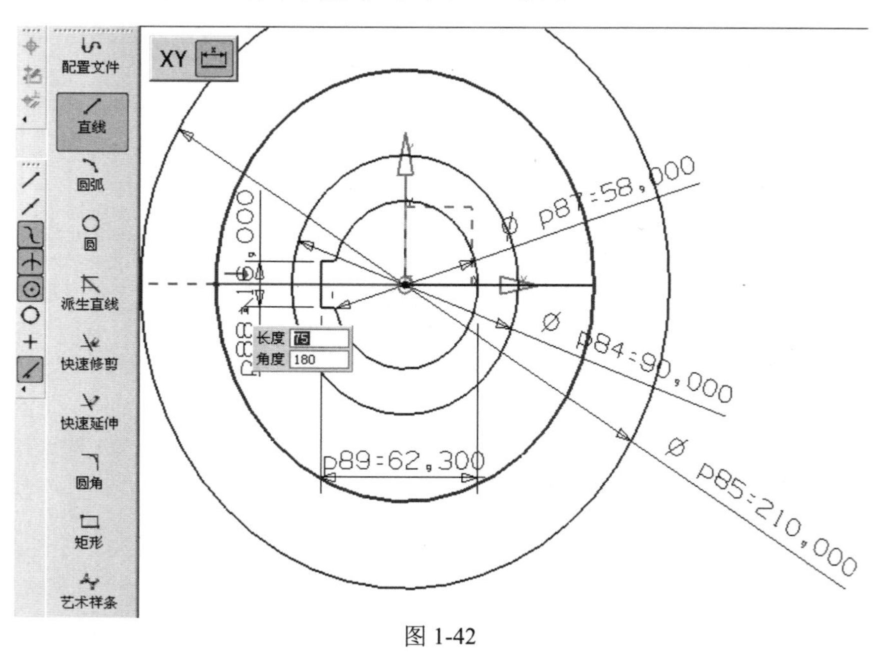

图 1-42

单击“直线” 图标，单击原点，以原点（0，0）为起点，在长度文本框中输入 75，在角度文本框中输入 240，输入“Enter”，沿着与 XC 轴正方向夹角为 240° 方向绘制一条直线，与直径为150的圆环相交，如图1-43所示。

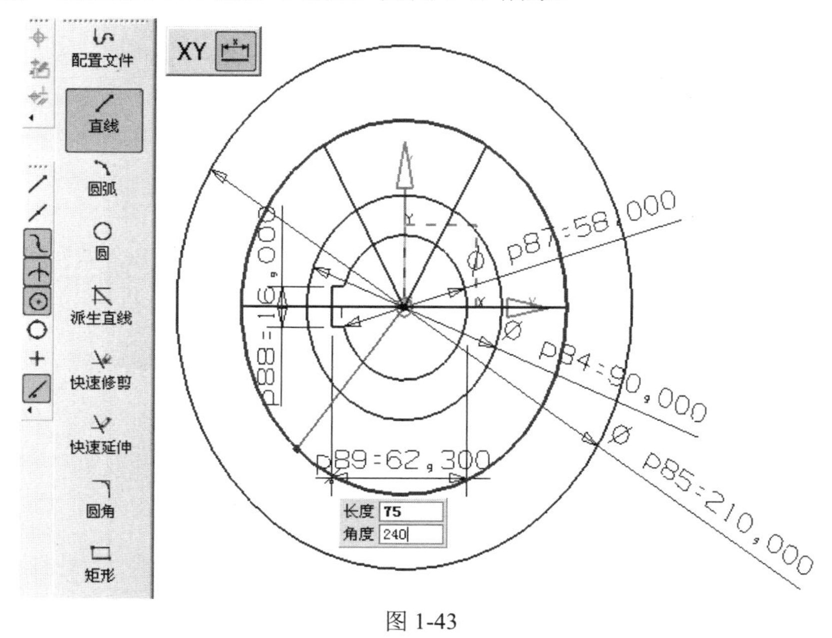

图1-43

单击“直线”图标，单击原点，以原点（0，0）为起点，在长度文本框中输入75，在角度文本框中输入300，输入“Enter”，沿着与XC轴正方向夹角为300°方向绘制一条直线，与直径为150的圆环相交，如图1-44所示。

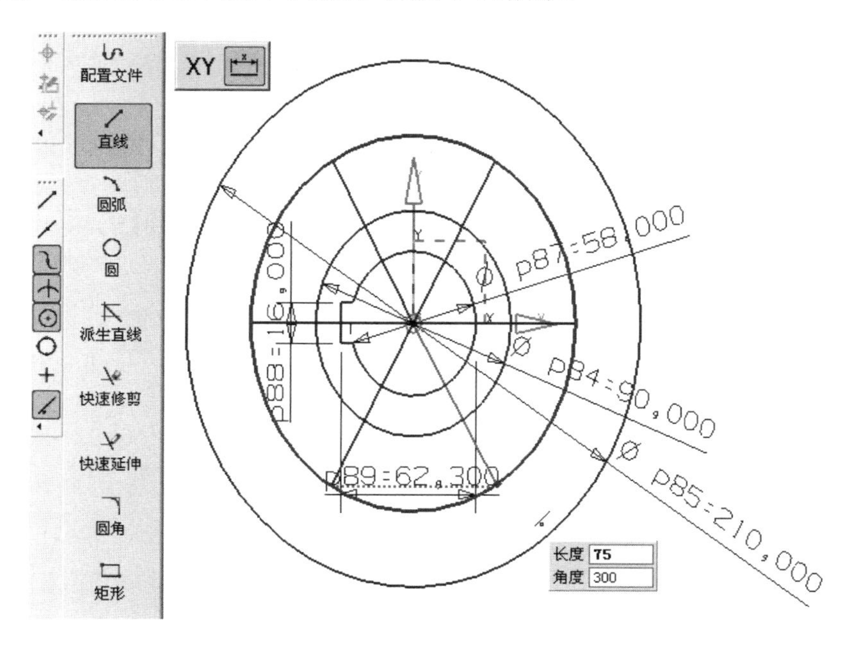

图1-44

在绘图区域选择直径为150的圆环和六条直线，单击鼠标右键，在弹出菜单中单击“轮廓线转为中心参考线”图标；把选中的曲线转为中心参考线，如图 1-45、图 1-46 所示。

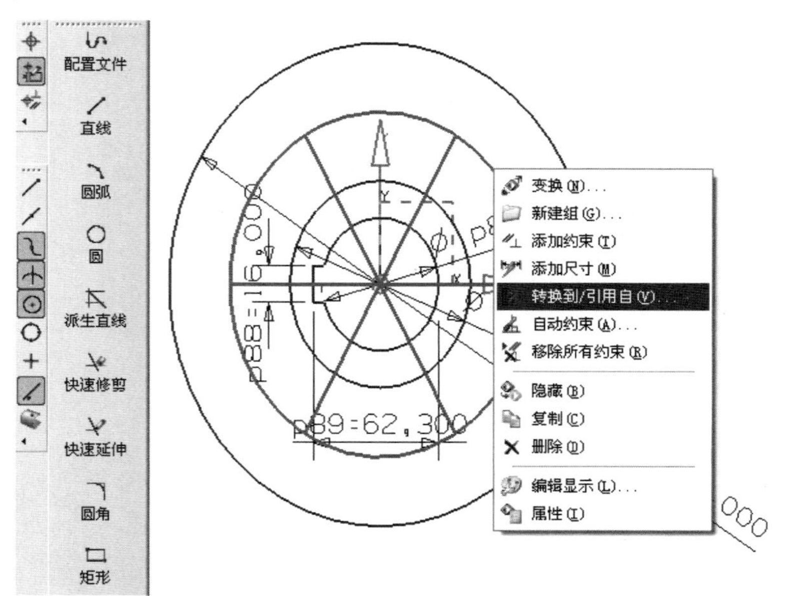

图 1-45

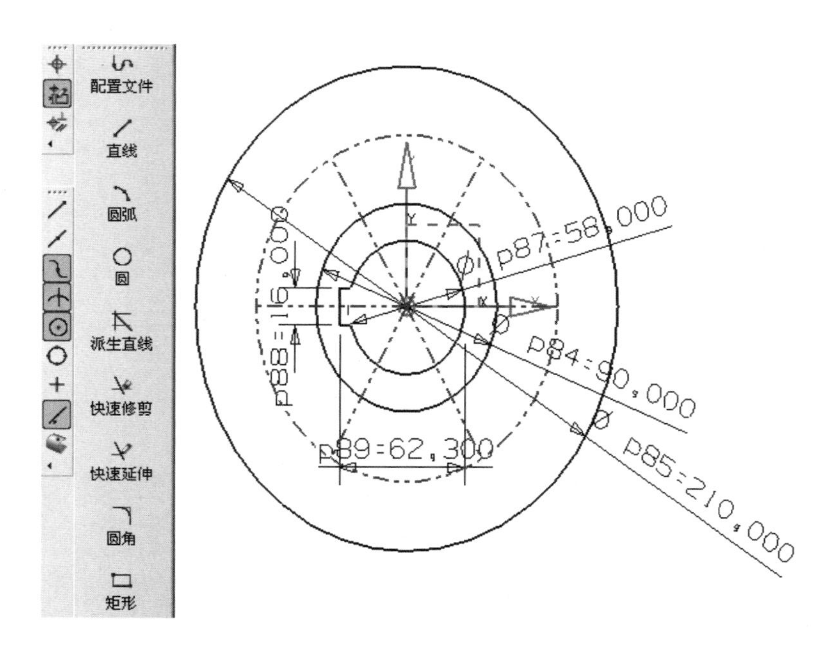

图 1-46

单击“圆”图标，单击“捕捉交点”图标，在绘图区域分别单击直径为 150 的圆环和六条直线的交点，输入圆环直径 35，输入“Enter”，如图 1-47、图 1-48 所示。

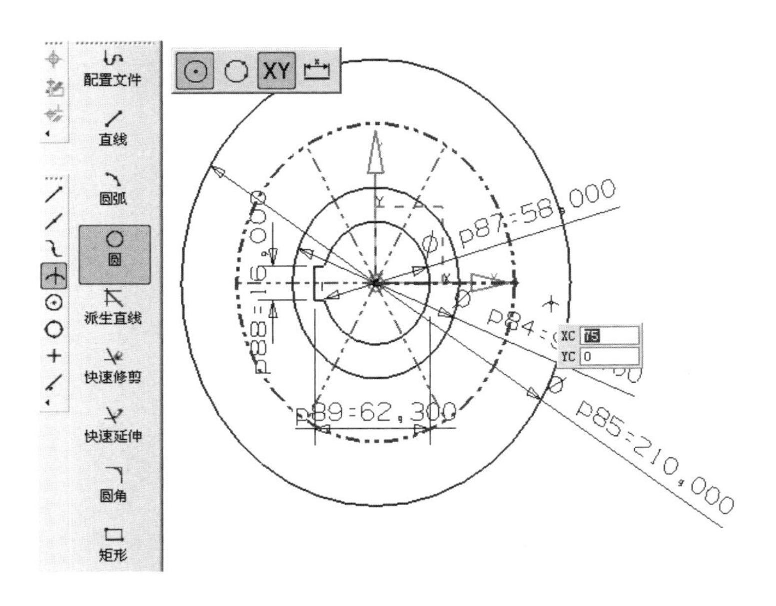

图 1-47

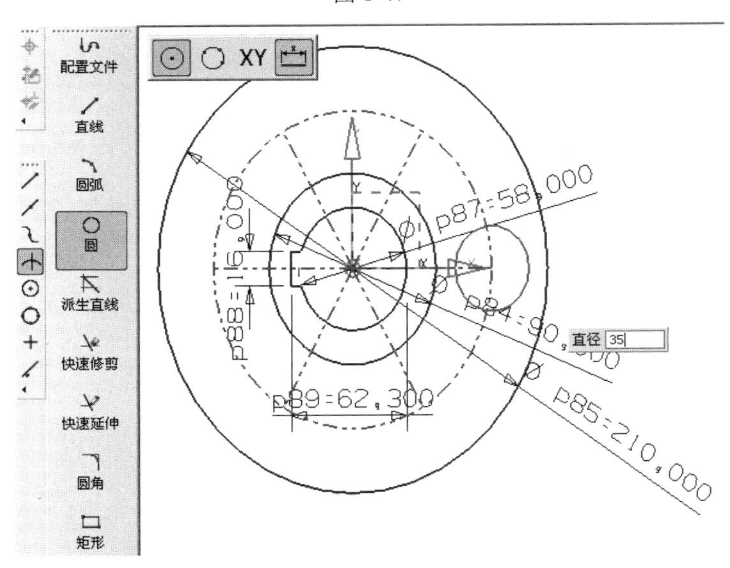

图 1-48

依次绘制六个直径为 35 mm 的圆环，结果如图 1-49 所示。

完成草图绘制，单击“完成草图”，退出草图。

（4）单击“拉伸”工具条，配置对象选择方案为“单个曲线”，然后选择直径为 90，210 的圆环，“起始”文本框输入 0，“结束”文本框输入 22.5，“布尔运算”选择为“求差”，单击“确定”，得到齿轮的一个圆柱槽，如图 1-50 所示。

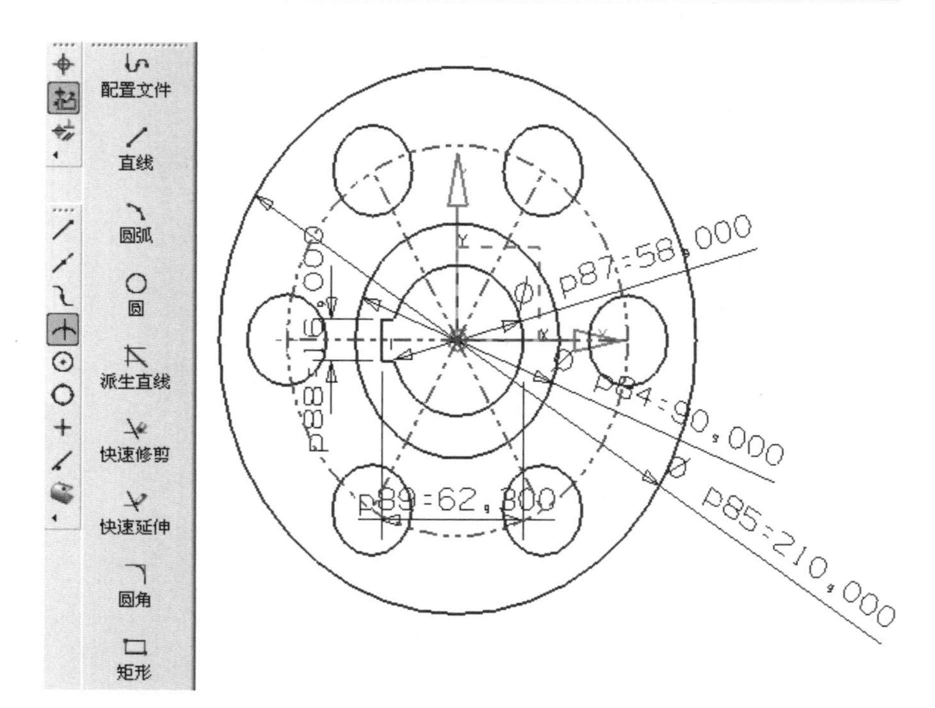

图 1-49

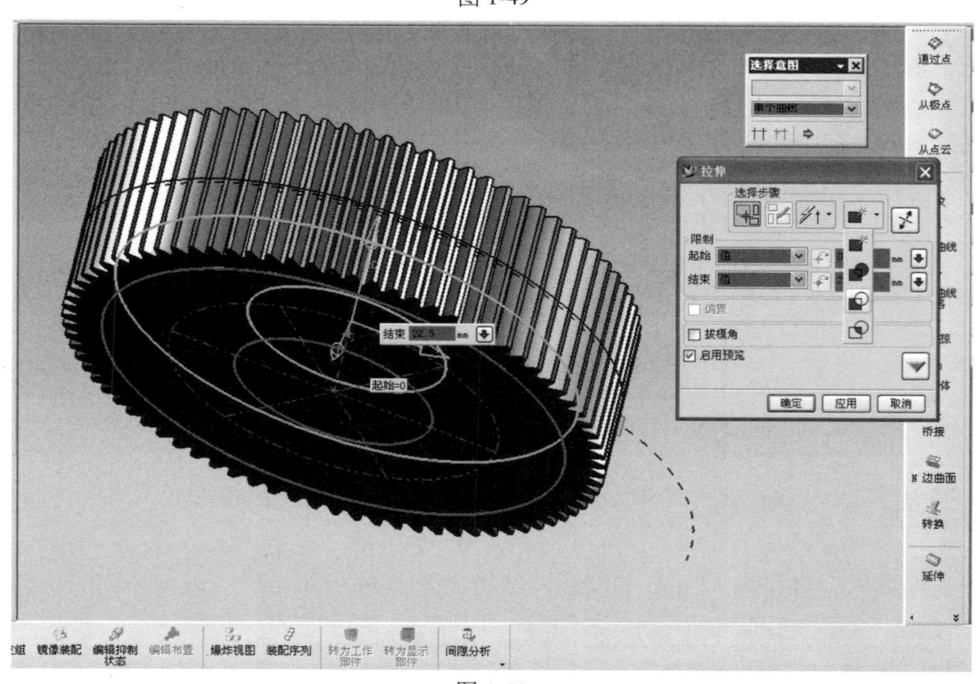

图 1-50

（5） 单击“拉伸” 工具条，配置对象选择方案为“单个曲线”，然后选择直径为 90，210 的圆环，“起始”文本框输入 37.5，“结束”文本框输入 60，“布尔运算”选择为“求差” ，单击“确定”，得到齿轮的另外一个圆柱槽，如图 1-51 所示。

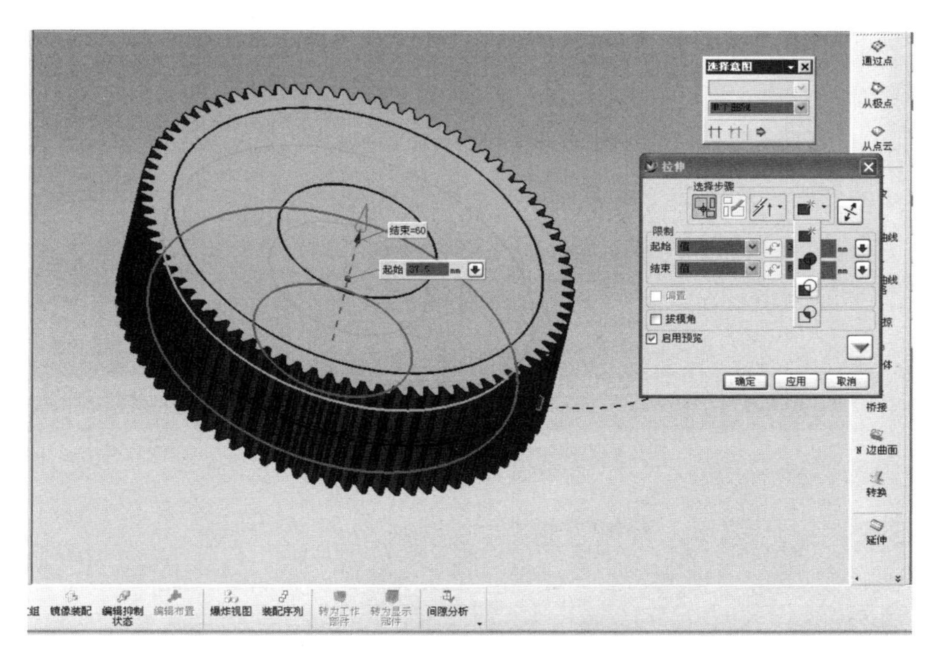

图 1-51

（6） 单击“拉伸”工具条，配置对象选择方案为“已连接的曲线”，然后选择直径为58的圆环，“起始”文本框输入0，“结束”文本框输入60，“布尔运算”选择为“求差”，单击“确定”，得到齿轮中心孔，如图1-52所示。

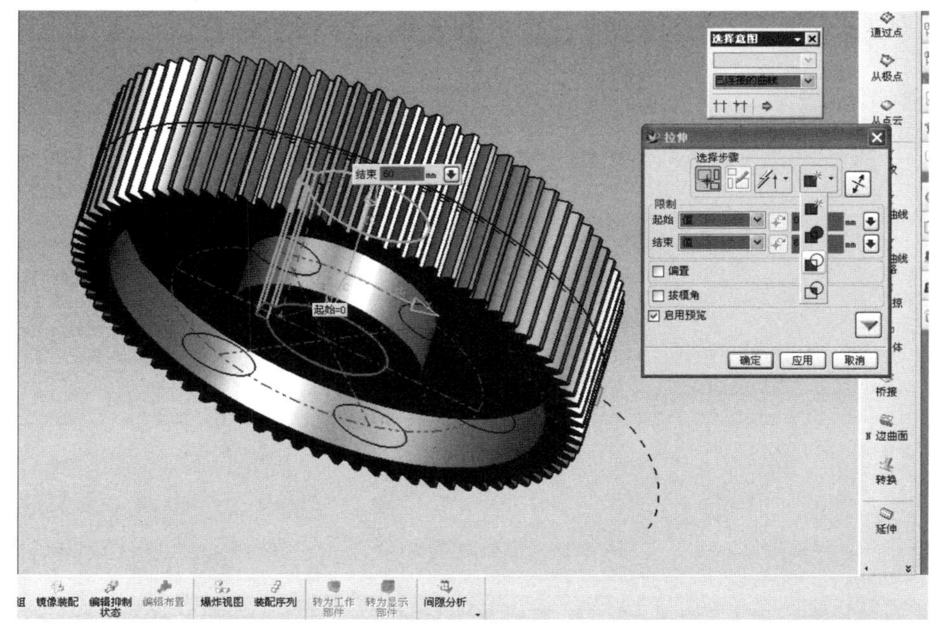

图 1-52

（7） 单击“拉伸”工具条，配置对象选择方案为“单个曲线”，然后选择全部

6 个直径为 35 的圆环，“起始”文本框输入 0，“结束”文本框输入 60，“布尔运算”选择为“求差”，单击“确定”，得到齿轮均布的 6 个圆柱孔。

（8）单击“边倒斜角”，输入偏置值：2.5，选择需要倒斜角的四个圆环，单击“确定”，完成倒斜角，如图 1-53 所示。

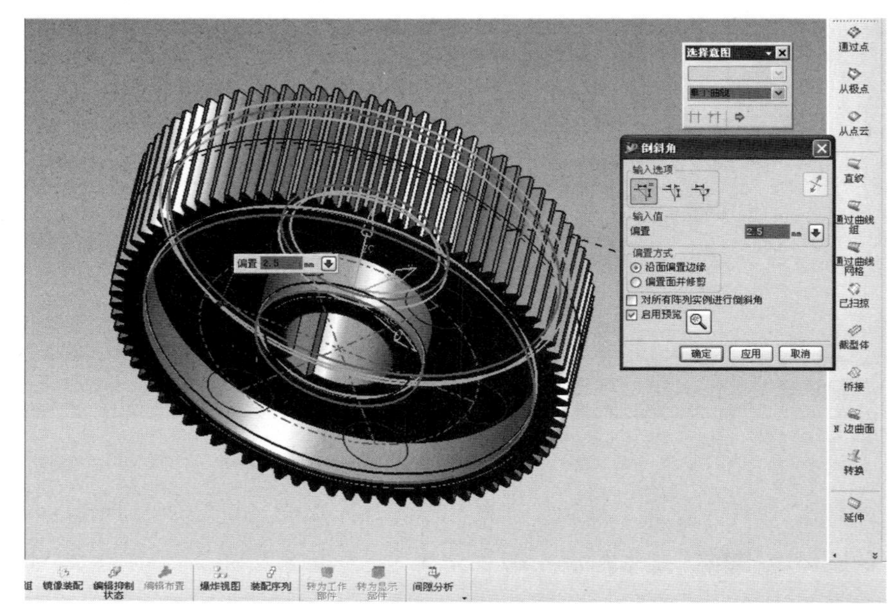

图 1-53

（9）隐藏所有草图和曲线，保存文件，至此，大齿轮建模完成，如图 1-54 所示。

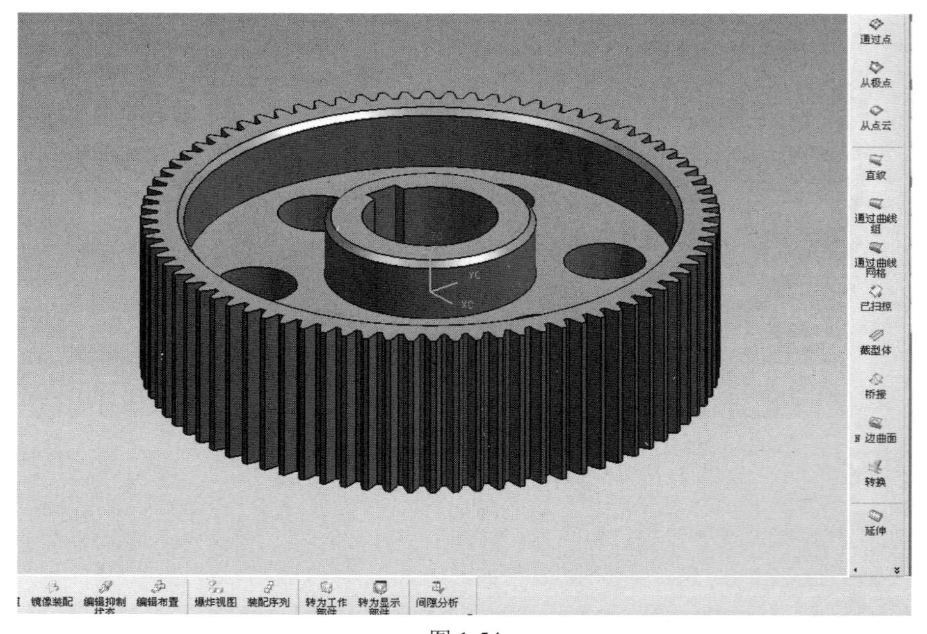

图 1-54

1.5　齿轮轴的建模

1.5.1　齿轮轴的零件图

齿轮轴的零件图如图 1-55 所示。

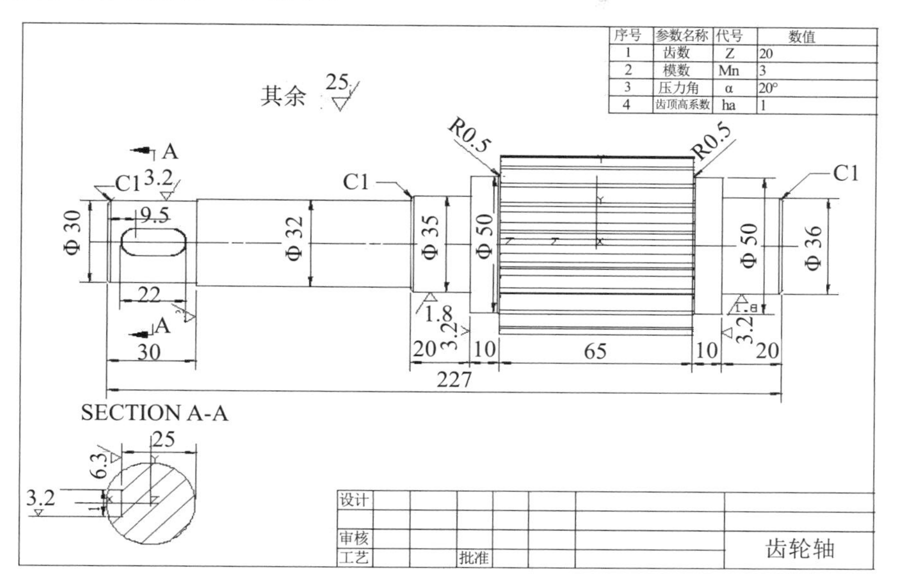

图 1-55

1.5.2　齿轮轴的建模

齿轮轴的建模思路：由于齿轮轴是直齿圆柱齿轮和阶梯轴段形成的轴类零件，所以，首先考虑完成直齿圆柱齿轮的建模，可以使用本书中相关的直齿圆柱齿轮的参数化建模方法；然后，在齿轮的底面和顶面上增加其余的阶梯轴就可以完成齿轮轴的建模。

齿轮轴的建模具体操作步骤如下：

（1）在减速器文件夹里面找到上节保存的 GearModule.prt 文件，复制一份这个文件，然后改文件名为：ChiLunZhou.prt。

（2）启动 UG NX 4，然后打开文件 ChiLunZhou.prt；打开部件导航器中的“用户表达式”；检查参数列表，齿数 z = 80， 模数 m = 3，齿宽 b = 60 mm，如图 1-56 所示。

（3）根据齿轮轴零件图，齿数 z = 20，模数 m = 3，齿宽 b = 65 mm。

双击 z = 80，这时候 80 变为高亮，输入 20，然后，键入“Enter”，这时候，UG 马上根据新的数据列表重新建模。

双击 b = 60，这时候 60 变为高亮，输入 65，然后，键入“Enter”，这时候，UG 马上根据新的数据列表重新建模；直齿圆柱齿轮的部分建模已经完成，结果如图 1-57 所示。

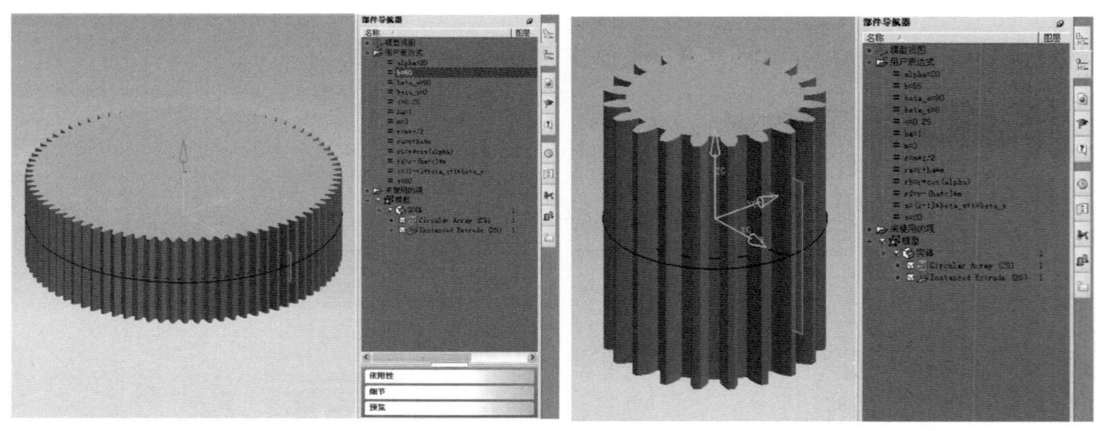

图 1-56　　　　图 1-57

（4）创建齿轮轴下方直径为50轴段。单击“圆柱”图标，在弹出的对话框中单击“直径和高度”按钮，在弹出的矢量构造器中选择“-XC”方向为轴中心线，接着在“直径”文本框中输入轴段直径50，在“高度”文本框中输入10，接着在点构造器中单击“圆心”图标，在绘图区域选中齿轮底面齿顶圆的圆环轮廓，自动设置第二个圆柱的定位基点在（0，0，0），单击“确定”，布尔运算单击选择“求和”，完成下方第一个轴段的创建。

（5）创建齿轮轴下方直径为35轴段。单击“圆柱”图标，在弹出的对话框中单击“直径和高度”按钮，在弹出的矢量构造器中选择“-XC”方向为轴中心线，接着在“直径”文本框中输入轴段直径35，在“高度”文本框中输入20，接着在点构造器中单击“圆心”图标，在绘图区域选中直径为50的轴段的底面圆环轮廓，自动设置第二个圆柱的定位基点在（0，0，-10），单击“确定”，布尔运算单击选择“求和”，完成第二个轴段的创建，结果如图 1-58 所示。

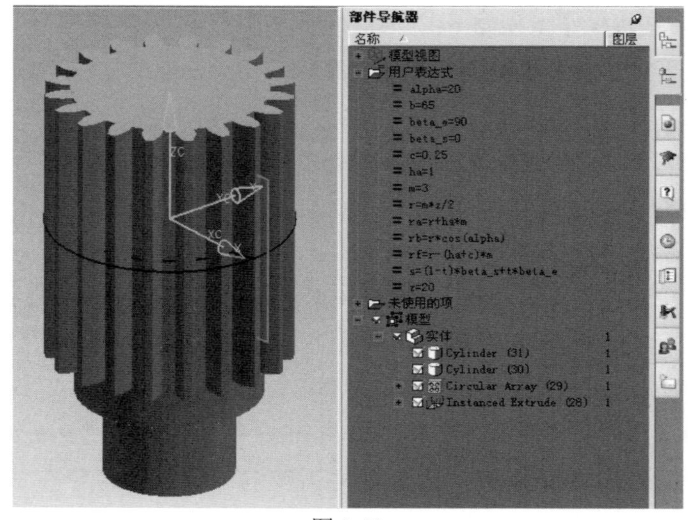

图 1-58

（6）依次创建齿轮上方 4 个轴段。依照步骤（4）沿着“XC”方向再依次创建 4 个圆柱轴段，均采用布尔求和运算。第三个圆柱直径为 50，高度为 10，圆柱定位基点在（0，0，65）；第四个圆柱直径为 35，高度为 20，圆柱定位基点在（0，0，75）；第五个圆柱直径为 32，高度为 72，圆柱定位基点在（0，0，95）；第六个圆柱直径为 30，高度为 30，圆柱定位基点在（0，0，167），结果如图 1-59 所示。

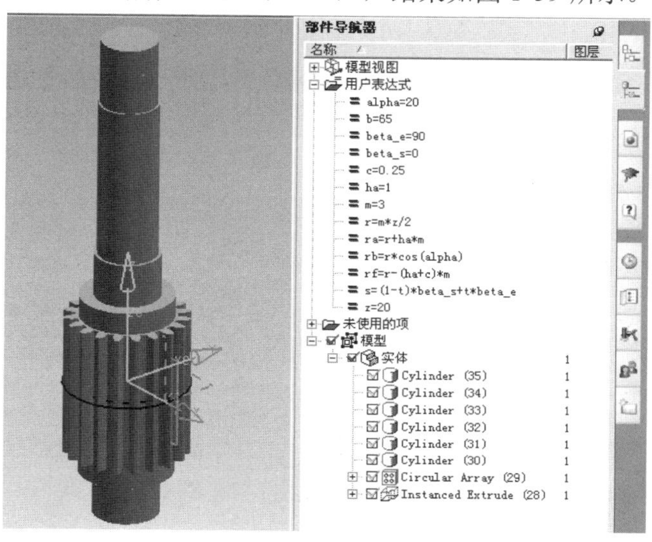

图 1-59

（7）单击“边倒圆”工具条，配置对象选择方案为“单个曲线”，然后选择直径为 50 轴段与齿轮轴段相交的两个圆环，“半径”文本框输入 0.5，单击“确定”，完成边倒圆，结果如图 1-60 所示。

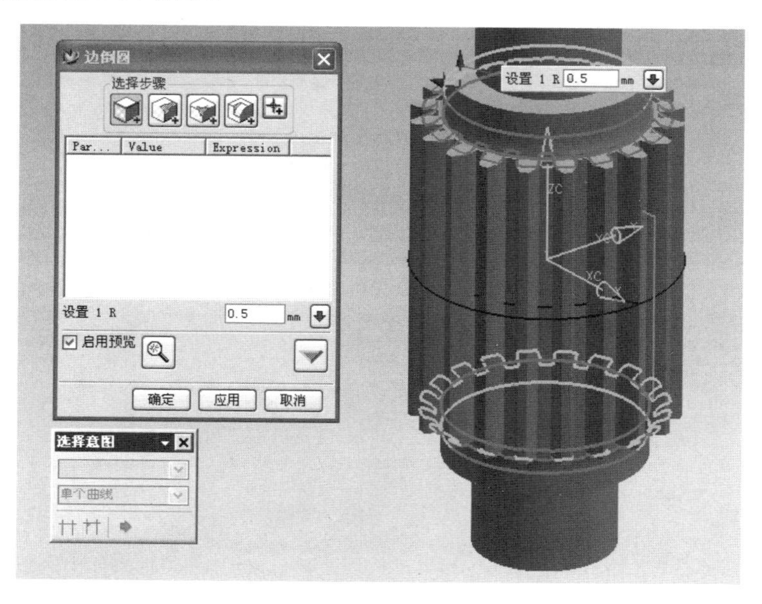

图 1-60

（8）单击“边倒斜角”，输入偏置值：1，选择需要倒斜角的几个圆环，单击“确定”，完成倒斜角。

（9）创建齿轮轴键槽。在绘图区域单击基准平面 ZOX，单击“草图”图标，进入键槽轮廓草图的绘制状态。

在草图平面上利用“轮廓曲线”工具，绘制键槽轮廓线，如图 1-61 所示。

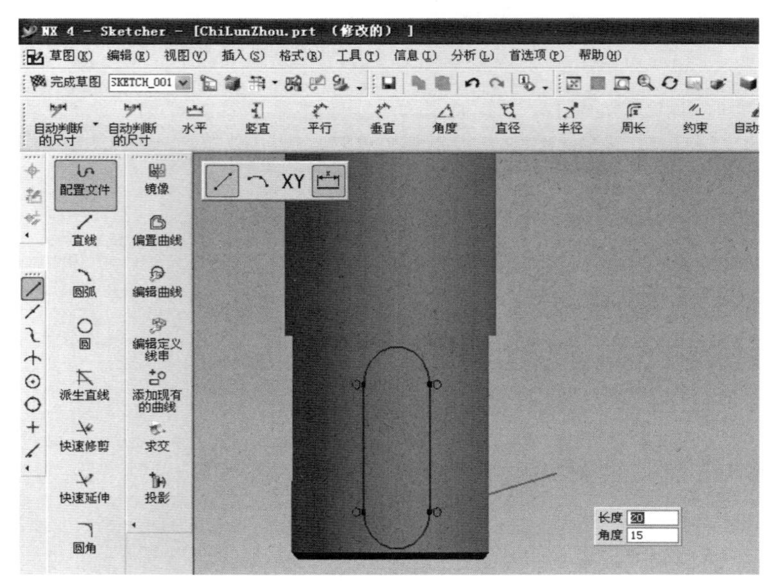

图 1-61

添加尺寸约束和几何约束，得到键槽轮廓，如图 1-62 所示。

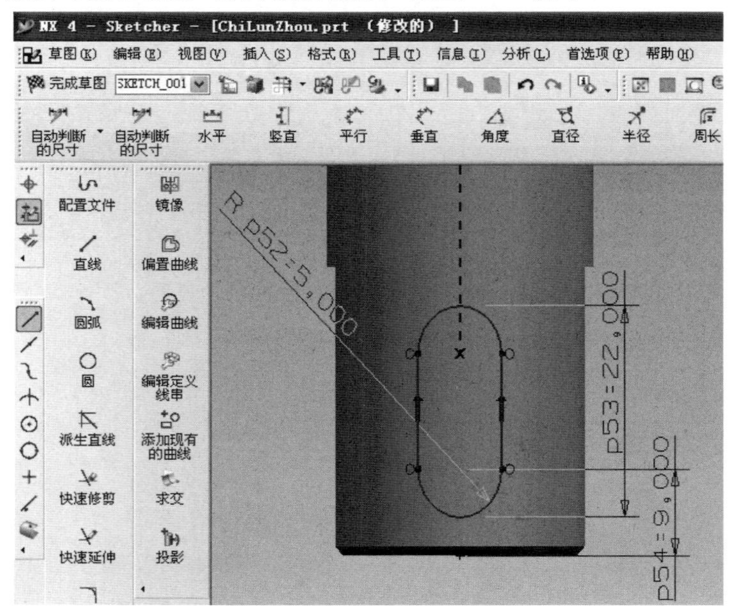

图 1-62

单击“完成草图”，单击“静态线框”，显示实体的透明模型；单击“拉伸”图标，选择刚才绘制的键槽轮廓草图作为拉伸截面轮廓线，“起始”文本框输入10，“结束”文本框输入30，“布尔运算”选择为“求差”，单击“确定”，得到键槽如图1-63所示。

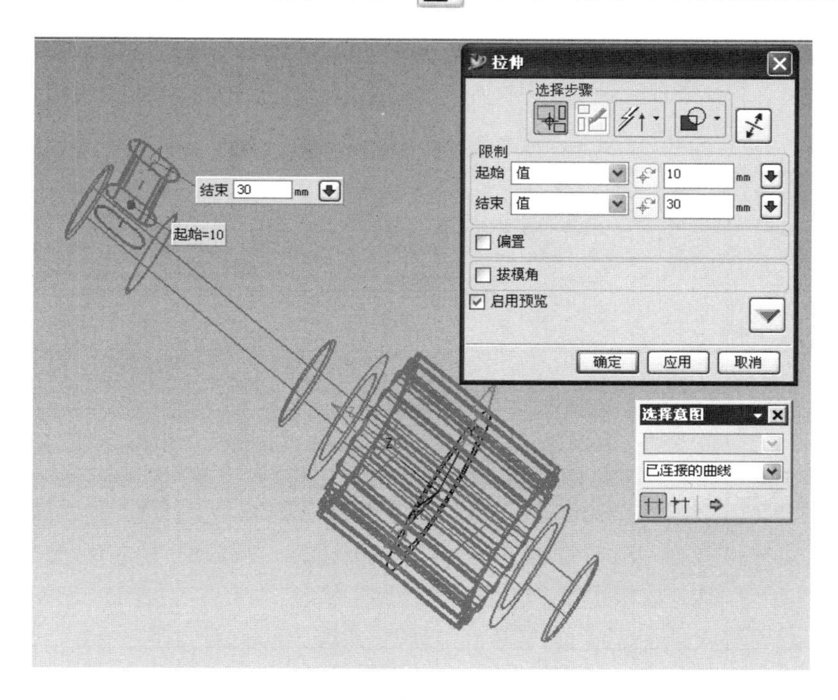

图1-63

（10）隐藏所有草图和曲线，保存文件。至此，齿轮轴建模完成，如图1-64所示。

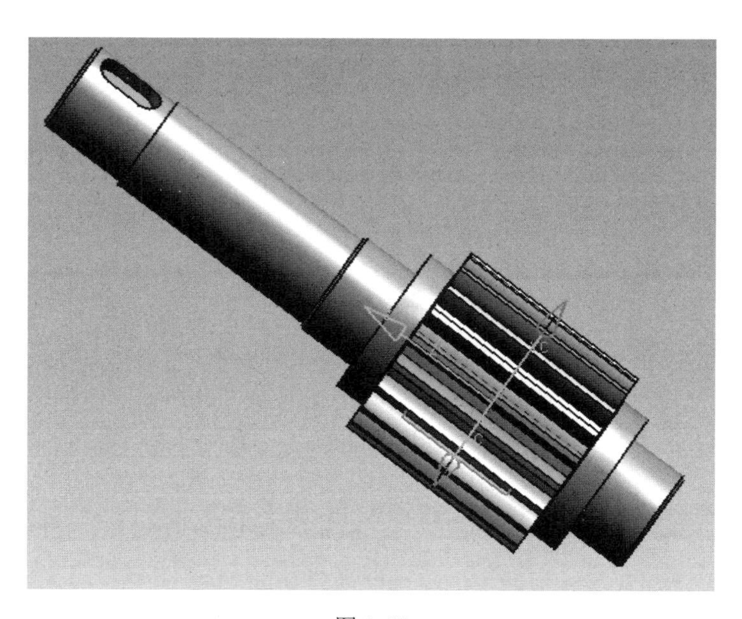

图1-64

1.6 不同齿数范围对齿轮模型的影响和解决办法

1.6.1 不同齿数范围对齿轮模型的影响

对于圆柱渐开线标准齿轮，齿根圆与基圆的大小关系将直接影响齿轮的模型。根据表 1-3 的计算公式，可以定量分析齿轮齿根圆与基圆的大小关系。

表 1-3 大齿轮和齿轮轴的基本参数

序号	齿轮参数	名称	公式	量纲	单位	大齿轮	齿轮轴
1	模数	m	—	长度	mm	3	3
2	齿数	z	—	恒定	—	80	20
3	压力角	alpha	—	角度	degree	20°	20°
4	齿宽	b	—	长度	mm	60	65
5	齿顶高系数	hak	—	恒定	—	1	1
6	顶隙系数	ck	—	恒定	—	0.25	0.25
7	分度圆半径	r	m*z/2	长度	mm	—	—
8	基圆半径	rb	r*cos(alpha)	长度	mm	—	—
9	齿顶圆半径	ra	r + hak*m	长度	mm	—	—
10	齿根圆半径	rf	r − (hak + ck)*m	长度	mm	—	—

现在假设齿根圆半径大于基圆半径， 也就是 rf > rb， 把齿根圆半径公式和基圆半径公式代入整理得到：

$$m*z/2 - (hak + ck) * m > m * z / 2 * \cos(alpha)$$

化简上式，得到：

$$z > 2 * (hak + ck) / (1 - \cos(alpha))$$

令 ZC = [2 * (hak + ck) / (1 − cos(alpha))]，[] 为取整运算，hak、ck 是国家制定的标准参数，不同的取值将对应不同的 ZC， 本书取 hak ＝ 1，ck ＝ 0.25，代入上式，得到 ZC ＝ 41。

通过以上的计算并结合范成法加工齿轮的实际情况可以得到以下结论。

（1）当齿轮齿数大于 ZC 的时候，齿根圆半径大于基圆半径，齿廓曲线完全是渐开线，如图 1-65 所示。

（2）当齿轮齿数小于 ZC 但不小于 17 的时候，齿根圆半径小于基圆半径，齿廓曲线是一段渐开线和一段渐开线近似曲线的组合曲线，如图 1-66 所示。

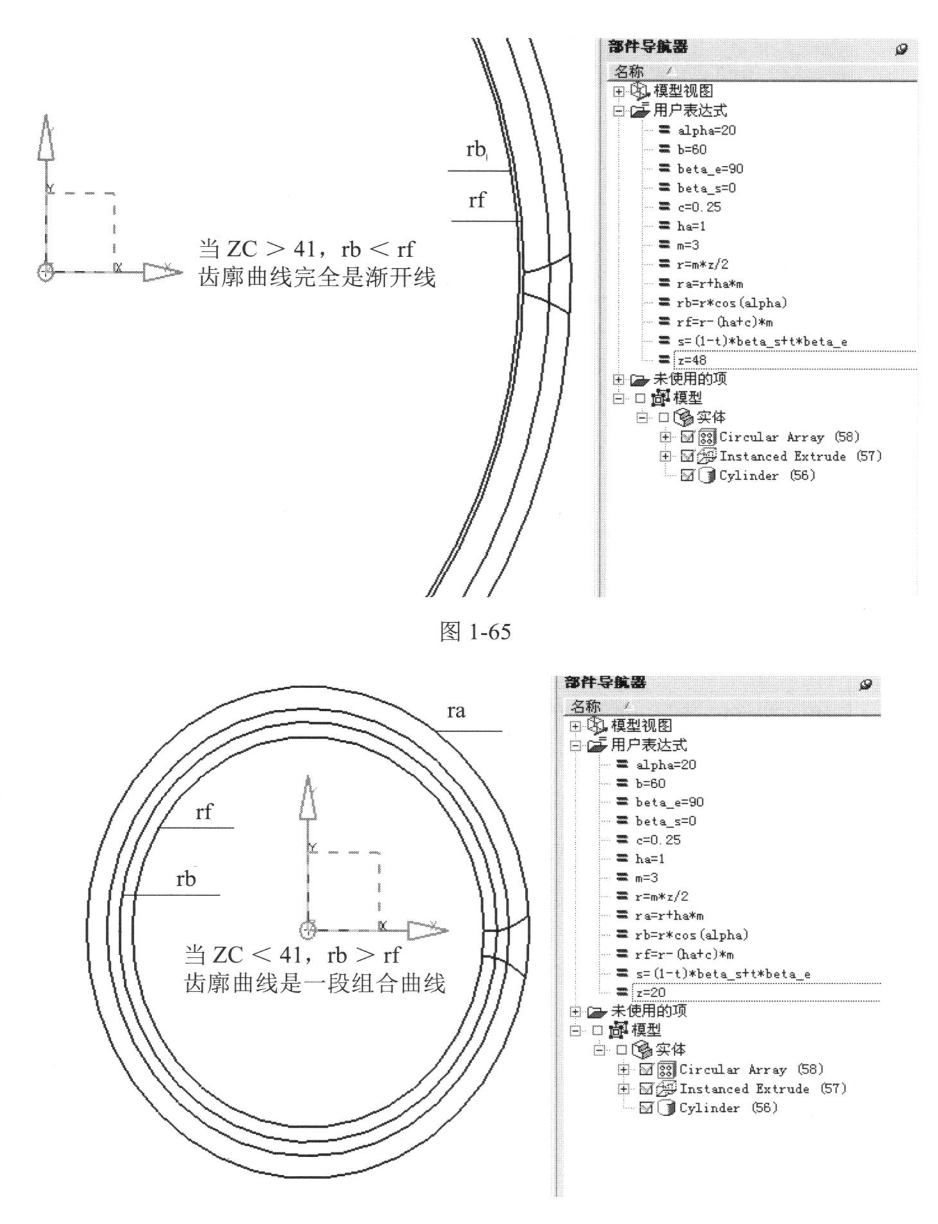

图 1-65

图 1-66

1.6.2　解决办法

在参数化建模的过程中考虑到不同齿数范围对齿轮模型的影响，本书在利用规律曲线绘制出渐开线轮廓后，利用齿顶圆和齿根圆作为修剪的两个边界曲线对渐开线进行修剪。

在 UG NX 4 中“修剪曲线”的对话框中有“样条延伸”，可以让被修剪的曲线按照某种几何方式自动延伸到修剪边界曲线上。“输入曲线”也就是被裁剪的最初的渐开线隐藏起来，修剪过程得到的较短轮廓线和最初的渐开线之间是互相关联的。

渐开线的修剪，请参考图 1-67 的设置项进行。

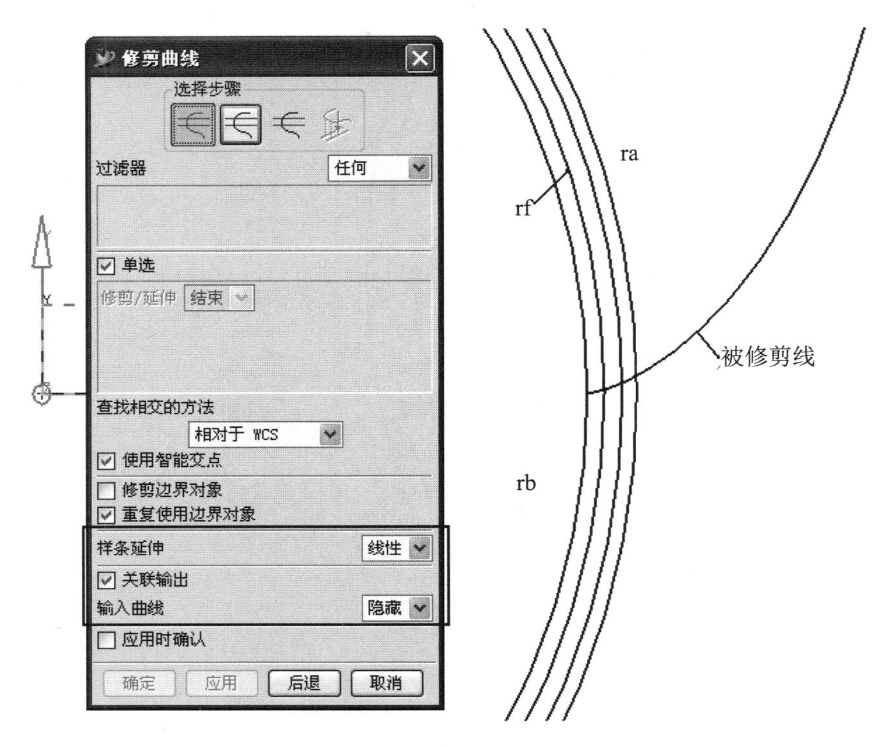

图 1-67

本书在建模的过程中可以利用这个“样条延伸”中的“线性”解决小齿数齿轮的建模任务，如果渐开线和齿根圆不相交，那么在渐开线的起点端沿着切线方向用一小段直线与齿根圆相交，这样本书中的参数化建模方式就解决了不同齿数范围的齿轮建模任务。

第 2 章　深沟球轴承

2.1　深沟球轴承的数学模型

本节简单介绍深沟球轴承的数学模型，请参考图 2-1。

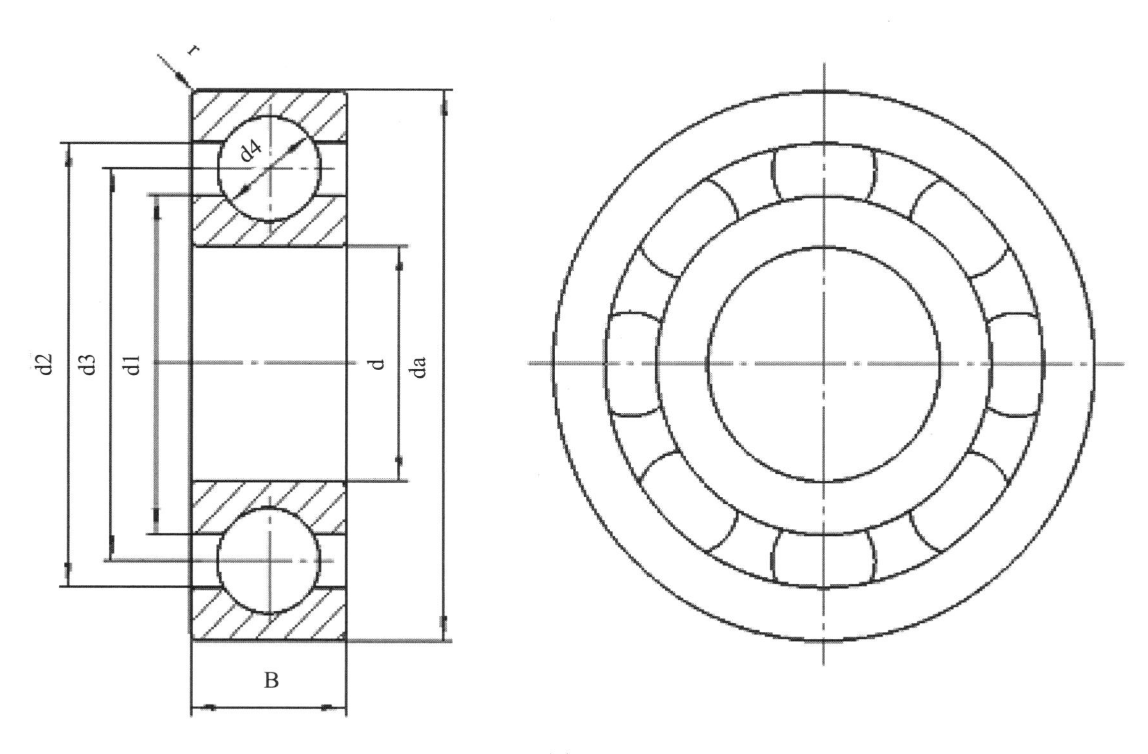

图 2-1

图 2-1 中的各参数值及计算公式可参考表 2-1。

表 2-1　深沟球轴承参数表

参数	da	d	B	d1	d2	d3	d4	r
公式	28	12	8	d + (da − d)/3	da − (da − d)/3	da − (da − d)/2	(da − d)/3	0.3
值	28	12	8	17.333	22.667	20	5.333	0.3

深沟球轴承模型中滚珠的数量为：取大于等于“滚珠中心圆的周长”除以“1.5 倍的滚珠直径”的最小整数。

2.2 单级减速器中使用的深沟球轴承基本参数

减速器中使用的低速轴承 6309 如图 2-2 所示。

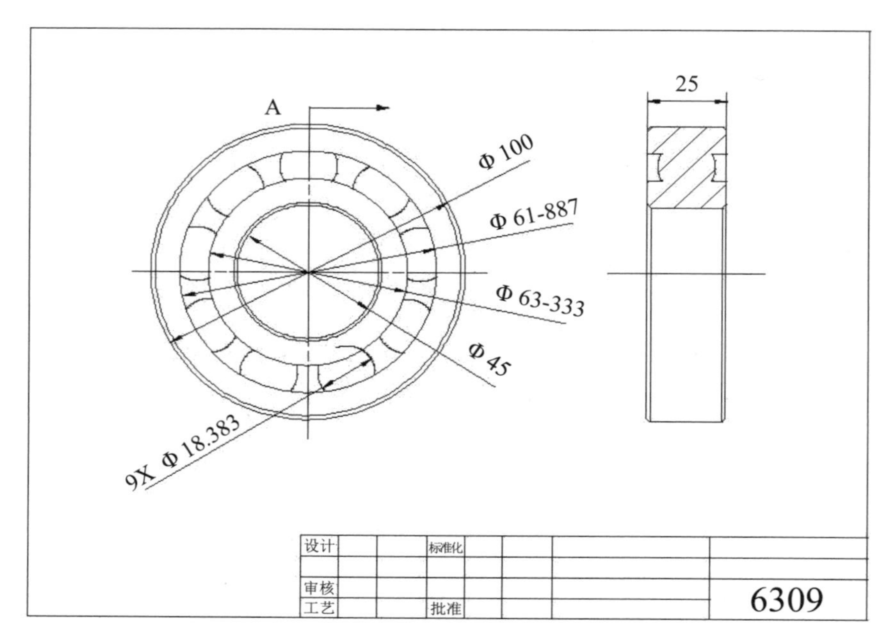

图 2-2

减速器中使用的高速轴承 6307 如图 2-3 所示。

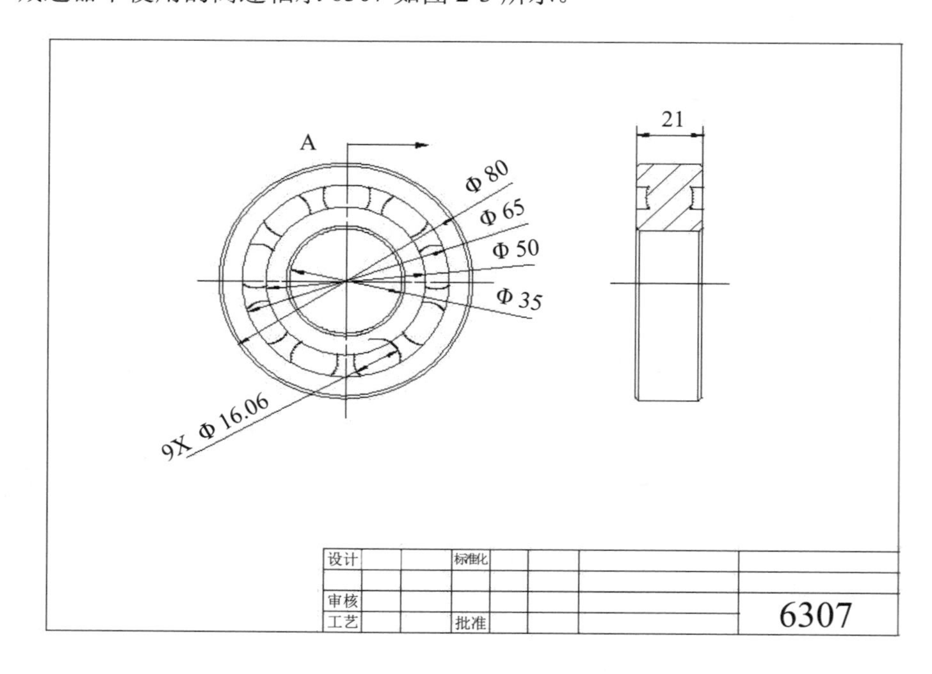

图 2-3

2.3　深沟球轴承在 UG NX 4 中的参数化建模

2.3.1　UG NX 4 中深沟球轴承的参数

结合 UG NX 4 中回转体的建模方法，我们整理出深沟球轴承的参数如表 2-2 所示。

表 2-2　深沟球轴承参数表

名称	da	d	B	d1	d2	d3	d4	r	n
公式	100	45	25	d + (da–d)/3	da–(da–d)/3	da–(da–d)/2	(da–d)/3	0.3	ceiling((pi()*d3)/(1.5*d4))
量纲	长度	长度	长度	长度	长度	长度	长度	长度	常量
单位	mm	mm	mm	mm	mm	mm	mm	mm	无
备注	ceiling() 和 pi() 为 NX 内部函数：ceiling() 为一取整函数，返回一个大于等于给定数字的最小整数，如 ceiling(7.2)=8；pi() 为圆周率，() 内不要赋值								

2.3.2　深沟球轴承的建模

本节以表 2-2 中深沟球轴承参数为实例，介绍深沟球轴承参数化建模的具体操作步骤。

（1）启动 UG NX 4，新建文件 ZhouChengModule.prt，单击“起始”图标，单击“建模”图标，然后进入“建模”状态。

（2）创建工作坐标系，单击“成形特征”工具条中创建“基准 CSYS”图标，单击“绝对坐标”图标，在（0，0，0）点定义一个新的工作坐标系。

（3）单击“工具”菜单，单击“表达式”，进入“表达式”对话框，依次创建深沟球轴承的参数表达式，如图 2-4 所示。

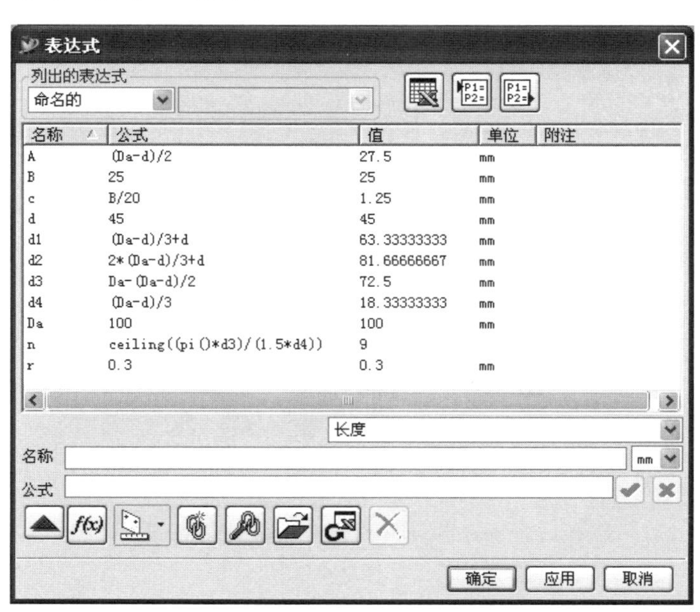

图 2-4

（4）单击“确定”，退出“表达式”对话框。

（5）创建轴承内外圈。在绘图区域选择基准平面 YOZ 作为草图平面，然后单击“草图”图标，进入草图绘制状态，绘制轴承内外圈的截面轮廓。

添加尺寸约束和几何约束，所有尺寸参数全部来自于参数表达式中定义的参数，得到图 2-5 的草图轮廓。

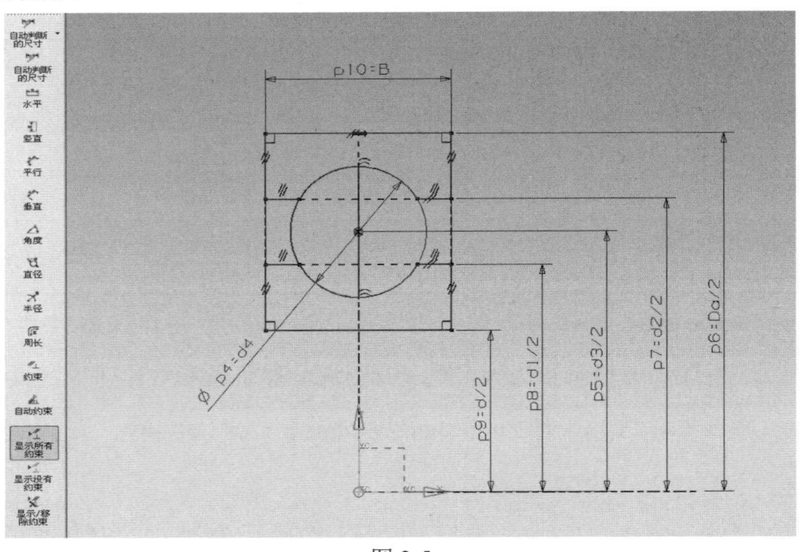

图 2-5

单击“完成草图”，单击“回转”图标，选择刚绘制的草图作为回转截面轮廓线；单击“自动判断矢量”图标，选择绘图区域的 YC 轴作为旋转轴；选择“布尔运算”为“创建”；单击“确定”，得到轴承的内外圈，如图 2-6 所示。

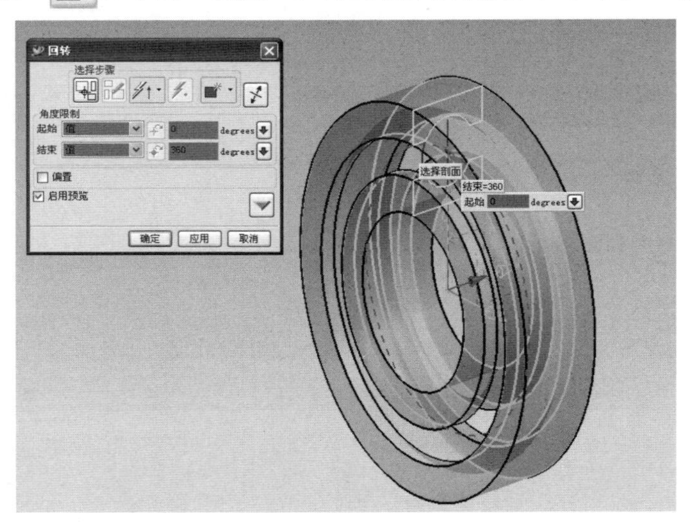

图 2-6

（6）隐藏刚创建的轴承内外圈。

（7）创建圆球滚子。在绘图区域选择基准平面 YOZ 作为草图平面，然后单击“草图”图标，进入草图绘制状态，绘制圆球滚子的截面轮廓。

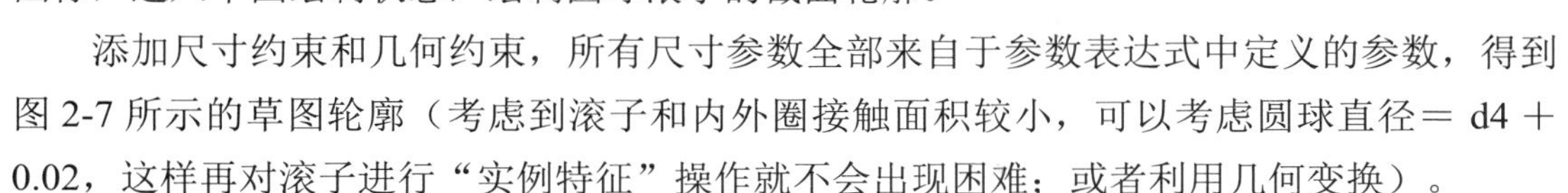

添加尺寸约束和几何约束，所有尺寸参数全部来自于参数表达式中定义的参数，得到图 2-7 所示的草图轮廓（考虑到滚子和内外圈接触面积较小，可以考虑圆球直径＝ d4 ＋ 0.02，这样再对滚子进行“实例特征”操作就不会出现困难；或者利用几何变换）。

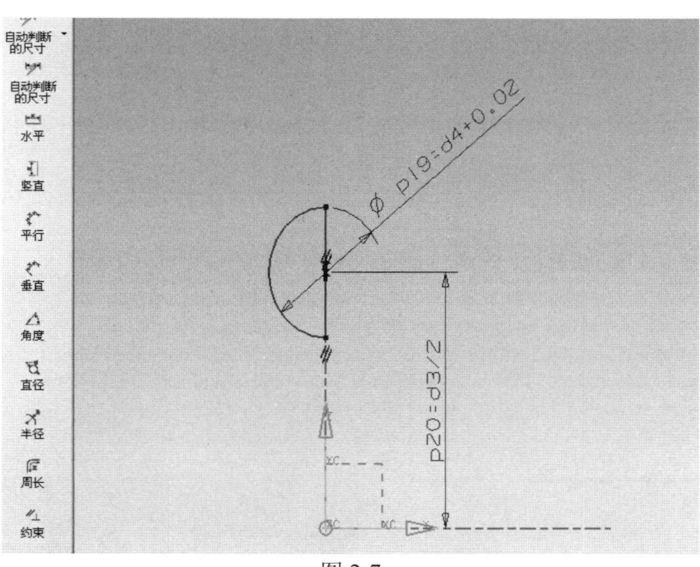

图 2-7

单击“完成草图”，单击“回转”图标，选择刚绘制的草图作为回转截面轮廓线；单击“自动判断矢量”图标，选择草图中的铅垂线作为旋转轴；选择“布尔运算”为“创建”；单击“确定”，得到一个圆球滚子，如图 2-8 所示。

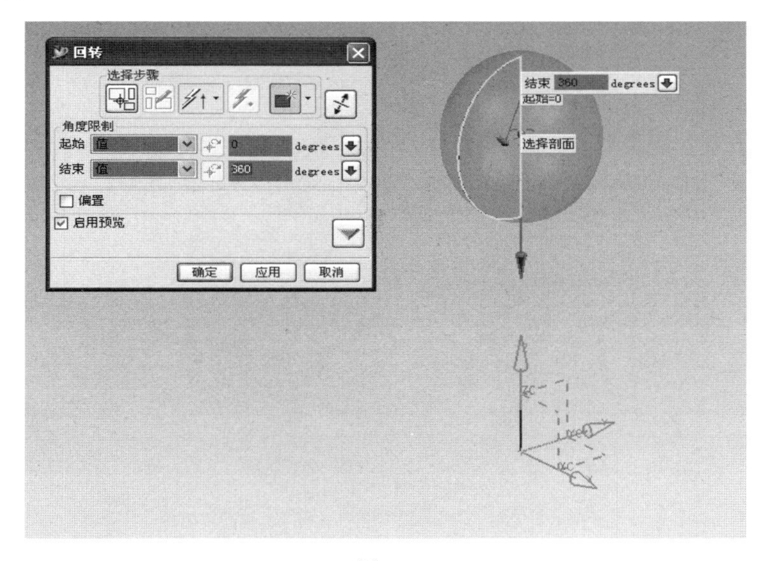

图 2-8

（8）取消隐藏（6）步骤中隐藏的轴承内外圈。

（9）单击“布尔求和”图标，然后选择轴承内外圈和滚子，单击“确定”，把所有实体进行布尔求和。

（10）实例特征复制环形均布的滚子。单击“实例特征”图标，选择“环形阵列”，然后选择最后的圆球滚子作为阵列对象，单击“确定”，在“数字”文本框输入n，在“角度”文本框中输入360/n，单击“确定”，再选择基准轴YC作为旋转轴，再选择“创建引用”，得到结果如图2-9所示。

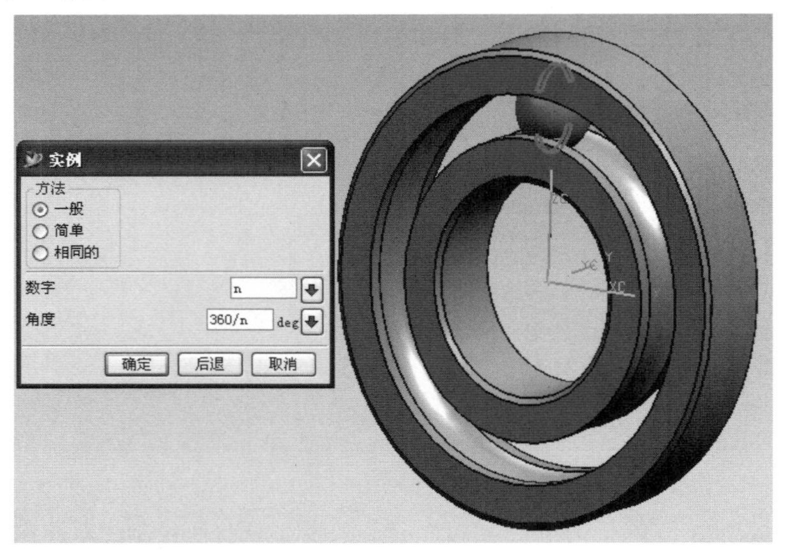

图 2-9

（11）倒圆角。单击“倒圆角”图标，选择轴承端面上的四个圆环，然后“半径”输入r，单击“确定”，得到结果如图2-10所示。

图 2-10

（12）保存文件，深沟球轴承的参数化建模完成。

2.4　低速轴承 6309 的建模

在电脑中找到上节中保存的 ZhouChengModule.prt 文件，复制一份，改名为 ZhouCheng100.prt。

启动 UG NX 4， 打开 ZhouCheng100.prt，打开部件导航器中的“用户表达式”；轴承 6309 的参数已经完成，Da ＝ 100 mm，d ＝ 45 mm，B ＝ 25 mm，如图 2-11 所示。

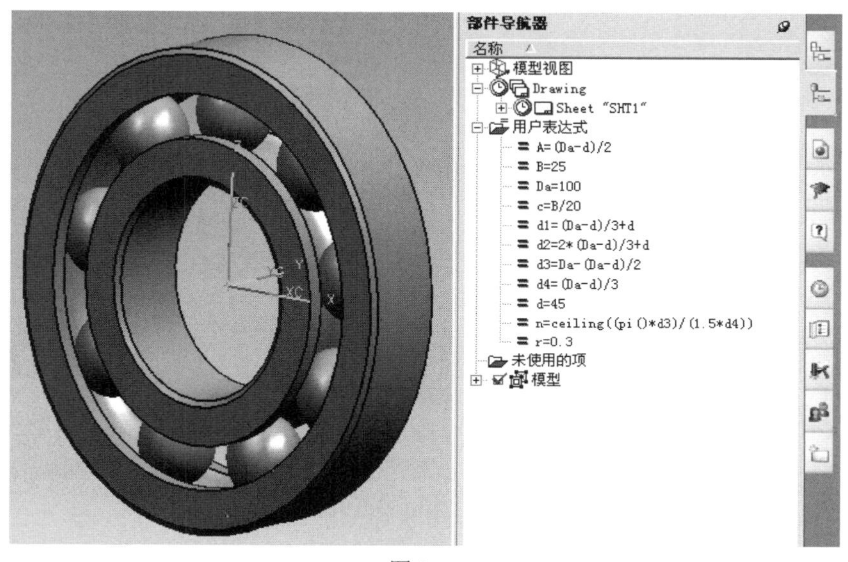

图 2-11

2.5　高速轴承 6307 的建模

在电脑中找到上节中保存的 ZhouChengModule.prt 文件，复制一份，改名为 ZhouCheng80.prt。

启动 UG NX 4，打开 ZhouCheng80.prt，打开部件导航器中的“用户表达式”；检查参数列表 Da ＝ 100 mm，d ＝ 45 mm，B ＝ 25 mm。

双击 d ＝ 45，这时候 45 变为高亮，输入 35，然后，键入“Enter”，这时候，UG 马上根据新的数据列表重新建模。

双击 Da ＝ 100，这时候 100 变为高亮，输入 80，然后，键入“Enter”，这时候，UG 马上根据新的数据列表重新建模。

双击 B ＝ 25，这时候 25 变为高亮，输入 21，然后，键入“Enter”，这时候，UG 马上根据新的数据列表重新建模。

保存文件，就得到轴承 6307 的模型如图 2-12 所示。

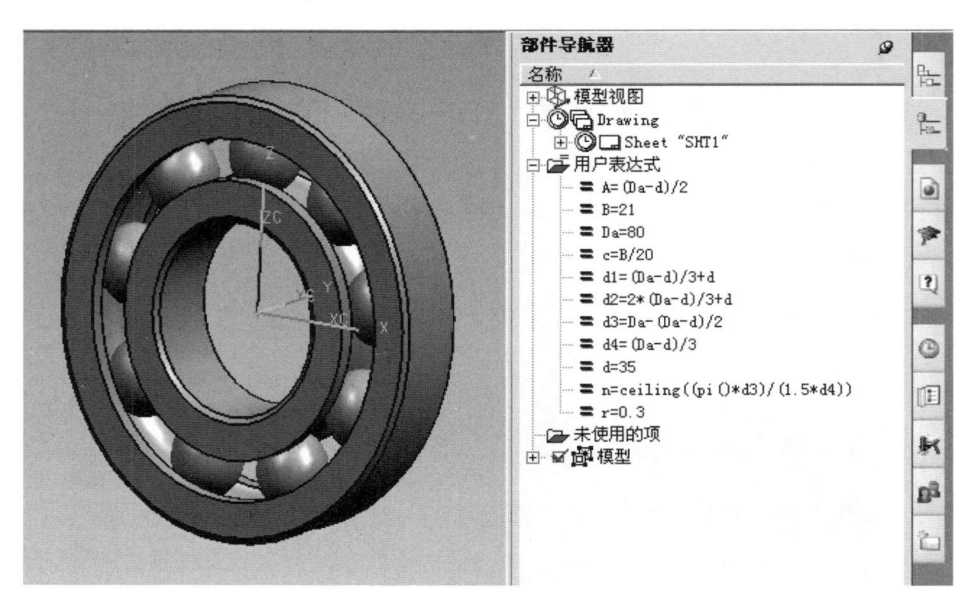
部件导航器
名称
模型视图
Drawing
Sheet "SHT1"
用户表达式
A=(Da-d)/2
B=21
Da=80
c=B/20
d1=(Da-d)/3+d
d2=2*(Da-d)/3+d
d3=Da-(Da-d)/2
d4=(Da-d)/3
d=35
n=ceiling((pi()*d3)/(1.5*d4))
r=0.3
未使用的项
模型

图 2-12

第 3 章　低速轴系统

单级减速器低速轴系统主要由 6 个零部件装配而成，其中基础零件为低速轴，键、大齿轮、定距环和两个深沟球轴承为配合零件。为了把低速轴系统固定安装在减速器底座与机盖之间的圆柱型轴承座里面，在两侧还各有一个密封圈和轴承端盖，可以参考后续章节的减速器的总装配图。

本章将介绍在 UG NX 4 中完成低速轴系统中所有零部件的建模过程。由于圆柱渐开线标准齿轮和深沟球轴承可以在 UG NX 4 中使用参数化建模方法，本章的主要任务是低速轴系统中其他零部件的建模。

3.1　低速轴系统装配图

低速轴系统中各零件相互间的位置如图 3-1 所示。

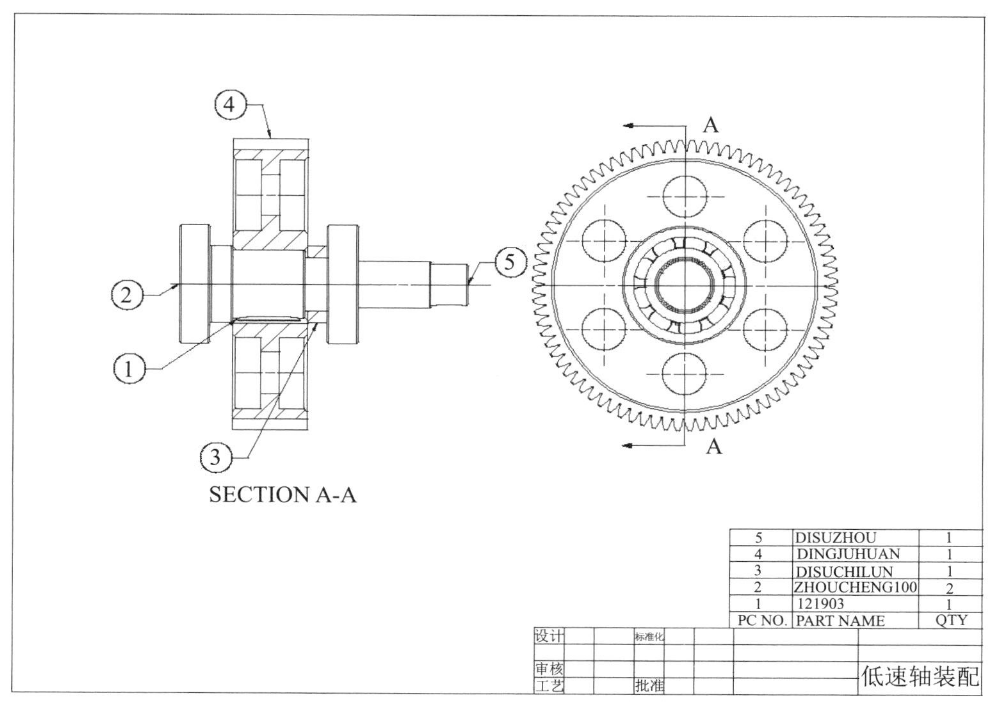

图 3-1

3.2 低速轴

3.2.1 低速轴零件图

低速轴如图 3-2 所示。

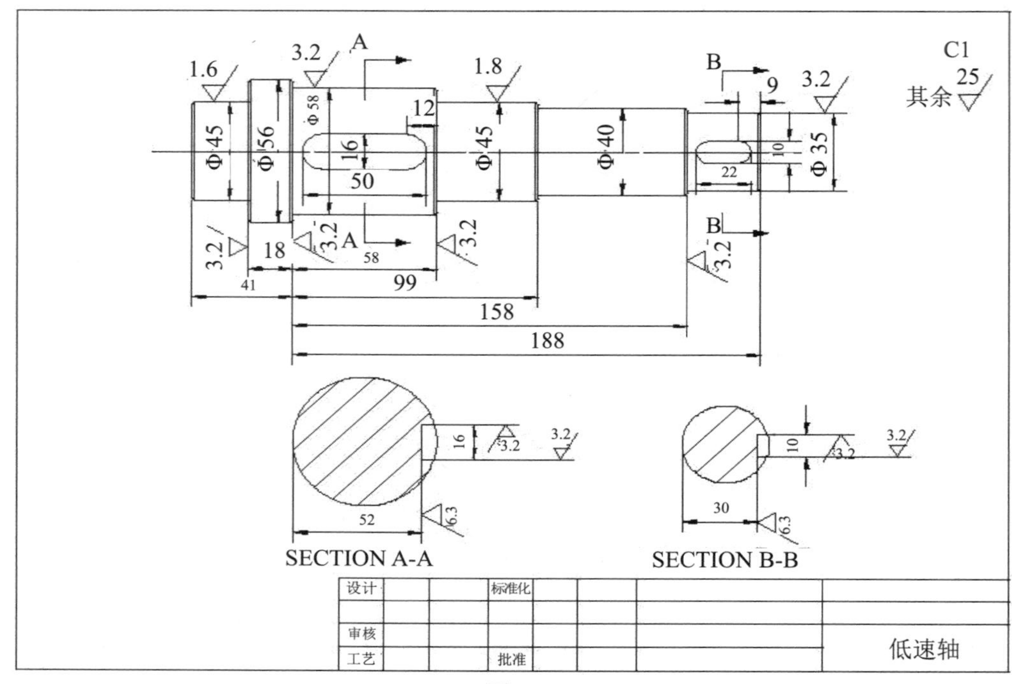

图 3-2

3.2.2 低速轴的建模

本节介绍低速轴建模的具体操作步骤。由于轴类零件不是标准件，不考虑采用参数化建模的方法。

（1）启动 UG NX 4，新建文件 DiSuZhou.prt，单击“起始”图标，单击“建模”图标，然后进入“建模”状态。

（2）创建工作坐标系，单击“成形特征”工具条中创建“基准 CSYS”图标，单击“绝对坐标”图标，在（0，0，0）点定义一个新的工作坐标系。

（3）创建低速轴最左边直径为 45 的轴段。单击“圆柱”图标，在弹出的对话框中单击“直径和高度”按钮，在弹出的矢量构造器中选择“XC”方向为轴中心线，接着在“直径”文本框中输入轴段直径 45，在“高度”文本框中输入 23，接着在点构造器中设置圆柱的定位基点在（0，0，0），单击“确定”，完成第一个轴段的创建。

（4）创建低速轴左边第二个直径为 65 的轴段。单击“圆柱”图标，在弹出的对话框中单击“直径和高度”按钮，在弹出的矢量构造器中选择“XC”方向为轴中心线，接着在“直径”文本框中输入轴段直径65，在“高度”文本框中输入18，接着在点构造器中单击“圆心”图标，在绘图区域选中直径为45的轴段的前表面圆环轮廓，自动设置第二个圆柱的定位基点在（23，0，0），单击“确定”，布尔运算单击选择“求和”，完成第二个轴段的创建。

（5）依次创建后面4个轴段。依照步骤（4）沿着“XC”方向再依次创建4个圆柱轴段，均采用布尔求和运算。第三个圆柱直径为58，高度为58，圆柱定位基点在（41，0，0）；第四个圆柱直径为45，高度为41，圆柱定位基点在（99，0，0）；第五个圆柱直径为40，高度为60，圆柱定位基点在（140，0，0）；第六个圆柱直径为35，高度为30，圆柱定位基点在（200，0，0），结果如图3-3所示。

（6）创建A-A剖面上的键槽。在绘图区域单击基准平面XOY，单击“草图”图标，进入键槽轮廓草图的绘制状态，如图3-4所示。

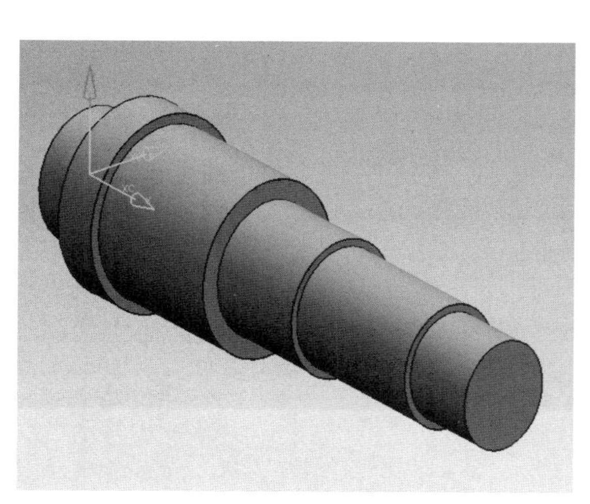

图3-3

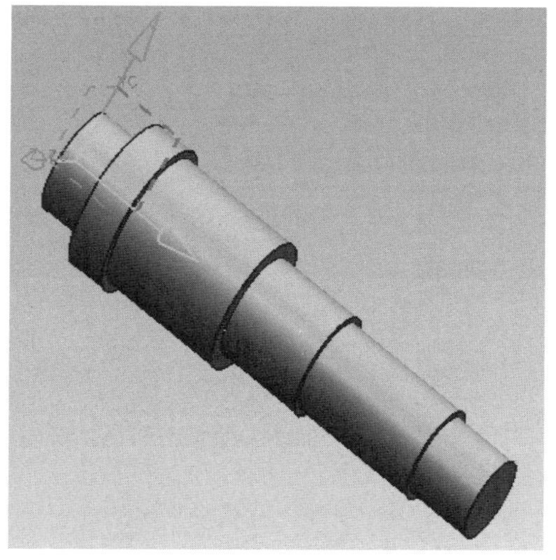

图3-4

在草图平面上利用“轮廓曲线”工具，绘制键槽轮廓线，如图3-5所示。

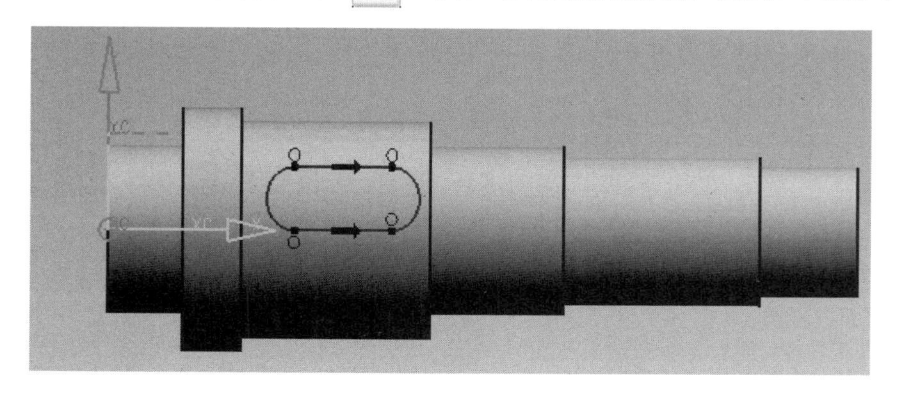

图3-5

添加尺寸约束和几何约束，得到键槽轮廓如图 3-6 所示。

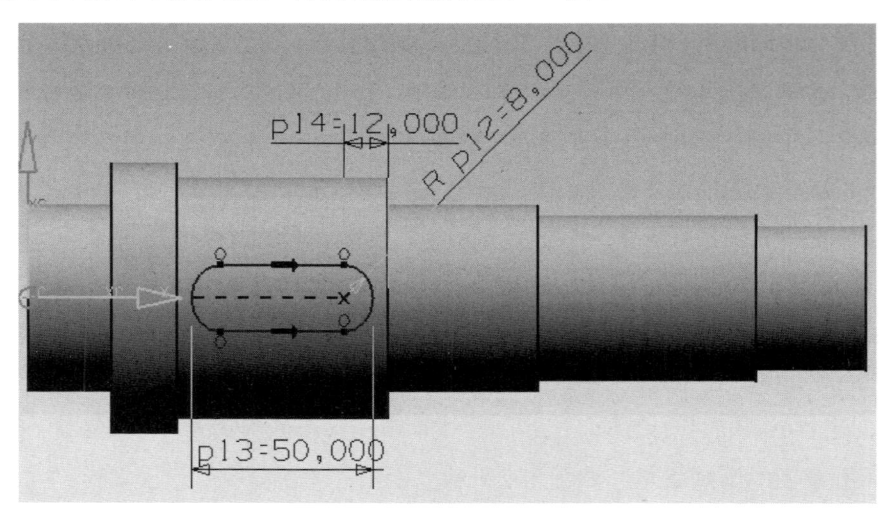

图 3-6

单击“完成草图”，单击“静态线框”，显示实体的透明模型；单击“拉伸”图标，选择刚才绘制的键槽轮廓草图作为拉伸截面轮廓线，“起始”文本框输入 23，“结束”文本框输入 30，“布尔运算”选择为“求差”，单击“确定”，得到键槽如图 3-7、图 3-8 所示。

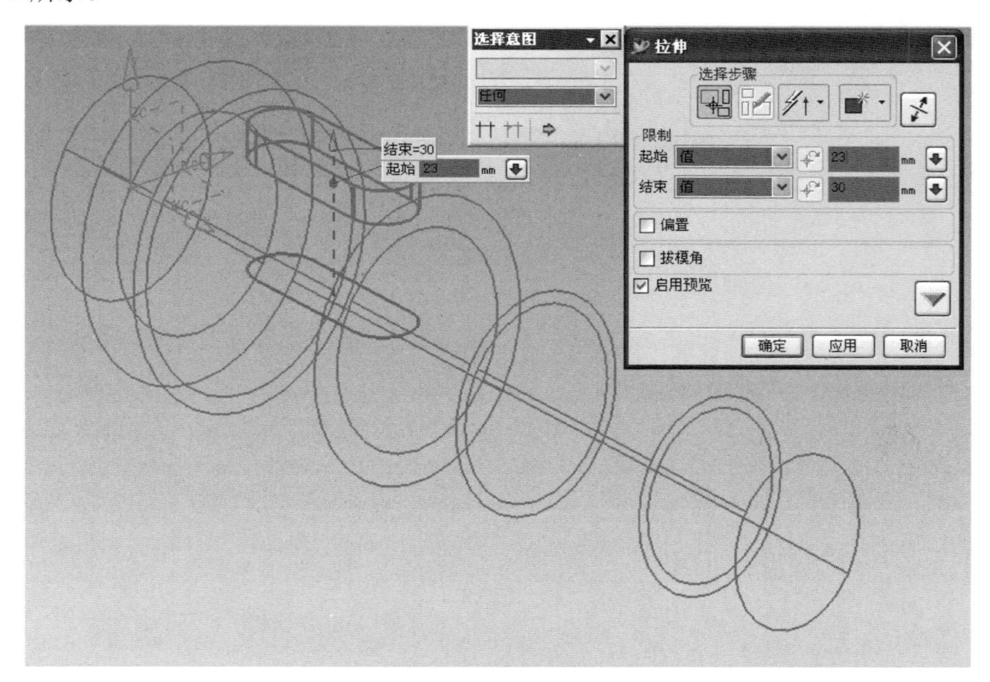

图 3-7

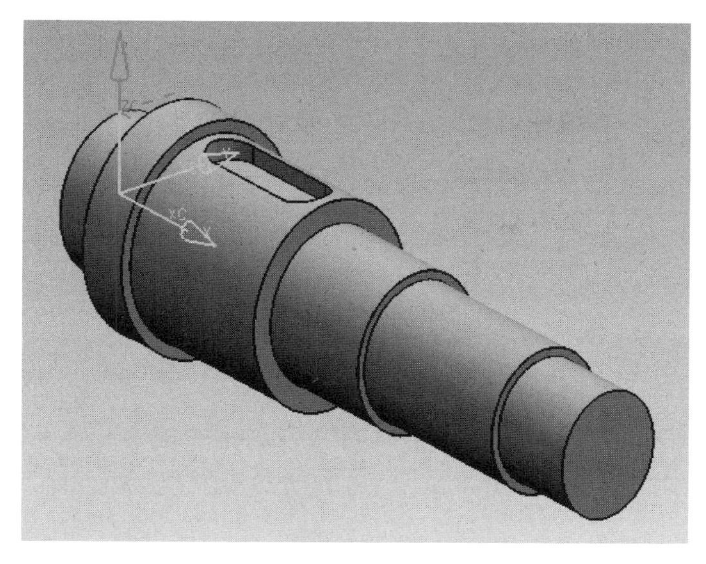

图 3-8

（7）创建 B-B 剖面上的键槽。根据步骤（6）在基准平面 XOY 上建立草图，绘制 B-B 剖面上的键槽的草图轮廓，然后，拉伸切除得到第二个键槽，结果如图 3-9 所示。

（8）倒斜角。单击“边倒斜角”图标，输入偏置值：1，选择需要倒斜角的所有圆环，单击“确定”，完成倒斜角。

（9）保存文件，完成低速轴建模，结果如图 3-10 所示。

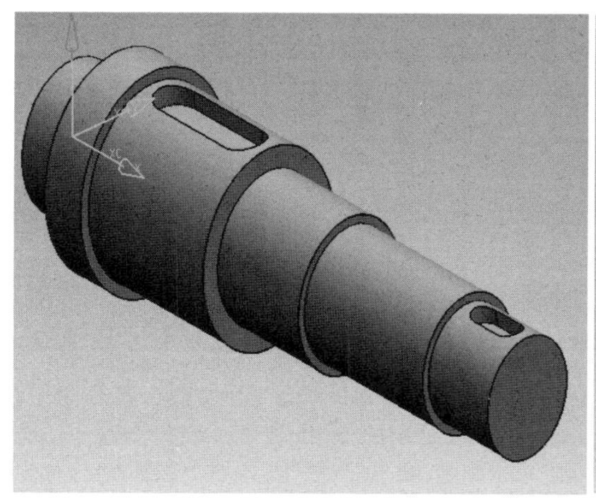

图 3-9

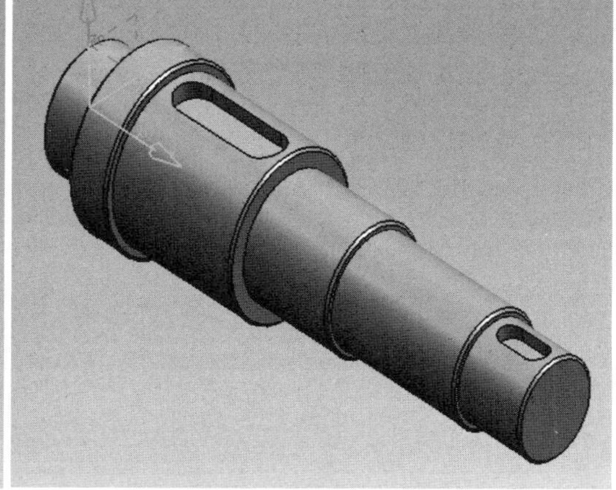

图 3-10

3.3　平键

3.3.1　平键的零件图

平键的零件图如图 3-11 所示。

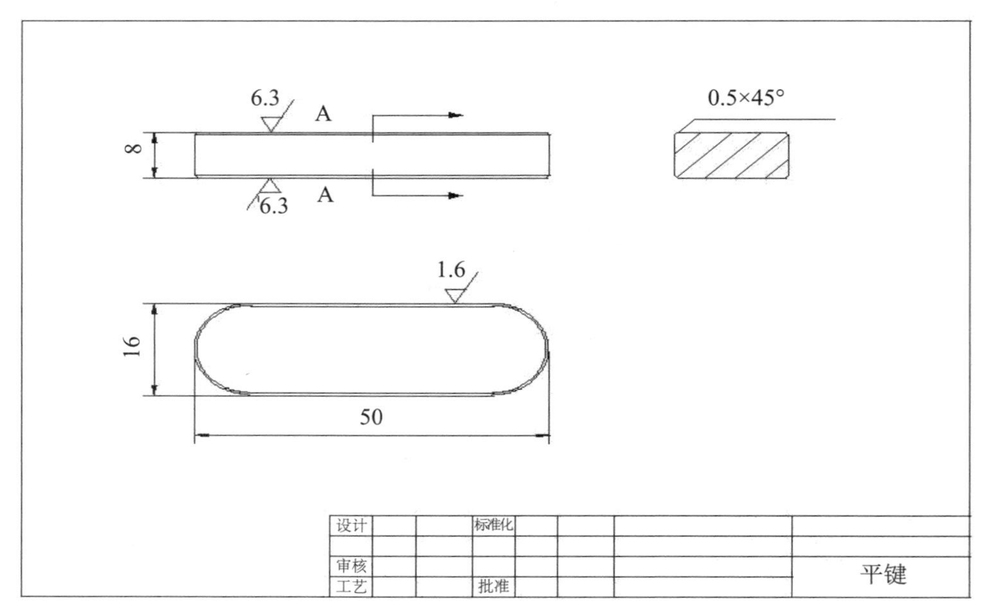

图 3-11

3.3.2 平键的建模

本节介绍平键建模的具体操作步骤。

（1）启动 UG NX 4，新建文件 121903.prt，单击“起始”图标，单击“建模”图标，然后进入“建模”状态。

（2）创建工作坐标系，单击“成形特征”工具条中创建“基准 CSYS”图标，单击“绝对坐标”图标，在（0，0，0）点定义一个新的工作坐标系。

（3）在绘图区域单击基准平面 XOY，单击“草图”图标；然后绘制平键的轮廓曲线，添加尺寸约束和几何约束，结果如图 3-12 所示。

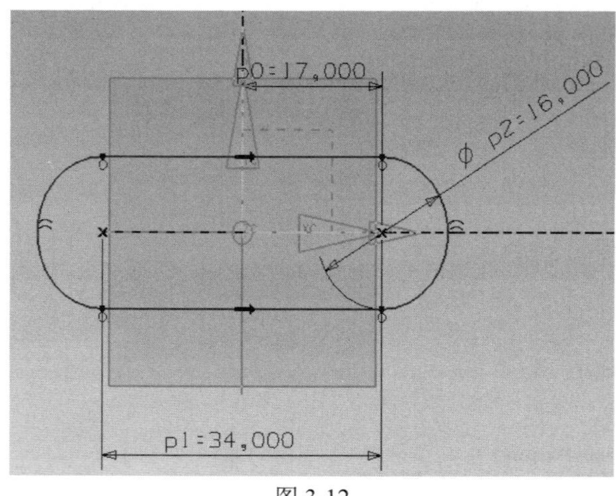

图 3-12

（4）单击“完成草图”，单击“拉伸”工具条，配置对象选择方案为“已连接的曲线”，然后选择平键的轮廓草图为拉伸截面曲线，“起始”文本框输入0，“结束”文本框输入8，“布尔运算”选择为“创建”，单击“确定”，得到平键的基本实体。

（5）单击“边倒斜角”，输入偏置值：0.5，选择要倒斜角的平键两个轮廓曲线，单击“确定”，完成倒斜角。

（6）保存文件，完成平键的建模，结果如图3-13所示。

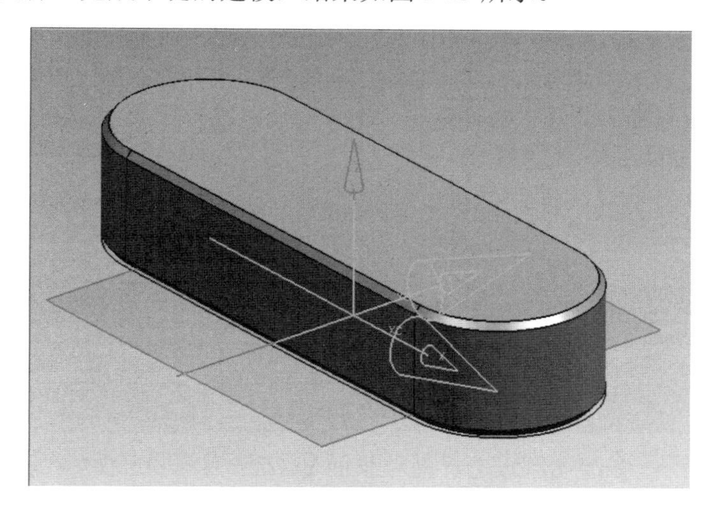

图3-13

3.4　大齿轮

由于大齿轮是直齿圆柱齿轮，本书考虑使用参数化建模方法完成，具体操作过程请参考本书中关于直齿圆柱齿轮建模的相关章节。

3.5　定距环

3.5.1　定距环的零件图

定距环的零件图如图3-14所示。

3.5.2　定距环的建模

本节介绍定距环建模的具体操作步骤。

（1）启动UG NX 4，新建文件DingJuHuan.prt，单击“起始”图标，单击“建模”图标，然后进入“建模”状态。

（2）创建工作坐标系，单击“成形特征”工具条中创建“基准CSYS”图标，单击“绝对坐标”图标，在（0，0，0）点定义一个新的工作坐标系。

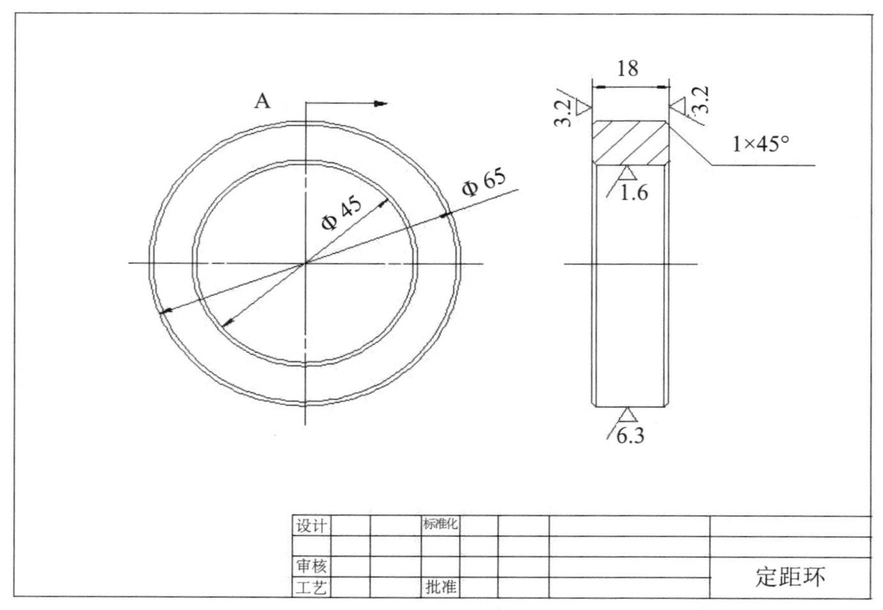

图 3-14

（3）创建定距环。在绘图区域选择基准平面 YOZ 作为草图平面，然后单击“草图”图标，进入草图绘制状态，绘制定距环的截面轮廓；添加尺寸约束和几何约束，得到草图轮廓，如图 3-15 所示。

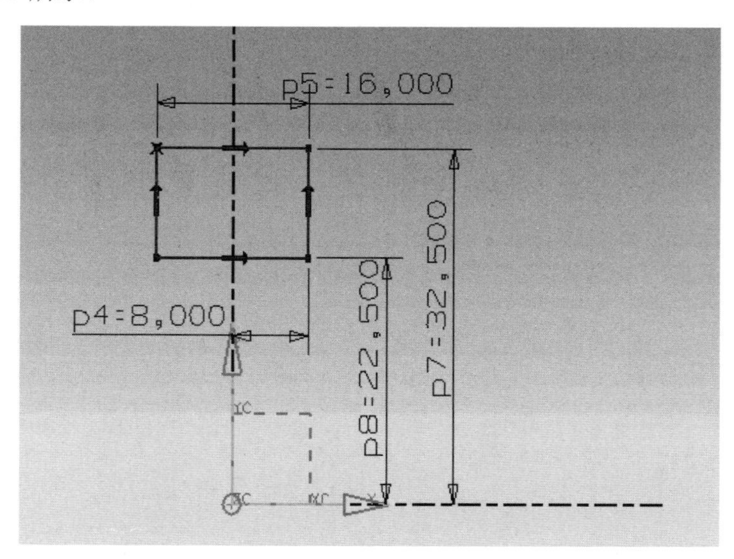

图 3-15

单击“完成草图”，单击“回转”图标，选择刚绘制的草图作为回转截面轮廓线；单击“自动判断矢量”图标，选择绘图区域的 YC 轴作为旋转轴；选择“布尔运算”为“创建”；单击“确定”，得到定距环回转实体。

（4）单击“边倒斜角”，输入偏置值：1，选择四个端面圆环，单击“确定”，完成倒斜角。

（5）保存文件，完成定距环的建模。

3.6　深沟球轴承

由于和低速轴配合的深沟球轴承 6309 是标准件，本书考虑使用参数化建模方法完成，具体操作过程请参考本书中关于深沟球轴承参数化建模的相关章节。

3.7　密封圈

3.7.1　密封圈的零件图

密封圈的零件图如图 3-16 所示。

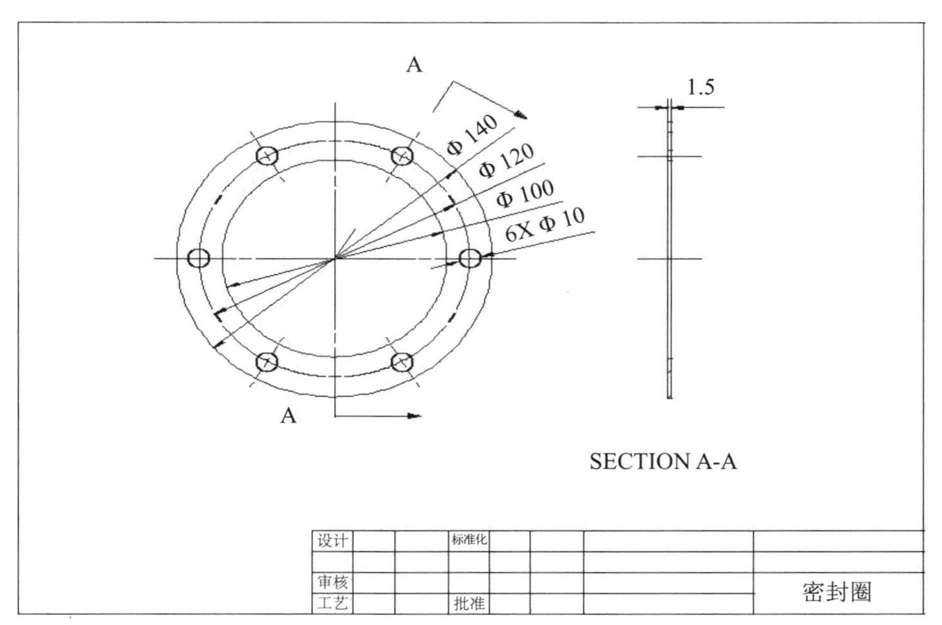

图 3-16

3.7.2　密封圈的建模

本节介绍密封圈建模的具体操作步骤。

（1）启动 UG NX 4，新建文件 DianQuan100.prt，单击“起始”图标，单击“建

模”图标，然后进入“建模”状态。

（2）创建工作坐标系，单击“成形特征”工具条中创建“基准 CSYS”图标，单击“绝对坐标”图标，在（0，0，0）点定义一个新的工作坐标系。

（3）在绘图区域单击基准平面 XOY，单击“草图”图标，在草图内绘制下列曲线。

①绘制直径为 100 mm、140 mm、120 mm 的圆环。单击“圆”图标，在绘图区域单击原点（0，0），输入圆环直径 100，输入“Enter”，如图 3-17、图 3-18 所示。

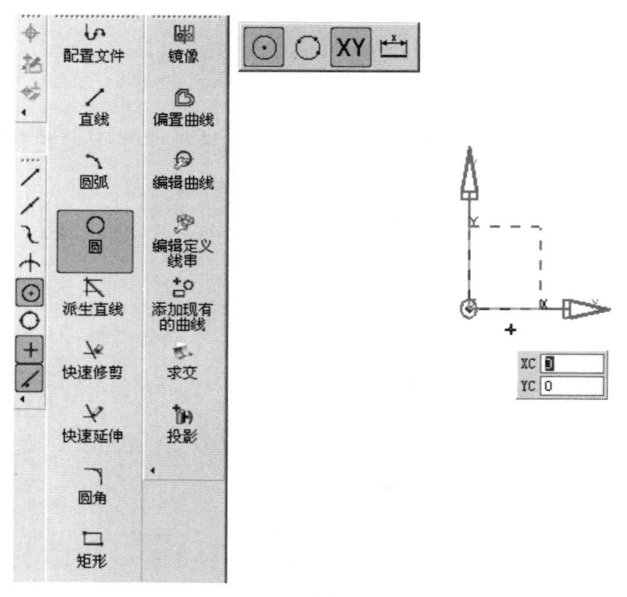

图 3-17

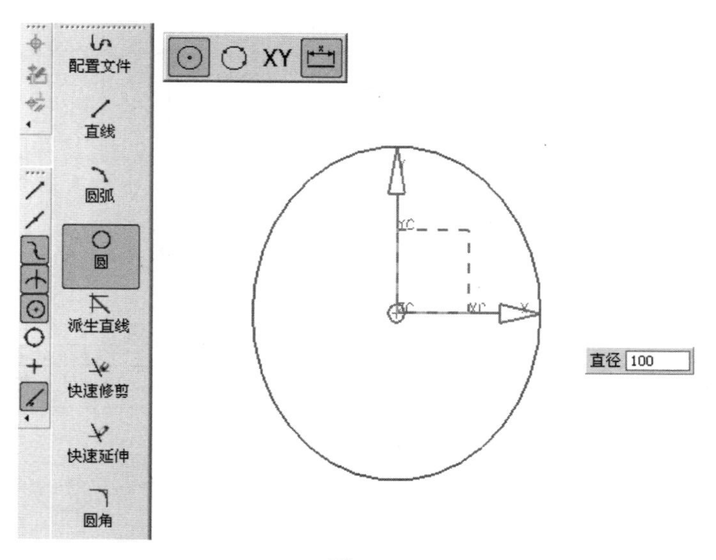

图 3-18

继续在绘图区域单击原点（0，0），输入圆环直径 140，输入“Enter”，如图 3-19 所示。

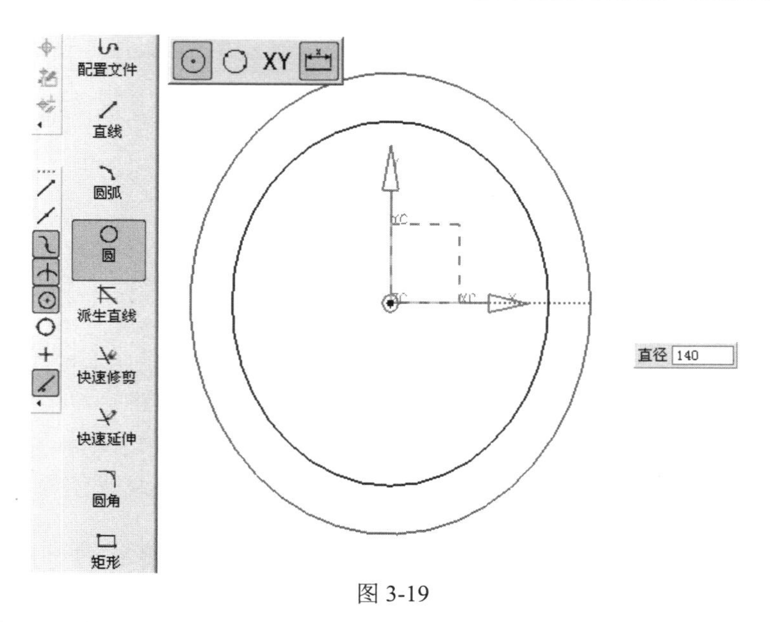

图 3-19

继续在绘图区域单击原点（0，0），输入圆环直径 120，输入“Enter”，如图 3-20 所示。

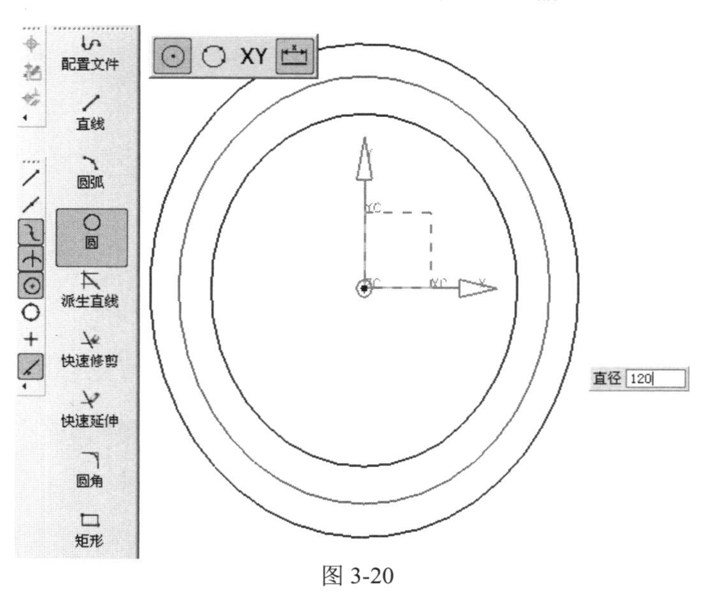

图 3-20

②绘制六个环形均布的直径为 10 mm 的圆环。单击“直线”图标，单击原点，以原点（0，0）为起点，在长度文本框中输入 60，在角度文本框中输入 0，输入“Enter”，沿着 XC 轴正方向绘制一条水平线，与直径为 120 的圆环相交，如图 3-21 所示。

单击“直线”图标，单击原点，以原点（0，0）为起点，在长度文本框中输入 60，在角度文本框中输入 60，输入“Enter”，沿着与 XC 轴正方向夹角为 60 度方向绘制一条直线，与直径为 120 的圆环相交，如图 3-22 所示。

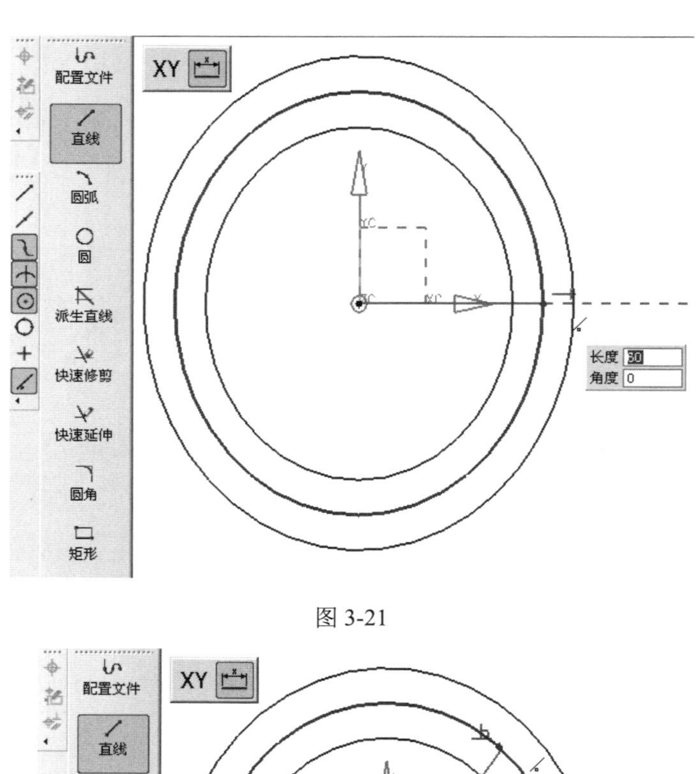

图 3-21

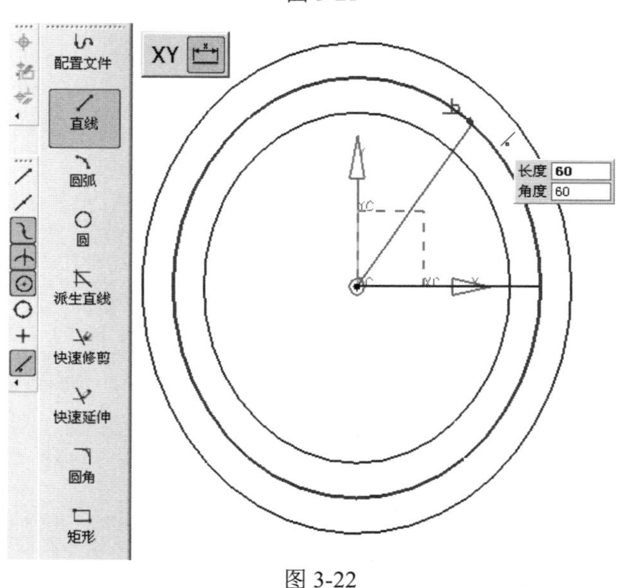

图 3-22

然后，分别以原点（0，0）为起点，和 XC 轴正方向夹角为 120°、180°、240°、300° 绘制四条直线，这四条直线都和直径为 120 的圆相交，结果如图 3-23 所示。

在绘图区域选择直径为 120 的圆环和六条直线，单击鼠标右键，在弹出菜单中单击“轮廓线转为中心参考线”图标，把选中的曲线转为中心参考线，如图 3-24 所示。

单击“圆”图标，单击“捕捉交点”图标，在绘图区域分别单击直径为 120 的圆环和六条直线的交点，输入圆环直径 10，输入“Enter”，如图 3-25 所示。

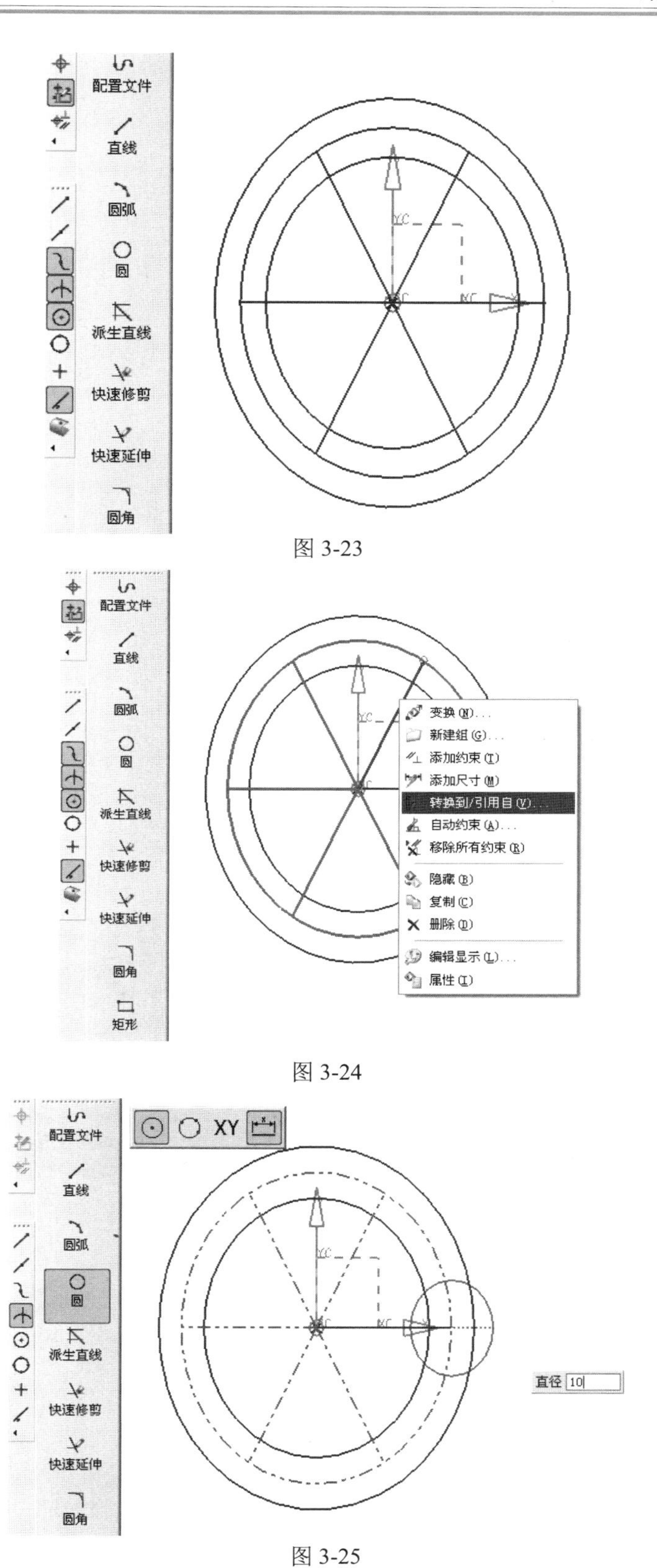

图 3-23

图 3-24

图 3-25

依次绘制六个直径为 10 mm 的圆环，结果如图 3-26 所示。

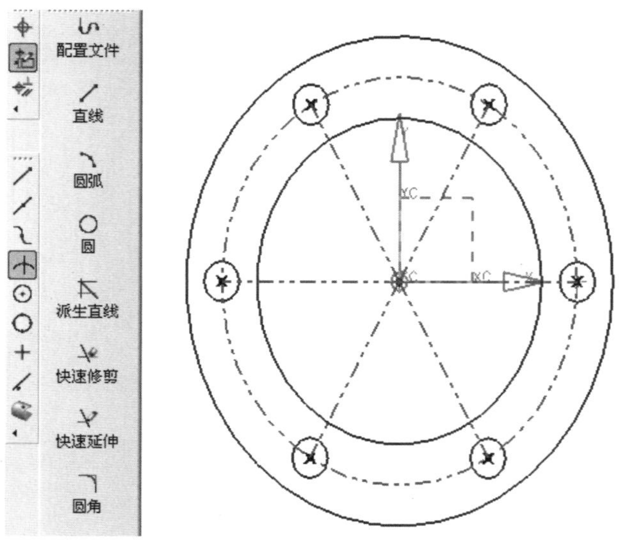

图 3-26

（4）单击“拉伸” 工具条，配置对象选择方案为“任何”，然后选择密封圈的轮廓草图为拉伸截面曲线，“起始”文本框输入 0，“结束”文本框输入 1.5，“布尔运算”选择为“创建” ，单击“确定”，得到密封圈的基本实体，如图 3-27 所示。

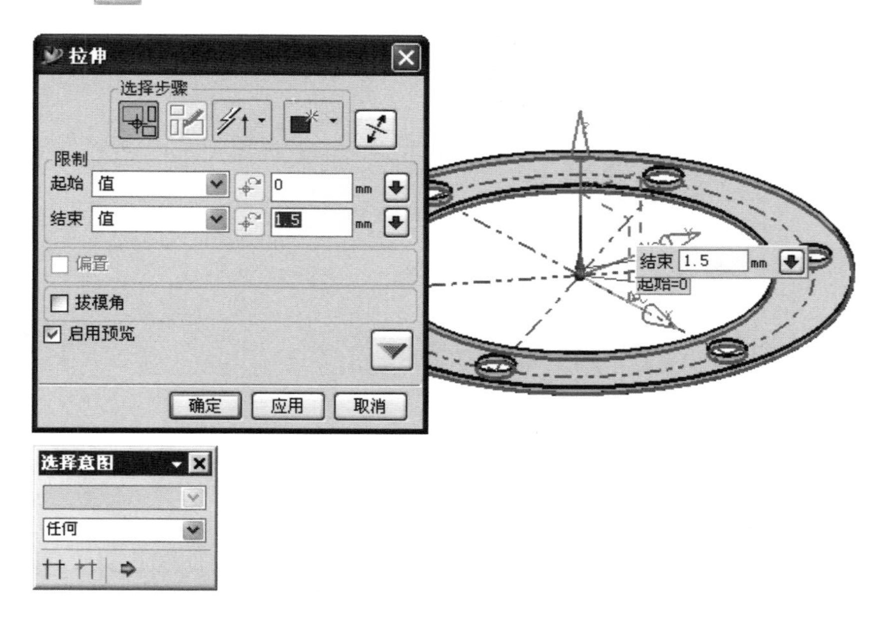

图 3-27

（5）保存文件，完成密封圈的建模，结果如图 3-28 所示。

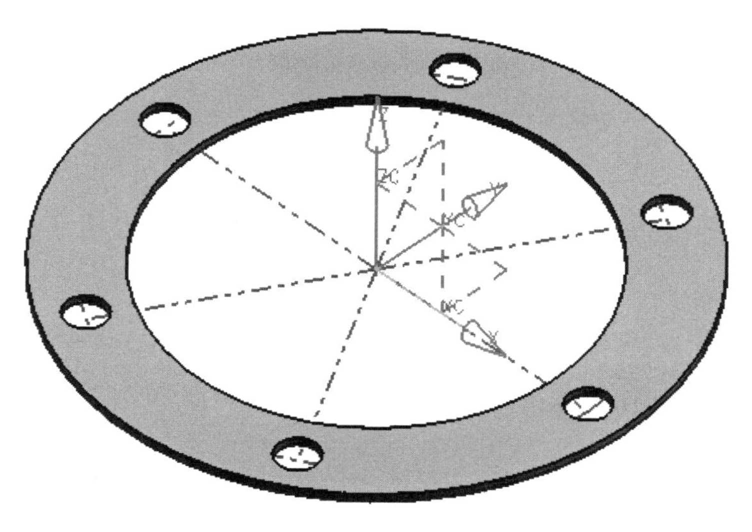

图 3-28

3.8 轴承端盖

3.8.1 轴承端盖的零件图

轴承端盖的零件图如图 3-29 所示。

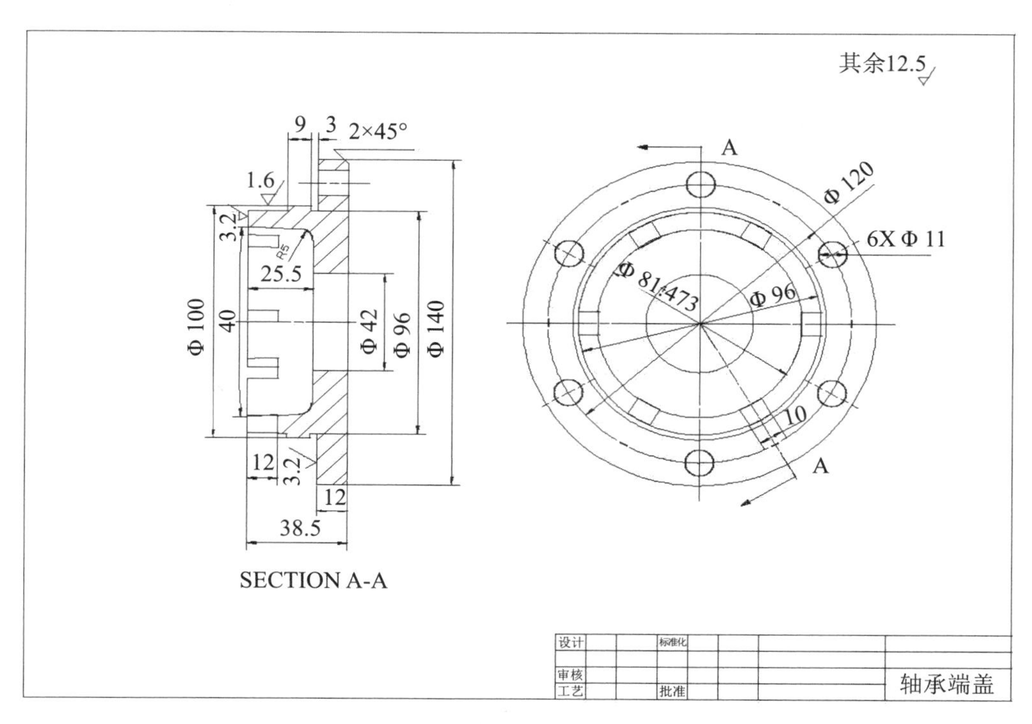

图 3-29

3.8.2 轴承端盖的建模

本节介绍轴承端盖建模的具体操作步骤。

（1）启动 UG NX 4，新建文件 DuanGai100_Hole.prt，单击“起始” 图标，单击“建模” 图标，然后进入“建模”状态。

（2）创建工作坐标系，单击“成形特征”工具条中创建“基准 CSYS” 图标，单击“绝对坐标” 图标，在（0，0，0）点定义一个新的工作坐标系。

（3）创建轴承端盖。在绘图区域选择基准平面 XOZ 作为草图平面，然后单击“草图” 图标，进入草图绘制状态，绘制轴承端盖的截面轮廓；添加尺寸约束和几何约束，得到的草图轮廓如图 3-30 所示。

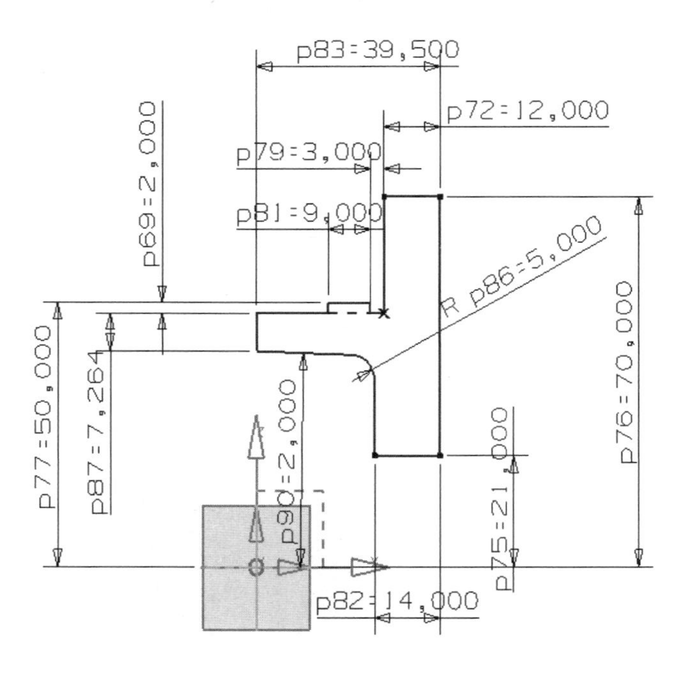

图 3-30

单击“完成草图” ，单击“回转” 图标，选择刚绘制的草图作为回转截面轮廓线；单击“自动判断矢量”图标，选择绘图区域的 XC 轴作为旋转轴；选择“布尔运算”为“创建” ；单击“确定”，得到轴承端盖回转实体。

（4）创建轴承内侧的缺口。在绘图区域选择基准平面 XOZ 作为草图平面，然后单击“草图” 图标，进入草图绘制状态，绘制缺口的截面轮廓；添加尺寸约束和几何约束，得到下面的草图轮廓，如图 3-31 所示。

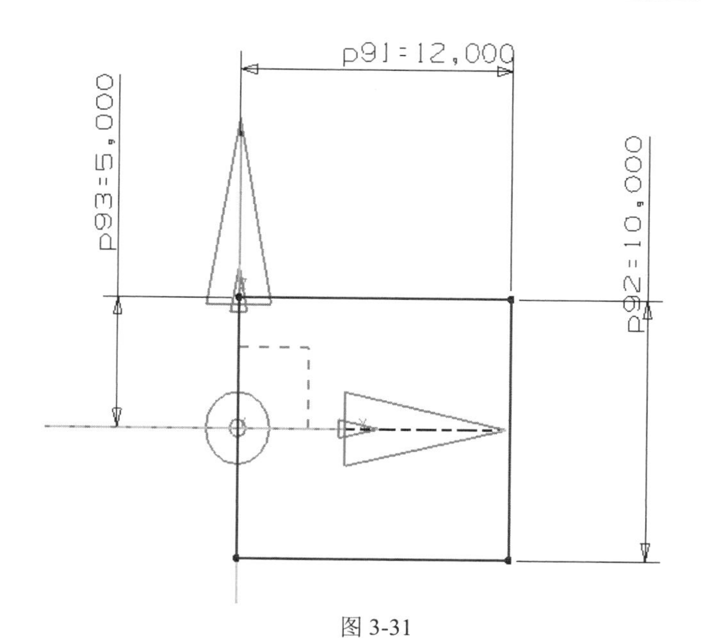

图 3-31

单击“拉伸” 工具条，配置对象选择方案为“任何”，然后选择缺口的轮廓草图为拉伸截面曲线，“起始”文本框输入 -100，“结束”文本框输入 100，“布尔运算”选择为“求差” ，单击“确定”，得到缺口的基本形状。

单击“实例特征” 图标，选择“环形阵列”，然后选择创建的缺口作为阵列对象，单击“确定”，在“数字”文本框输入 3，在“角度”文本框中输入 60，单击“确定”，再选择基准轴 XC 作为旋转轴，再选择“创建引用”，得到结果如图 3-32 所示。

图 3-32

（5）创建大端面上均布六个圆孔。在绘图区域选择基准平面 YOZ 作为草图平面，然后单击“草图” 图标，进入草图绘制状态，绘制均布六个圆孔的轮廓；添加尺寸约束和几何约束，得到下面的草图轮廓，如图 3-33 所示。

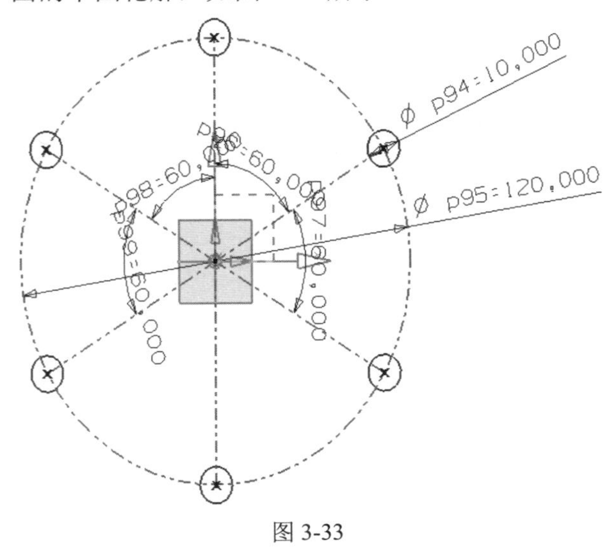

图 3-33

单击“拉伸” 工具条，配置对象选择方案为“任何”，然后选择均布六个圆孔的轮廓草图为拉伸截面曲线，“起始”文本框输入 0，“结束”文本框输入 40，“布尔运算”选择为“求差” ，单击“确定”，得到均布六个圆孔。

（6）单击“边倒斜角” ，输入偏置值：2，选择大端面圆环，单击“确定”，完成倒斜角。

（7）保存文件，完成轴承端盖的建模，如图 3-34 所示。

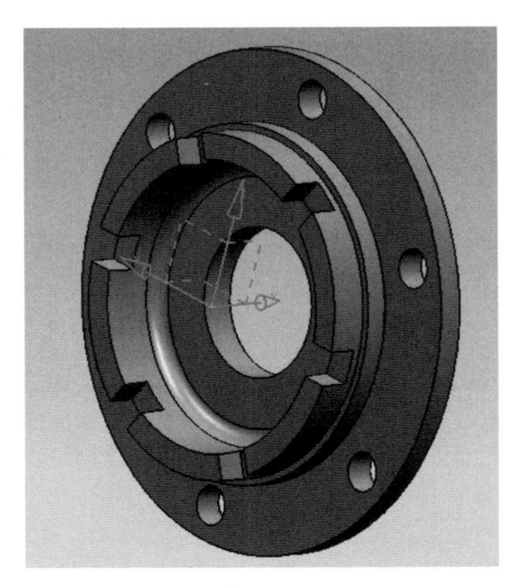

图 3-34

第 4 章　高速轴系统

单级减速器高速轴系统主要由 3 个零部件装配而成，其中基础零件为齿轮轴，2 个完全相同的深沟球轴承为相配合零件。为了把高速轴系统固定安装在减速器底座与机盖之间的圆柱形轴承座里面，在两侧还各有一个密封圈和轴承端盖。可以参考后续章节的减速器的总装配图。

本章将介绍在 UG NX 4 中完成高速轴系统中所有零部件的建模过程。由于圆柱渐开线标准齿轮轴和深沟球轴承可以在 UG NX 4 中使用参数化建模方法，本章主要完成密封圈和轴承端盖的建模。

4.1　高速轴系统装配图

高速轴系统中各零件间的相互位置如图 4-1 所示。

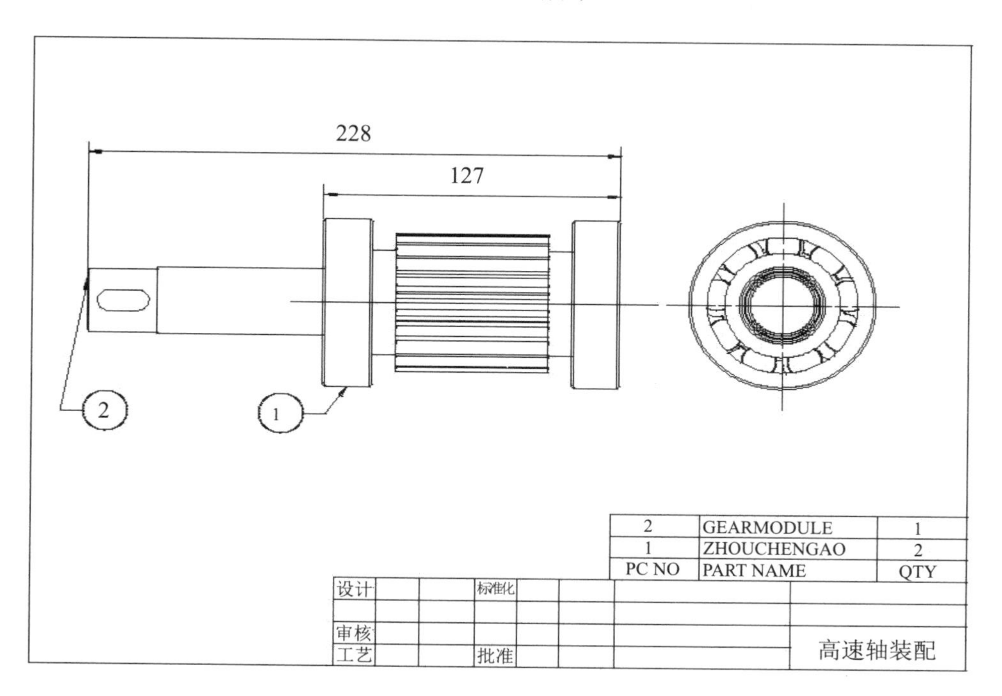

图 4-1

4.2 高速齿轮轴

4.2.1 高速齿轮轴的零件图

高速齿轮轴的零件图如图 4-2 所示。

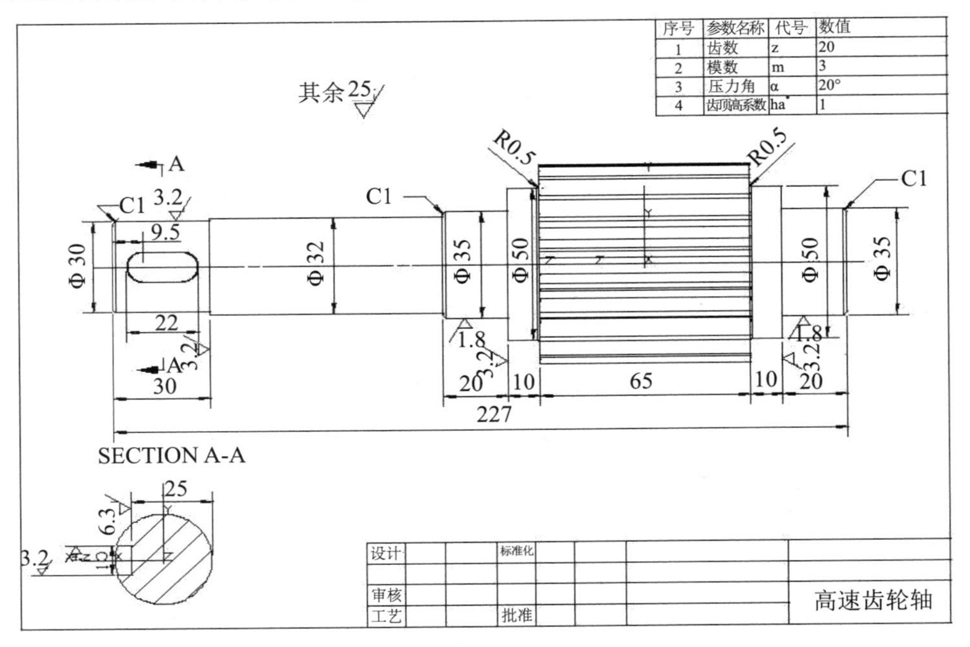

图 4-2

4.2.2 高速齿轮轴的建模

由于高速齿轮轴包含齿轮轴段和其他阶梯轴段，本书使用参数化建模方法完成齿轮轴的建模。具体操作步骤请参考本书中直齿圆柱齿轮参数化建模的相关章节。

4.3 深沟球轴承

由于和高速齿轮轴配合的深沟球轴承 6307 是标准件，本书使用参数化建模方法完成建模。具体操作步骤请参考本书中深沟球轴承参数化建模的相关章节。

4.4 密封圈

4.4.1 密封圈的零件图

密封圈的零件图如图 4-3 所示。

4.4.2 密封圈的建模

本节介绍密封圈建模的具体操作步骤。

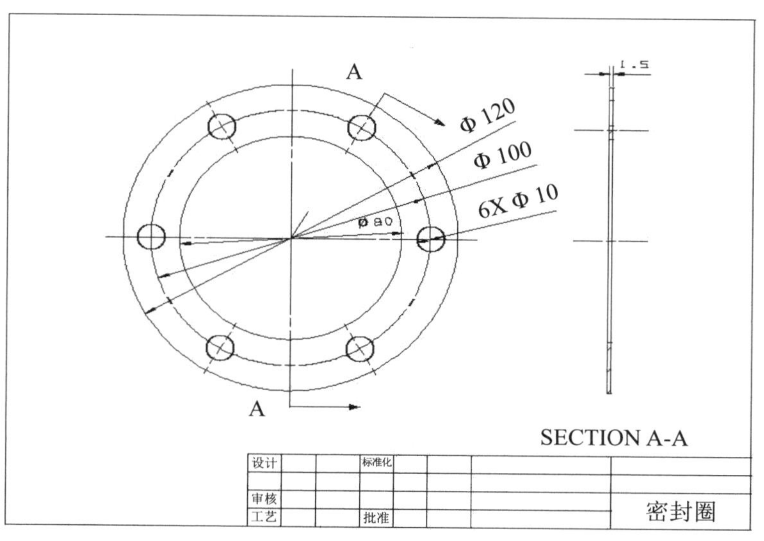

图 4-3

（1）启动 UG NX 4，新建文件 DianQuan80.prt，单击“起始”图标，单击“建模”图标，然后进入“建模”状态。

（2）创建工作坐标系，单击“成形特征”工具条中创建“基准 CSYS”图标，单击“绝对坐标”图标，在（0，0，0）点定义一个新的工作坐标系。

（3）在绘图区域单击基准平面 XOY，单击“草图”图标，在草图内绘制下列曲线。

①绘制直径为 80 mm、120 mm、100 mm 的圆环。

单击“圆”图标，在绘图区域单击原点（0，0），输入圆环直径 80，输入“Enter”，如图 4-4、图 4-5 所示。

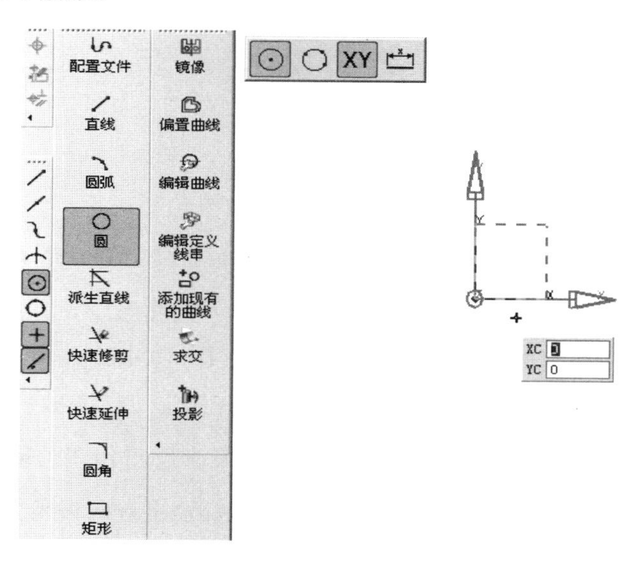

图 4-4

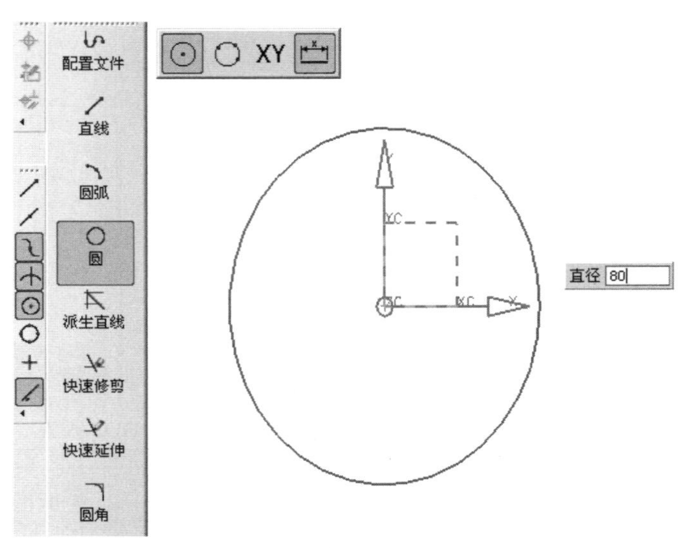

图 4-5

继续在绘图区域单击原点（0，0），输入圆环直径 120，输入“Enter”，如图 4-6 所示。

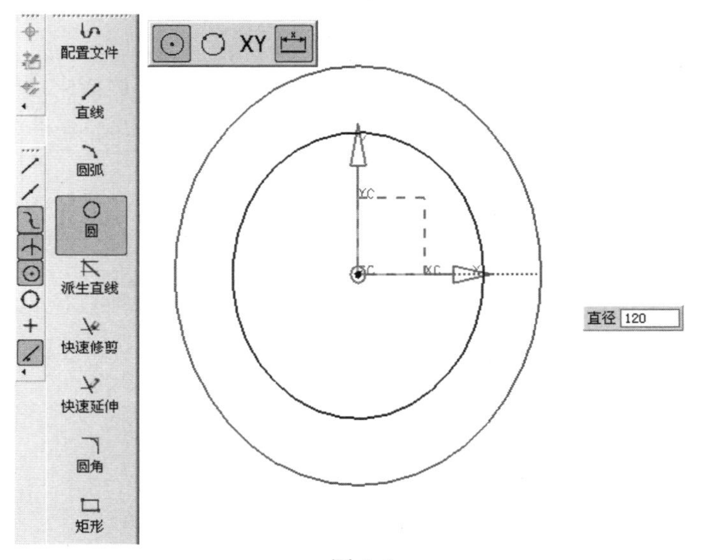

图 4-6

继续在绘图区域单击原点（0，0），输入圆环直径 100，输入“Enter”，如图 4-7 所示。

②绘制六个环形均布的直径为 10 mm 的圆环。单击“直线”图标，单击原点，以原点（0，0）为起点，在长度文本框中输入 50，在角度文本框中输入 0，输入“Enter”，沿着 XC 轴正方向绘制一条水平线，与直径为 100 的圆环相交，如图 4-8 所示。

单击“直线”图标，单击原点，以原点（0，0）为起点，在长度文本框中输入 50，在角度文本框中输入 60，输入“Enter”，沿着与 XC 轴正方向夹角为 60° 方向绘制一条直线，与直径为 100 的圆环相交，如图 4-9 所示。

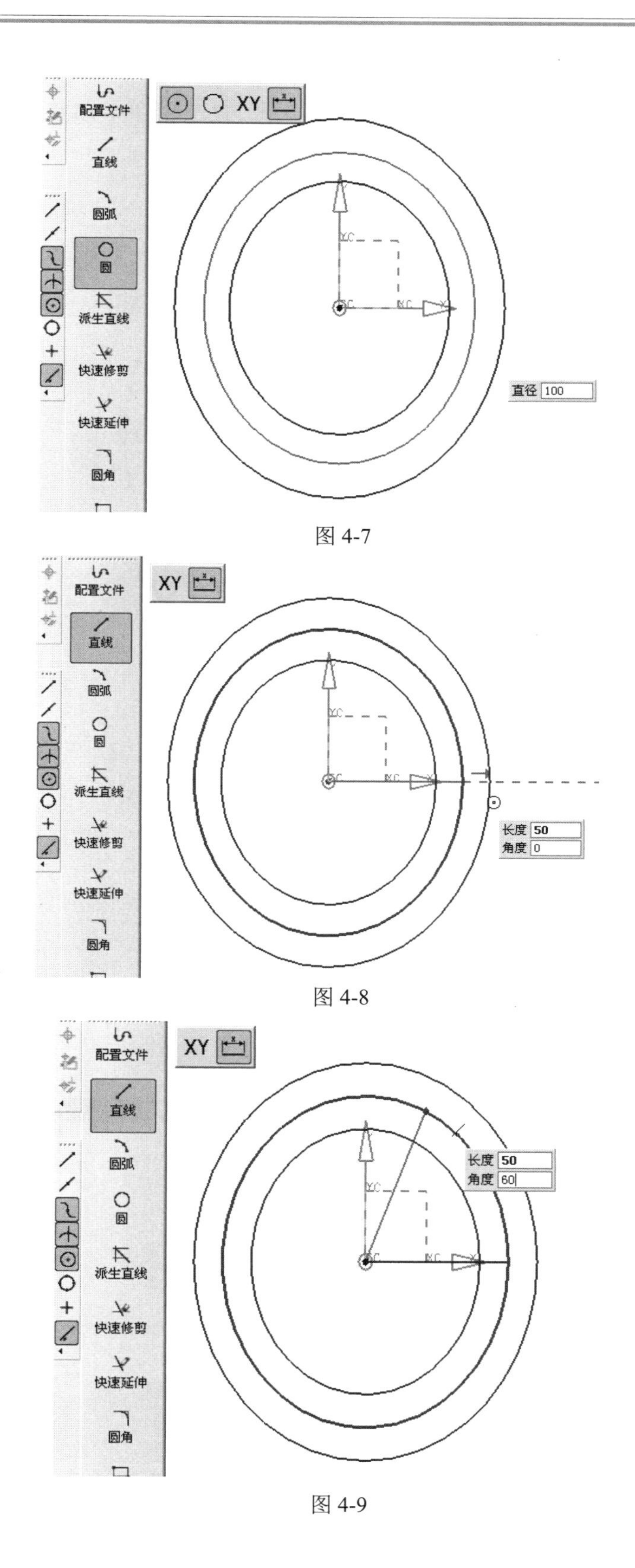

图 4-7

图 4-8

图 4-9

然后，分别以原点（0，0）为起点，和 XC 轴正方向夹角为 120°、180°、240°、300°绘制四条直线，这四条直线都和直径为 100 的圆相交，结果如图 4-10 所示。

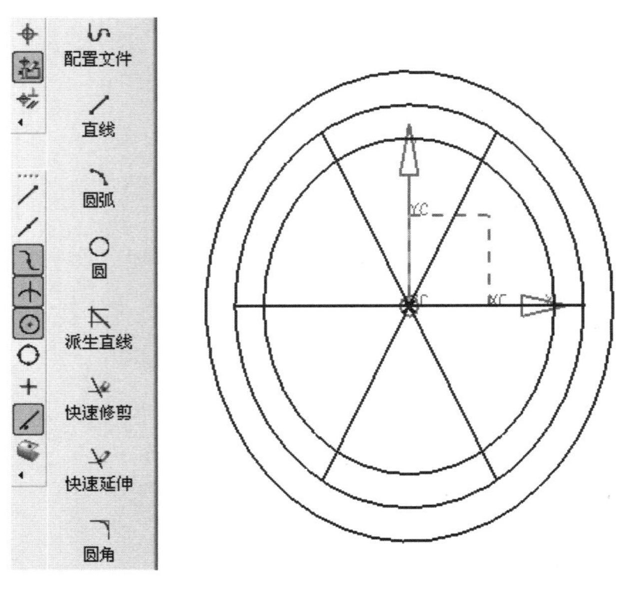

图 4-10

在绘图区域选择直径为 100 的圆环和六条直线，单击鼠标右键，在弹出菜单中单击“轮廓线转为中心参考线”图标，把选中的曲线转为中心参考线，如图 4-11 所示。

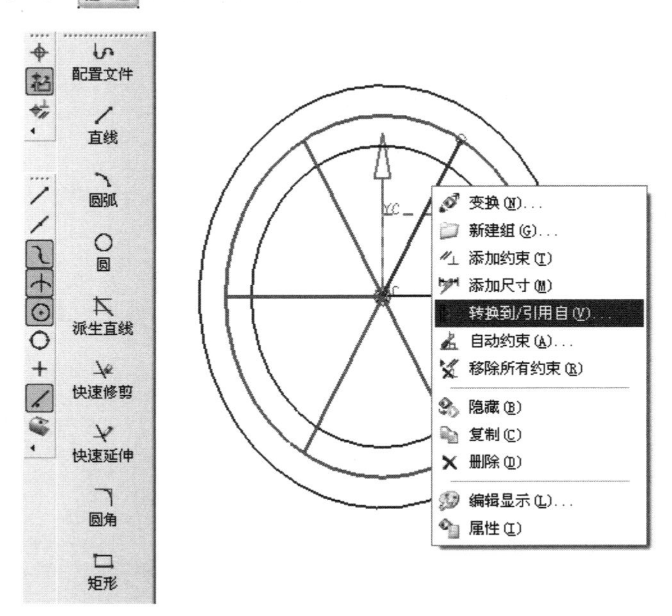

图 4-11

单击“圆”图标，单击“捕捉交点”图标，在绘图区域分别单击直径为 100

的圆环和六条直线的交点，输入圆环直径 10，输入“Enter”，如图 4-12 所示。

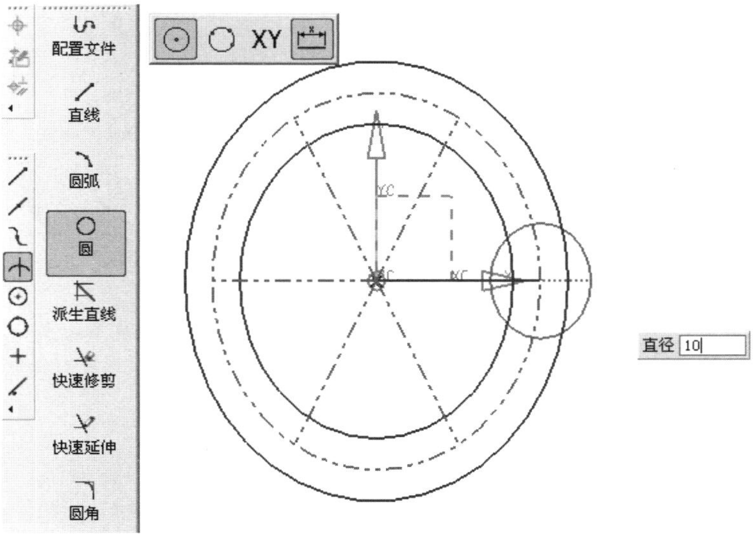

图 4-12

依次绘制六个直径为 10 mm 的圆环，结果如图 4-13 所示。

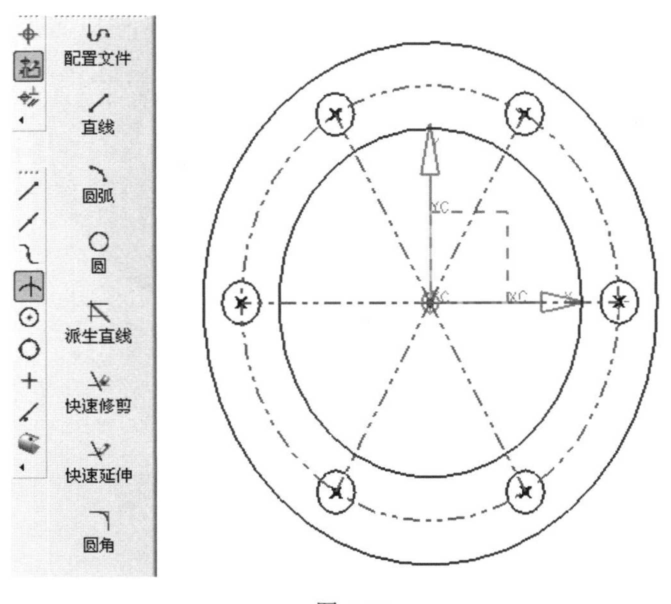

图 4-13

（4）单击“拉伸” 工具条，配置对象选择方案为“任何”，然后选择密封圈的轮廓草图为拉伸截面曲线，“起始”文本框输入 0，“结束”文本框输入 1.5，“布尔运算”选择为“创建” ，单击“确定”，得到密封圈的基本实体，如图 4-14 所示。

（5）保存文件，完成密封圈的建模，结果如图 4-15 所示。

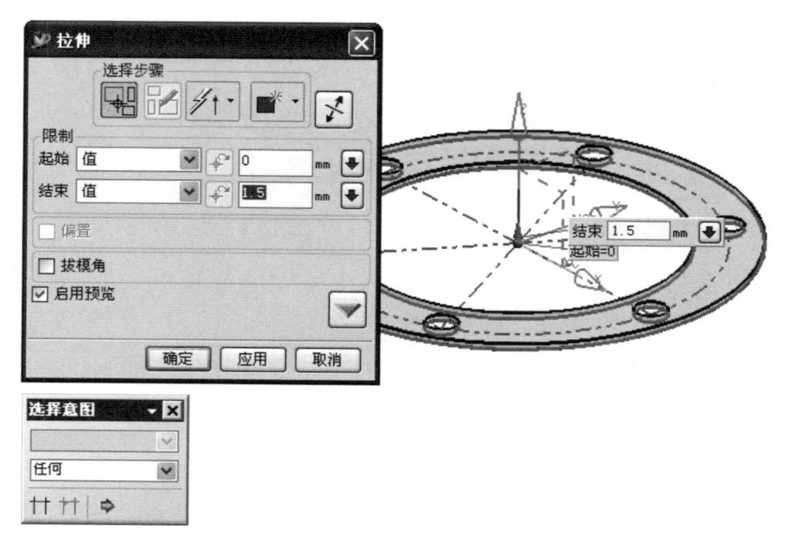

图 4-14

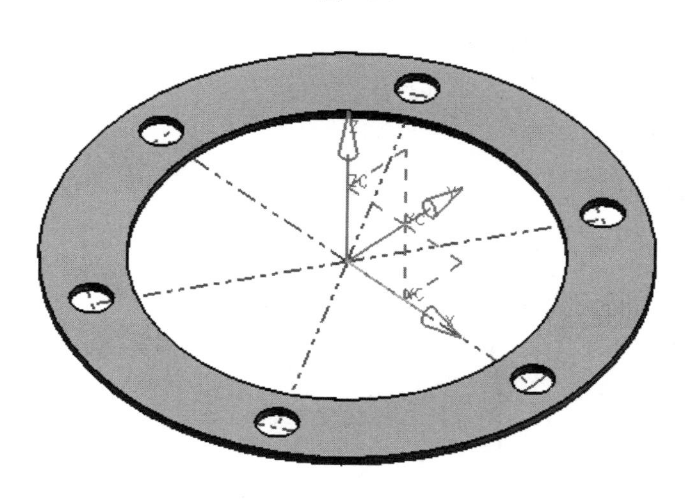

图 4-15

4.5 轴承端盖

4.5.1 轴承端盖的零件图

轴承端盖的零件图如图 4-16 所示。

4.5.2 轴承端盖的建模

本节介绍轴承端盖建模的具体操作步骤。

（1）启动 UG NX 4，新建文件 DuanGai80.prt，单击“起始”图标，单击“建模”图标，然后进入“建模”状态。

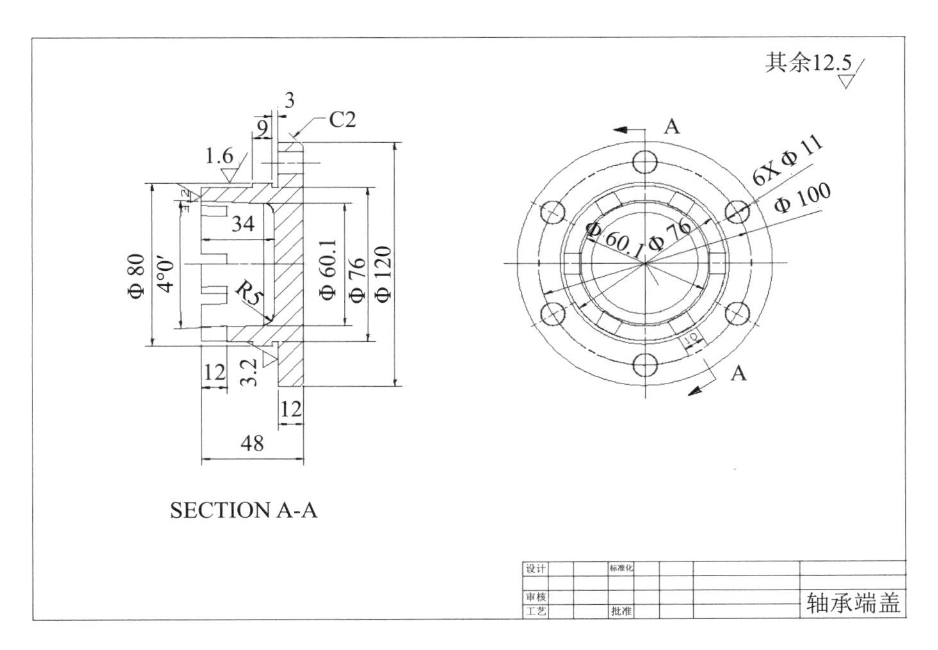

图 4-16

(2)创建工作坐标系，单击“成形特征”工具条中创建“基准 CSYS” 图标，单击“绝对坐标” 图标，在（0，0，0）点定义一个新的工作坐标系。

(3)创建轴承端盖。在绘图区域选择基准平面 XOZ 作为草图平面，然后单击“草图” 图标，进入草图绘制状态，绘制轴承端盖的截面轮廓；添加尺寸约束和几何约束，得到下面的草图轮廓，如图 4-17 所示。

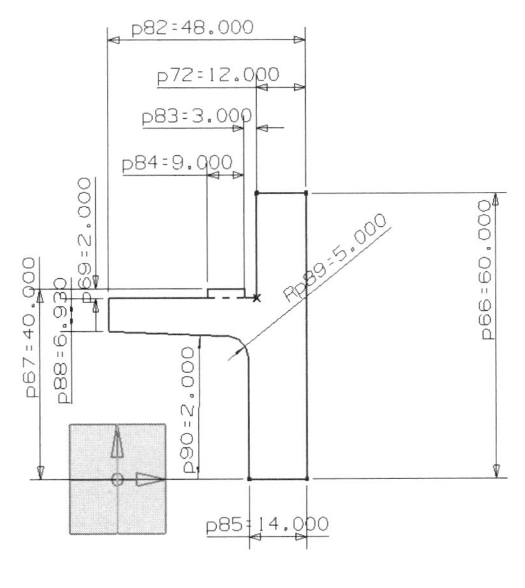

图 4-17

单击“完成草图”，单击“回转”图标，选择刚绘制的草图作为回转截面轮廓线；单击“自动判断矢量”图标，选择绘图区域的 XC 轴作为旋转轴；选择“布尔运算”为“创建”；单击“确定”，得到轴承端盖回转实体。

（4）创建轴承内侧的缺口。在绘图区域选择基准平面 XOZ 作为草图平面，然后单击“草图”图标，进入草图绘制状态，绘制缺口的截面轮廓；添加尺寸约束和几何约束，得到下面的草图轮廓，如图 4-18 所示。

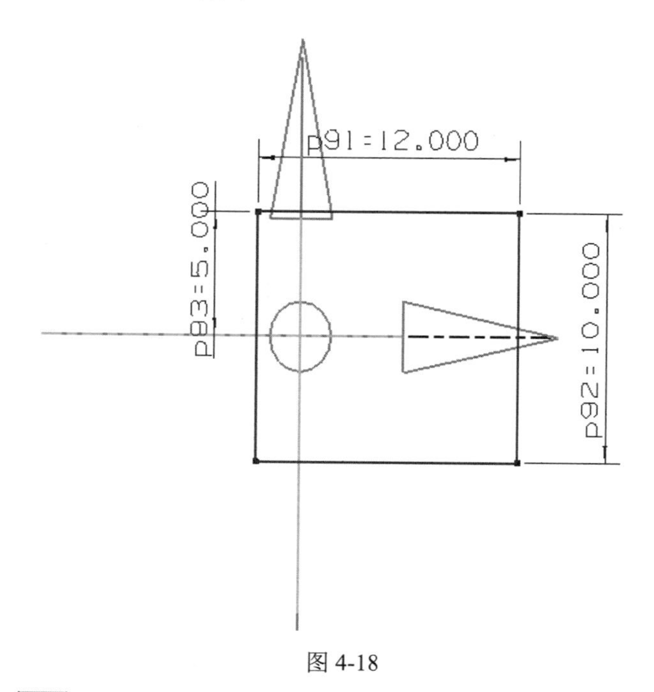

图 4-18

单击“拉伸”工具条，配置对象选择方案为“任何”，然后选择缺口的轮廓草图为拉伸截面曲线，“起始”文本框输入 -100，“结束”文本框输入 100，“布尔运算”选择为“求差”，单击“确定”，得到缺口的基本形状。

单击“实例特征”图标，选择“环形阵列”，然后选择创建的缺口作为阵列对象，单击“确定”，在“数字”文本框输入 3，在“角度”文本框中输入 60，单击“确定”，再选择基准轴 XC 作为旋转轴，再选择“创建引用”，得到结果如图 4-19 所示。

（5）创建大端面上均布 6 个圆孔。在绘图区域选择基准平面 YOZ 作为草图平面，然后单击“草图”图标，进入草图绘制状态，绘制均布 6 个圆孔的轮廓；添加尺寸约束和几何约束，得到下面的草图轮廓，如图 4-20 所示。

单击“拉伸”工具条，配置对象选择方案为“任何”，然后选择均布 6 个圆孔的轮廓草图为拉伸截面曲线，“起始”文本框输入 0，“结束”文本框输入 50，“布尔运算”

选择为“求差”，单击“确定”，得到均布 6 个圆孔。

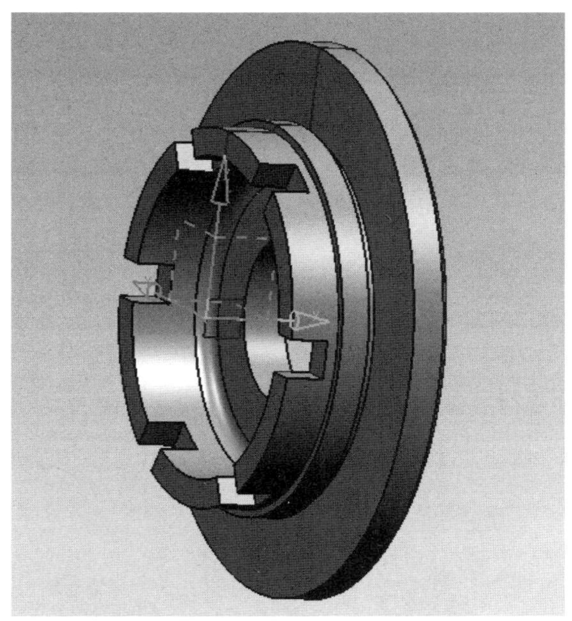

图 4-19

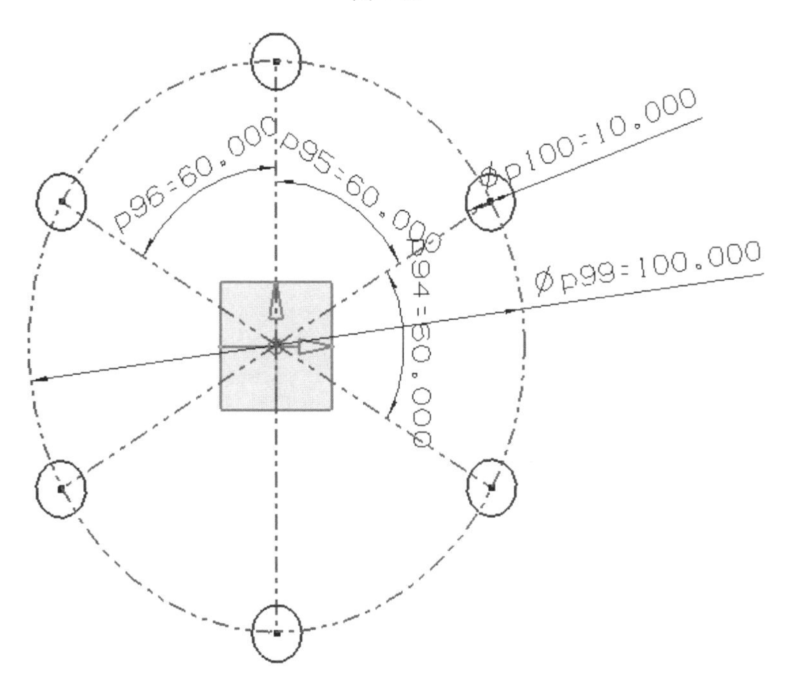

图 4-20

（6）单击“边倒斜角”，输入偏置值：2，选择大端面圆环，单击“确定”，完成倒斜角。

（7）保存文件，完成轴承端盖的建模，如图 4-21 所示。

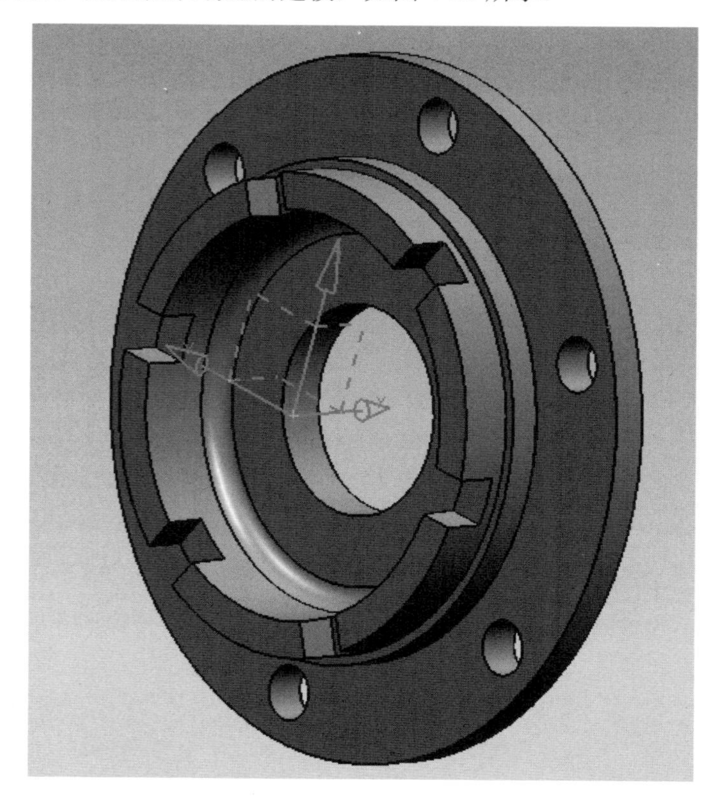

图 4-21

第 5 章　减速器底座

5.1　减速器底座的零件图

减速器底座的零件图如图 5-1 所示。

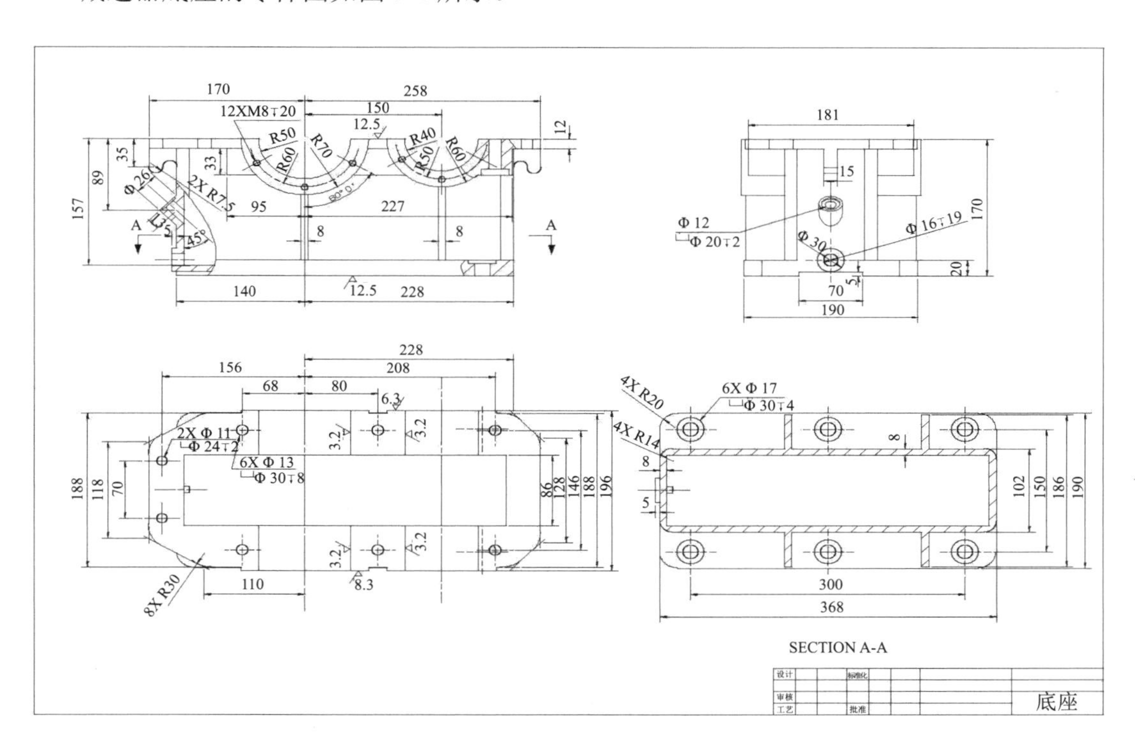

图 5-1

5.2　减速器底座建模

本节介绍减速器底座建模的具体操作步骤。

（1）启动 UG NX 4，新建文件 DiZuo.prt，单击“起始”图标，单击“建模”图标，然后进入“建模”状态。

（2）创建工作坐标系，单击“成形特征”工具条中创建“基准 CSYS”图标，单击“绝对坐标”图标，在（0，0，0）点定义一个新的工作坐标系。

（3）创建底座上方的水平端面板。在绘图区域选择基准平面 XOY 作为草图平面，然后单击“草图”图标，进入草图绘制状态，绘制水平端面的轮廓；添加尺寸约束和几何约束，得到下面的草图轮廓，如图 5-2 所示。

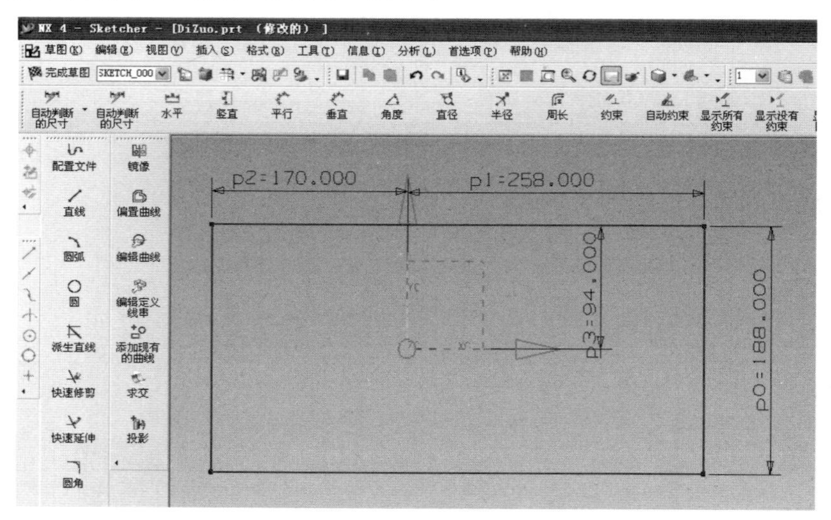

图 5-2

单击“完成草图”，单击“拉伸”工具条，配置对象选择方案为“已连接的曲线”，然后选择水平端面的轮廓草图，选择方向为“-ZC”，“起始”文本框输入 0，“结束”文本框输入 12，“布尔运算”选择为“创建”，单击“确定”，得到水平端面板，如图 5-3 所示。

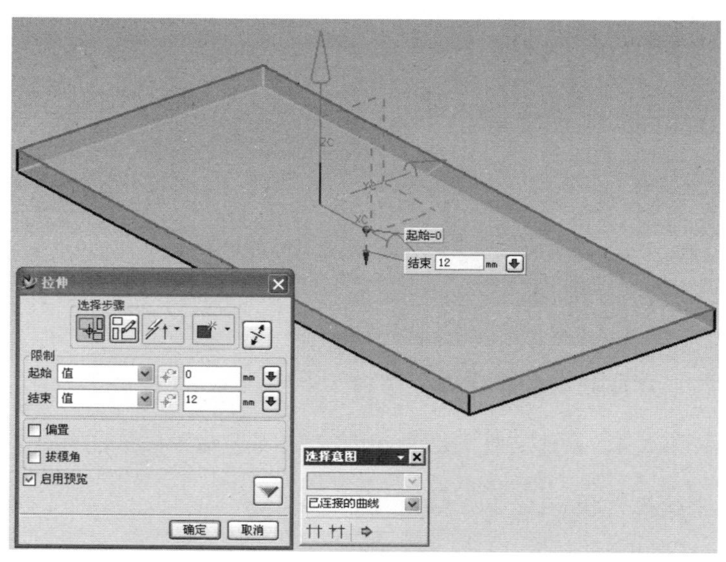

图 5-3

单击“边倒斜角”，输入偏置值：30，选择右边的两条竖边，单击“确定”，完成倒斜角，如图 5-4 所示。

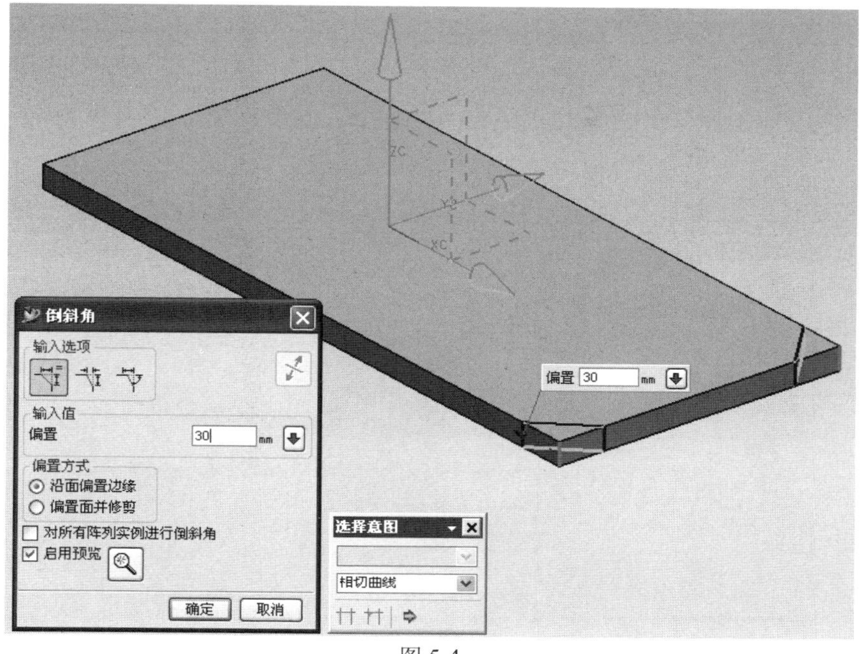

图 5-4

单击“边倒斜角”，输入第一偏置值：35，第二偏置值：60，选择左边的第一条竖边，单击“确定”，完成倒斜角，如图 5-5 所示。

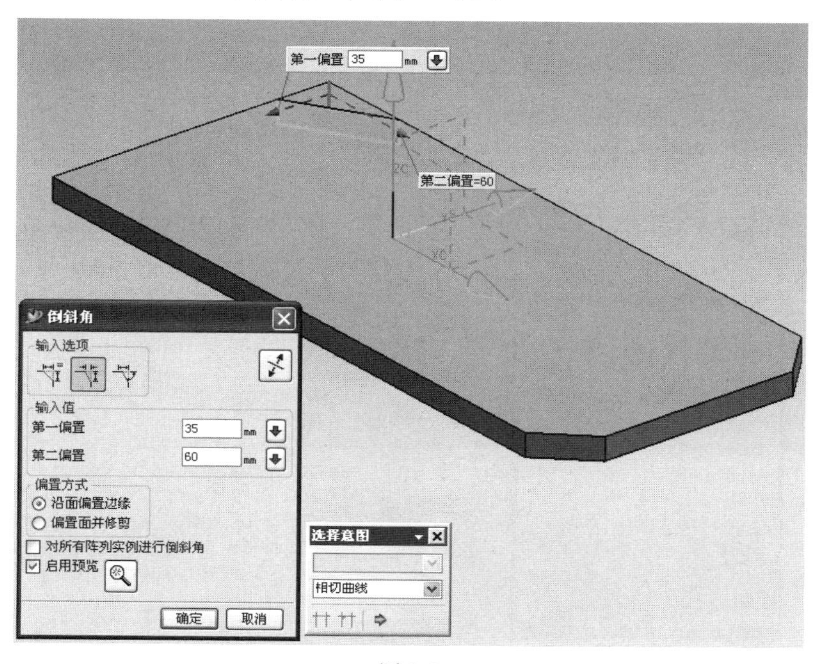

图 5-5

单击“边倒斜角”，输入第一偏置值：35，第二偏置值：60，选择左边的第二条竖边，单击“确定”，完成倒斜角，如图 5-6 所示。

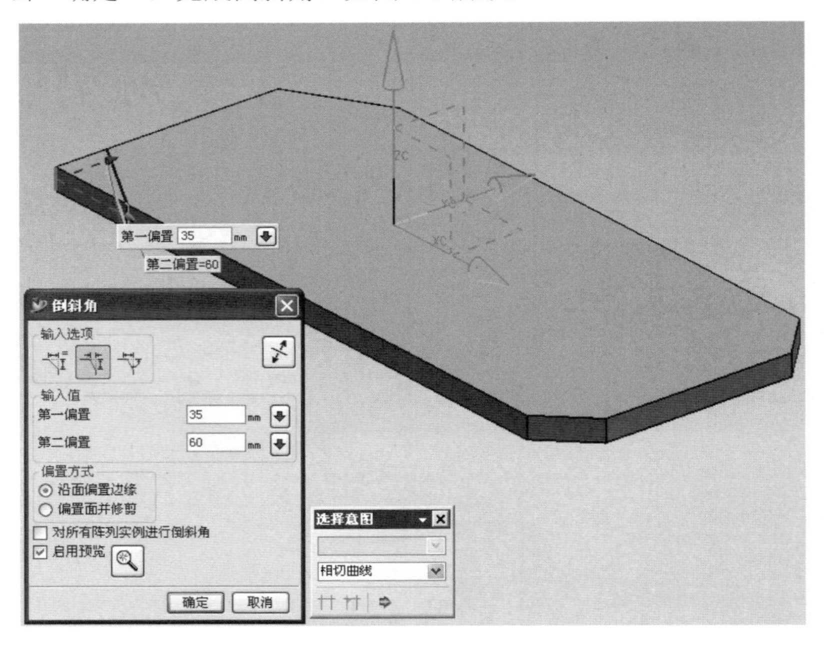

图 5-6

单击“边倒圆”工具条，配置对象选择方案为“单个曲线”，然后选择八条竖边，“半径”文本框输入 30，单击“确定”，完成边倒圆，结果如图 5-7 所示。

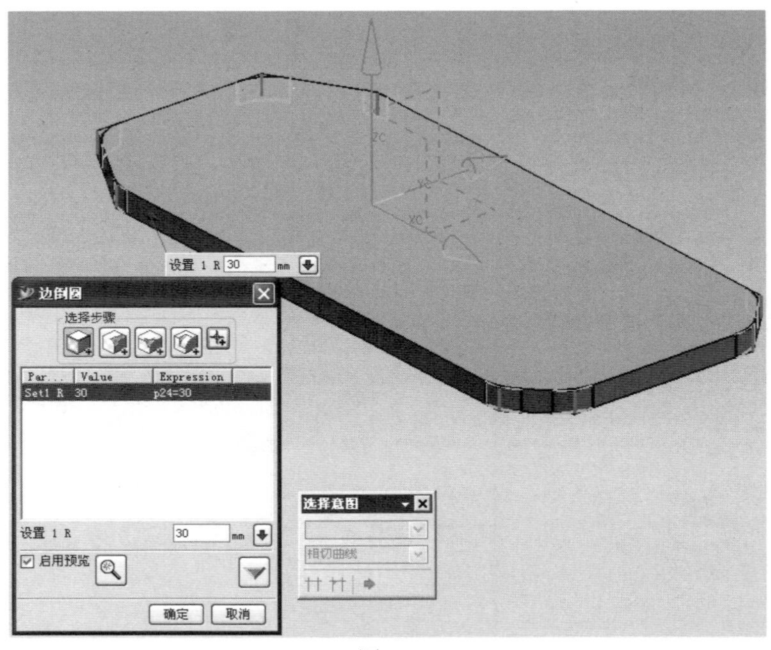

图 5-7

（4）创建底座上面的半圆形轴承座。在绘图区域选择基准平面ZOX作为草图平面，然后单击“草图”图标，进入草图绘制状态，绘制两个半圆形轴承座的截面轮廓；添加尺寸约束和几何约束，得到草图轮廓如图5-8所示。

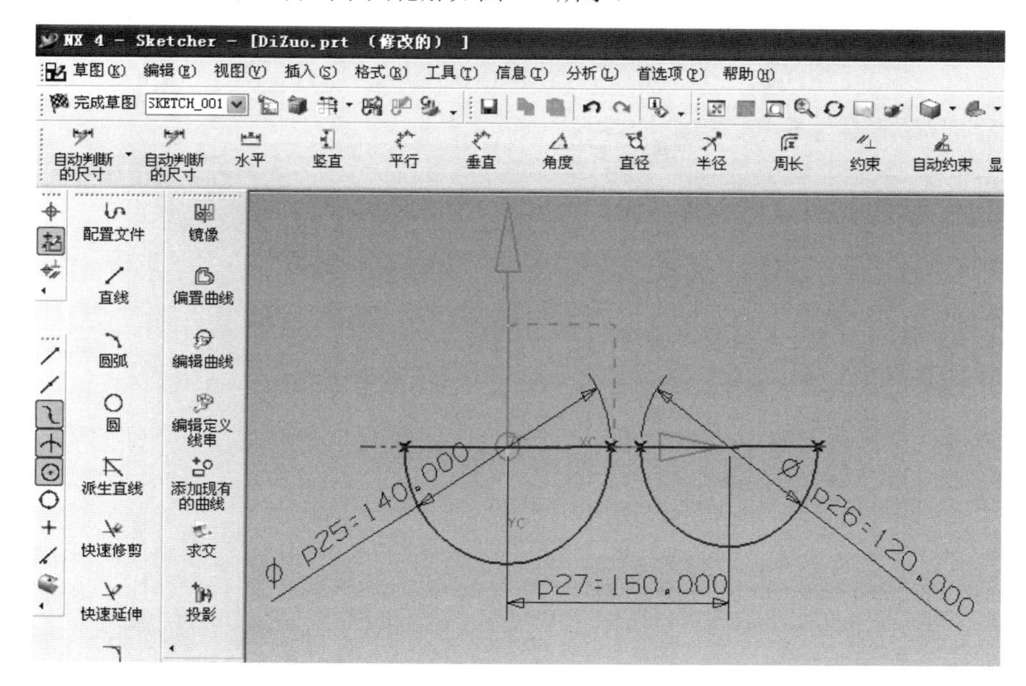

图5-8

单击“完成草图”，单击“拉伸”工具条，配置对象选择方案为“单个曲线”，然后选择两个半圆形的轮廓草图，“起始”文本框输入对称值98，“结束”文本框输入对称值98，“布尔运算”选择为“求和”，单击“确定”，得到底座上面的两个半圆形轴承座，如图5-9所示。

（5）创建底座上方的矩形凸台。在绘图区域选择基准平面ZOX作为草图平面，然后单击“草图”图标，进入草图绘制状态，绘制矩形凸台的矩形轮廓；添加尺寸约束和几何约束，得到下面的草图轮廓，如图5-10所示。

单击“完成草图”，单击“拉伸”工具条，配置对象选择方案为“已连接的曲线”，然后选择凸台的矩形轮廓草图，“起始”文本框输入对称值90.5，“结束”文本框输入对称值90.5，“布尔运算”选择为“求和”，单击“确定”，得到底座上方的矩形凸台，如图5-11所示。

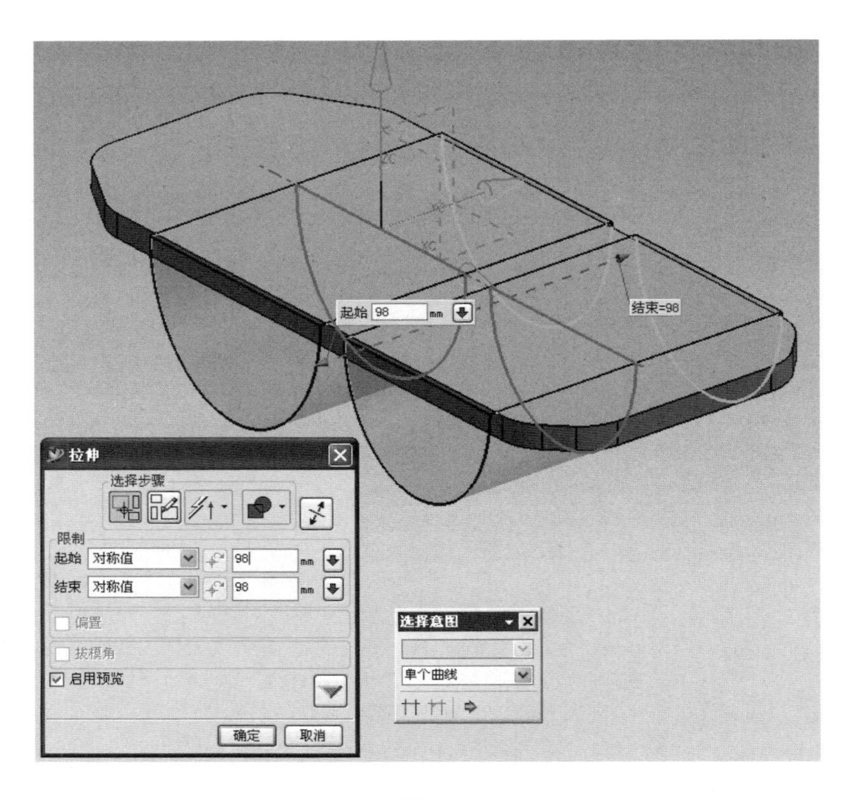
起始 98 mm
结束=98
拉伸
选择步骤
限制
起始 对称值 98 mm
结束 对称值 98 mm
偏置
拔模角
启用预览
确定 取消
选择意图
单个曲线

图 5-9

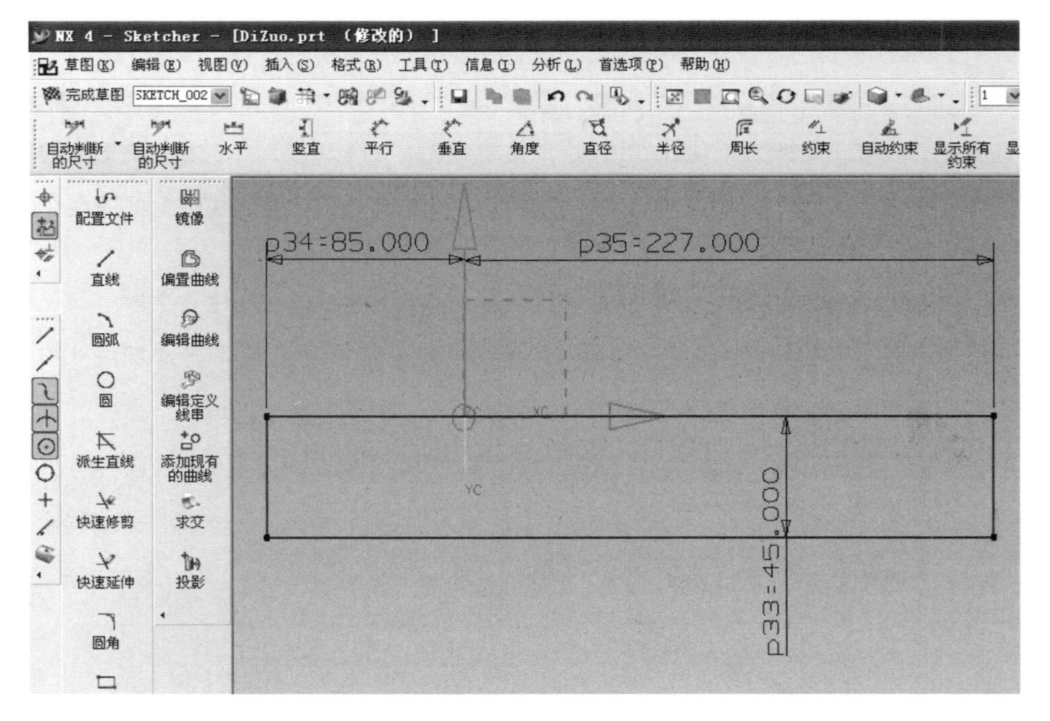
NX 4 - Sketcher - [DiZuo.prt (修改的)]
草图(K) 编辑(E) 视图(V) 插入(S) 格式(R) 工具(T) 信息(I) 分析(L) 首选项(P) 帮助(H)
完成草图 SKETCH_002
自动判断的尺寸 自动判断的尺寸 水平 竖直 平行 垂直 角度 直径 半径 周长 约束 自动约束 显示所有约束
配置文件 镜像
直线 偏置曲线
圆弧 编辑曲线
圆 编辑定义线串
派生直线 添加现有的曲线
快速修剪 求交
快速延伸 投影
圆角
p34=85.000
p35=227.000
p33=45.000

图 5-10

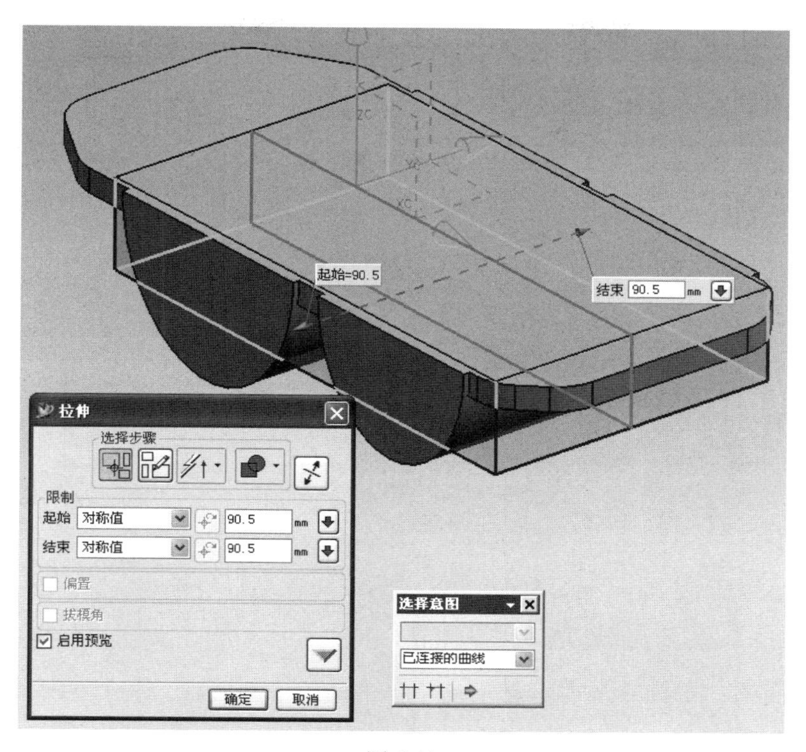

图 5-11

（6）创建底座中部箱体。在绘图区域选择基准平面 XOY 作为草图平面，然后单击“草图”图标，进入草图绘制状态，绘制中部箱体的内外矩形轮廓；添加尺寸约束和几何约束，得到下面的草图轮廓，如图 5-12 所示。

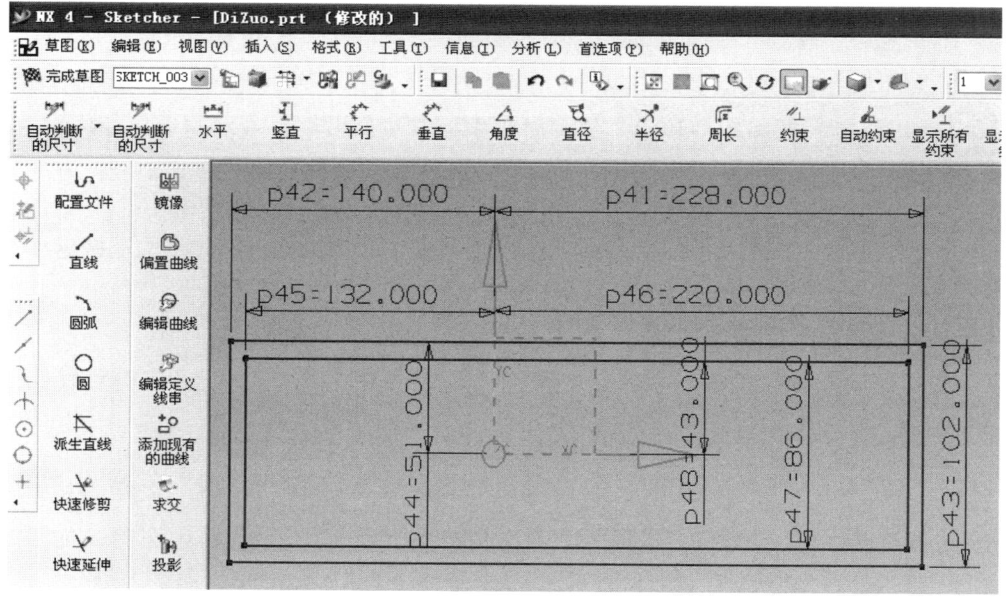

图 5-12

单击“完成草图”，单击“拉伸”工具条，配置对象选择方案为“已连接的曲线”，然后选择箱体的外轮廓草图，选择方向为“-ZC”，“起始”文本框输入 0，“结束”文本框输入 150，“布尔运算”选择为“求和”，单击“确定”，得到底座中部的箱体，如图 5-13 所示。

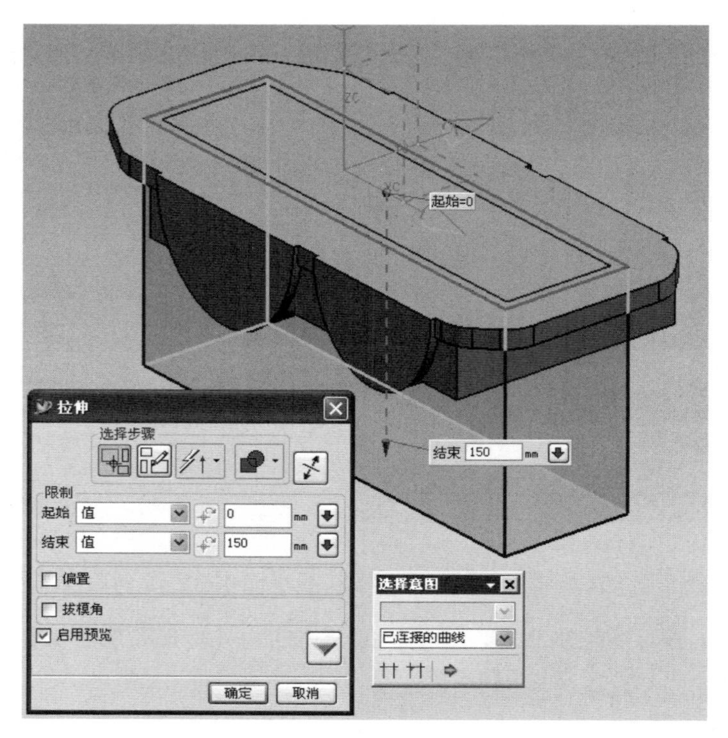

图 5-13

（7）创建底座底部的平板。在绘图区域选择箱体的底面作为草图平面，然后单击“草图”图标，进入草图绘制状态，绘制底座底部平板的矩形轮廓；添加尺寸约束和几何约束，得到下面的草图轮廓，如图 5-14 所示。

单击“完成草图”，单击“拉伸”工具条，对象选择方案为“已连接的曲线”，然后选择底座底部平板的矩形轮廓草图，选择方向为“-ZC”，“起始”文本框输入 0，“结束”文本框输入 20，“布尔运算”选择为“求和”，单击“确定”，得到底部平板，如图 5-15 所示。

单击“边倒圆”工具条，配置对象选择方案为“相切曲线”，然后选择底部平板的四条竖边，“半径”文本框输入 20，单击“确定”，完成边倒圆，如图 5-16 所示。

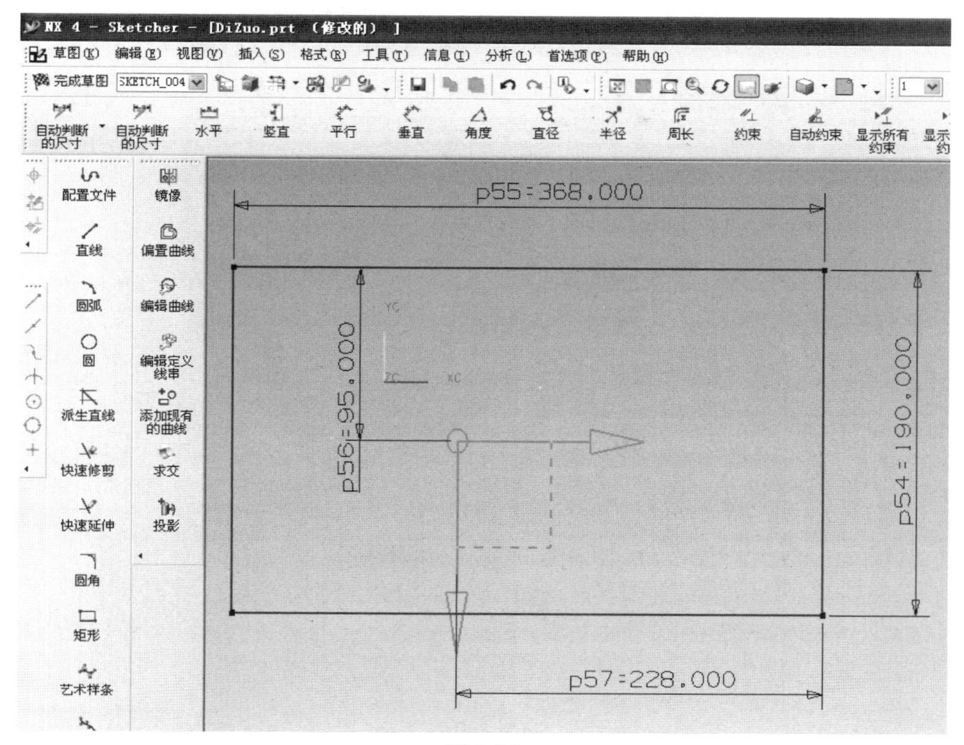
NX 4 - Sketcher - [DiZuo.prt (修改的)]
草图(K) 编辑(E) 视图(V) 插入(S) 格式(R) 工具(T) 信息(I) 分析(L) 首选项(P) 帮助(H)
完成草图 SKETCH_004
自动判断的尺寸
自动判断的尺寸
水平
竖直
平行
垂直
角度
直径
半径
周长
约束
自动约束
显示所有约束
配置文件
镜像
直线
偏置曲线
圆弧
编辑曲线
圆
编辑定义线串
派生直线
添加现有的曲线
快速修剪
求交
快速延伸
投影
圆角
矩形
艺术样条
p55=368.000
p56=95.000
p54=190.000
p57=228.000
YC
XC

图 5-14

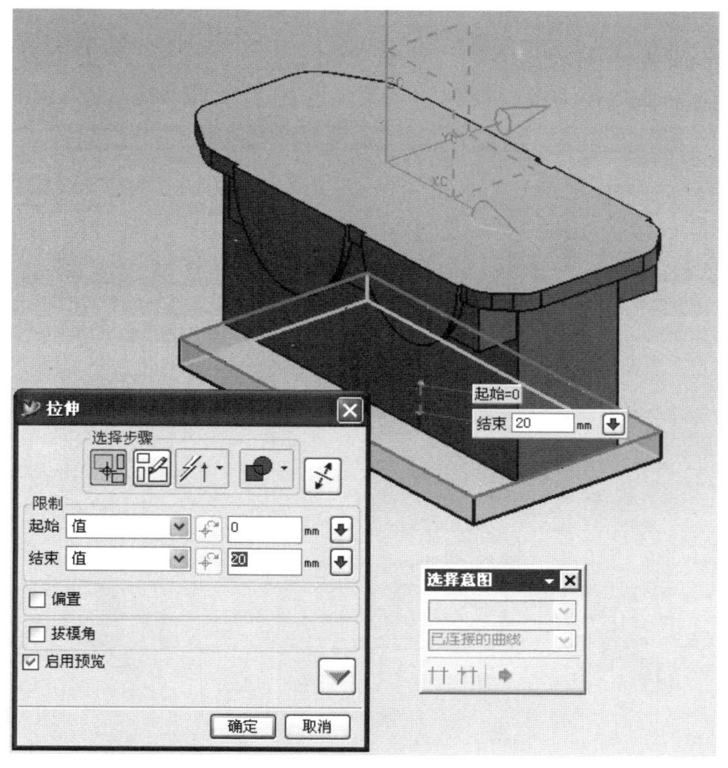
起始=0
结束 20 mm
拉伸
选择步骤
限制
起始 值 0 mm
结束 值 20 mm
偏置
拔模角
启用预览
确定
取消
选择意图
已连接的曲线

图 5-15

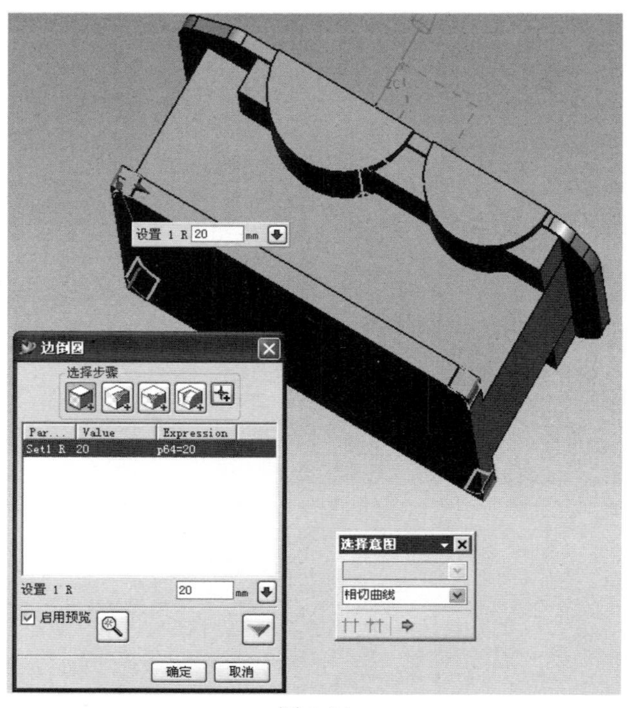

图 5-16

（8）创建底座低速轴承座下方的筋板。在绘图区域选择基准平面 YOZ 作为草图平面，然后单击“草图”图标，进入草图绘制状态，绘制底座低速轴承座下方的筋板的矩形轮廓；添加尺寸约束和几何约束，得到的草图轮廓如图 5-17 所示。

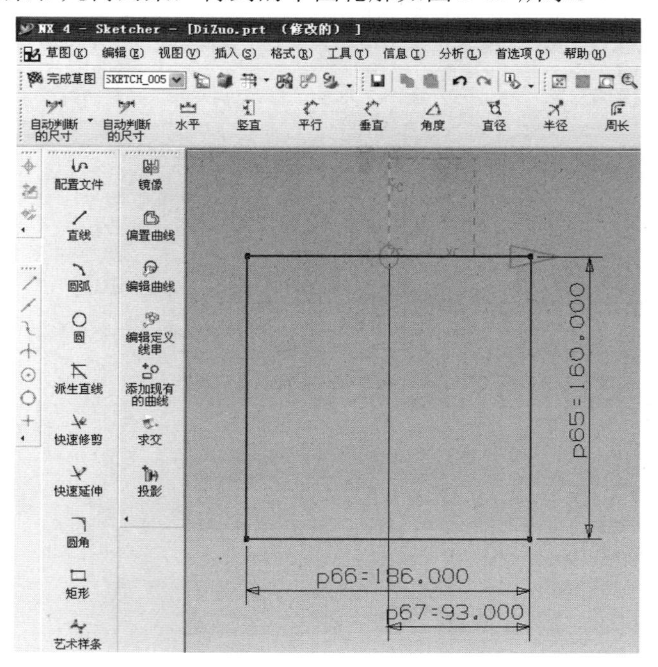

图 5-17

单击“完成草图”，单击“拉伸”工具条，配置对象选择方案为“已连接的曲线”，然后选择筋板的矩形轮廓草图，“起始”文本框输入对称值 4，“结束”文本框输入对称值 4，“布尔运算”选择为“求和”，单击“确定”，得到低速轴承下方的筋板，如图 5-18 所示。

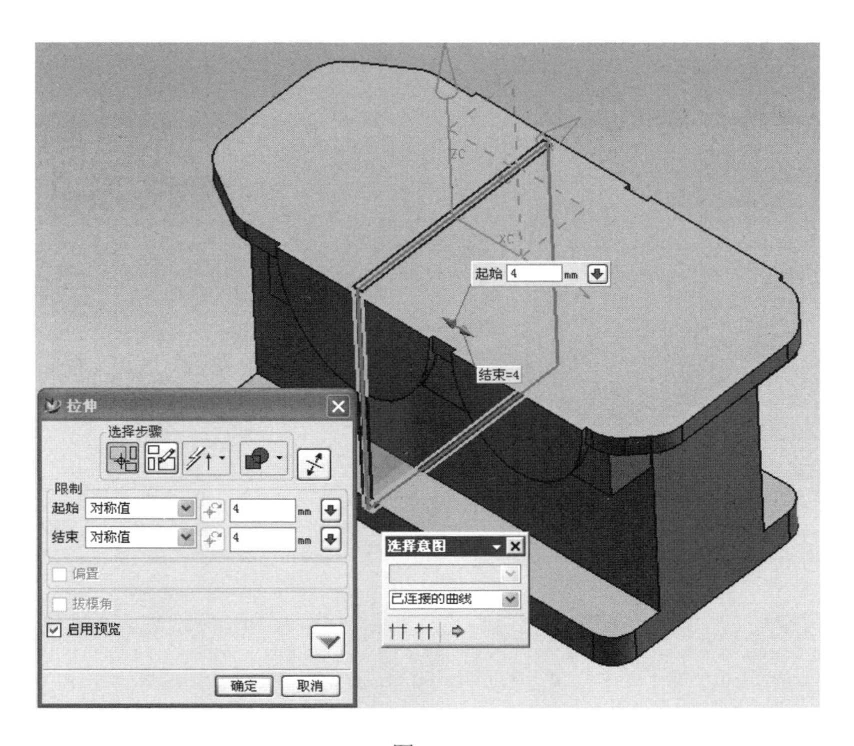

图 5-18

（9）创建底座高速轴承座下方的筋板。单击“拉伸”工具条，配置对象选择方案为“已连接的曲线”，然后选择步骤（8）中创建的筋板矩形轮廓草图，“起始”文本框输入 146，“结束”文本框输入 154，“布尔运算”选择为“求和”，单击“确定”，得到高速轴承下方的筋板，如图 5-19 所示。

（10）创建底座两端的两个小筋板。在绘图区域选择基准平面 ZOX 作为草图平面，然后单击“草图”图标，进入草图绘制状态，绘制两个小筋板的轮廓；添加尺寸约束和几何约束，得到的草图轮廓如图 5-20 所示。

单击“完成草图”，单击“拉伸”工具条，配置对象选择方案为“已连接的曲线”，然后选择两个小筋板的轮廓草图，“起始”文本框输入对称值 7.5，“结束”文本框输入对称值 7.5，“布尔运算”选择为“求和”，单击“确定”，得到底座两端的两个小筋板，如图 5-21 所示。

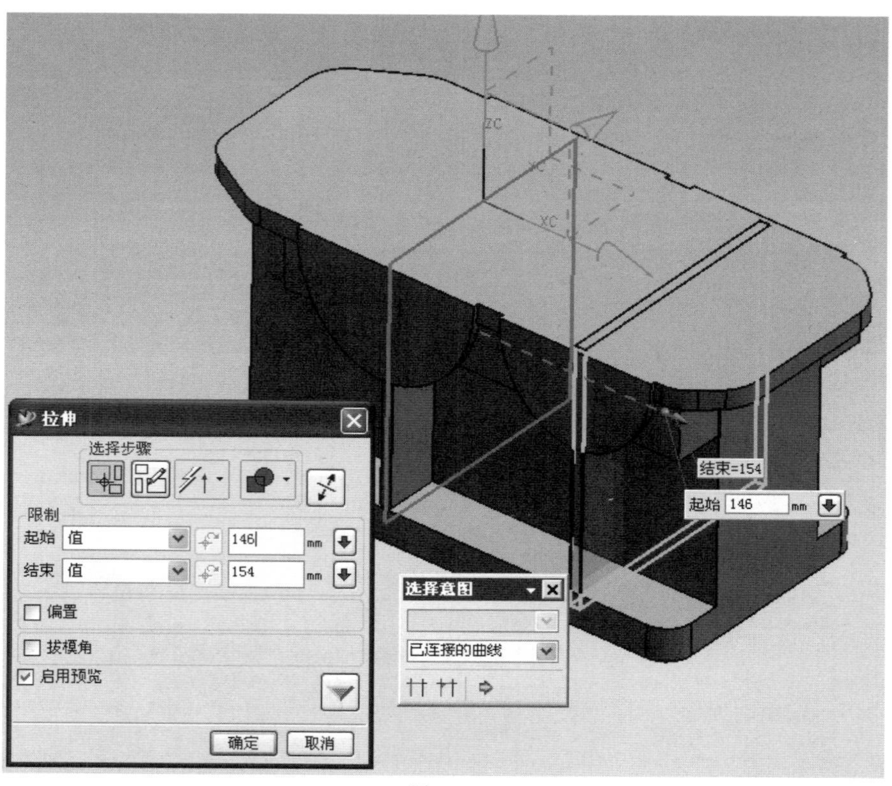
拉伸
选择步骤
限制
起始 值 146 mm
结束 值 154 mm
偏置
拔模角
启用预览
确定
取消
结束=154
起始 146 mm
选择意图
已连接的曲线
ZC
XC

图 5-19

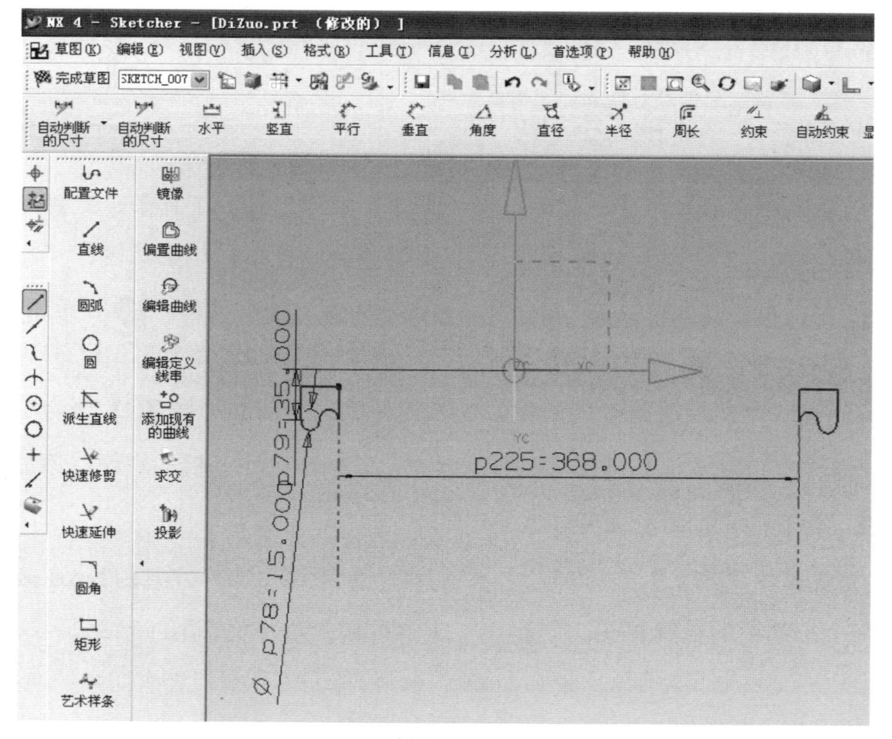
NX 4 - Sketcher - [DiZuo.prt （修改的）]
草图(K) 编辑(E) 视图(V) 插入(S) 格式(R) 工具(T) 信息(I) 分析(L) 首选项(P) 帮助(H)
完成草图 SKETCH_007
自动判断的尺寸
水平
竖直
平行
垂直
角度
直径
半径
周长
约束
自动约束
配置文件
镜像
直线
偏置曲线
圆弧
编辑曲线
圆
编辑定义线串
派生直线
添加现有的曲线
快速修剪
求交
快速延伸
投影
圆角
矩形
艺术样条
p225=368.000
p79=35.000
p78=15.000
XC
YC

图 5-20

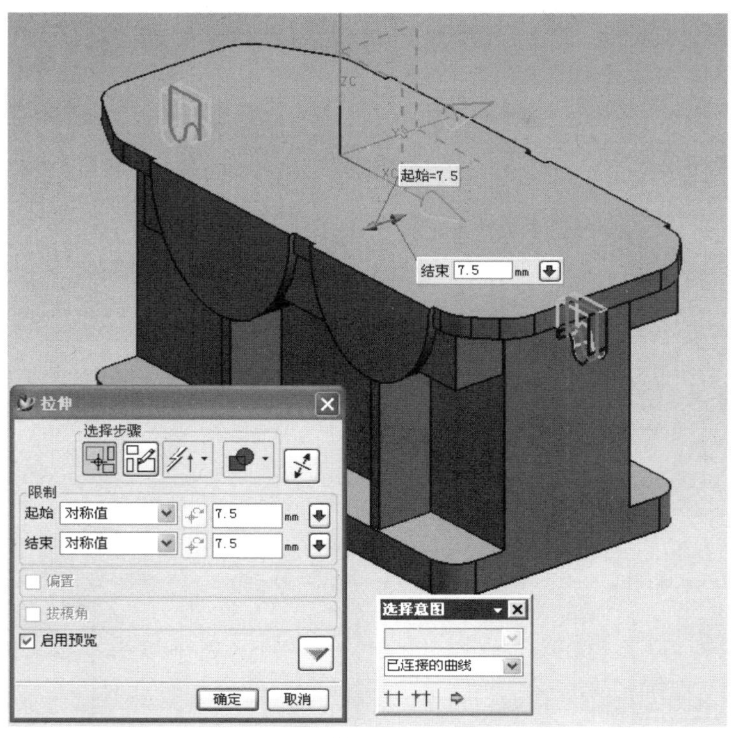

图 5-21

（11）创建底座低速轴承孔。单击“孔”图标，单击“简单孔”图标，在“直径”文本框输入 100，在“深度”文本框输入 200，选择低速轴承座的侧面作为孔放置面，然后，单击“应用”，如图 5-22 所示。

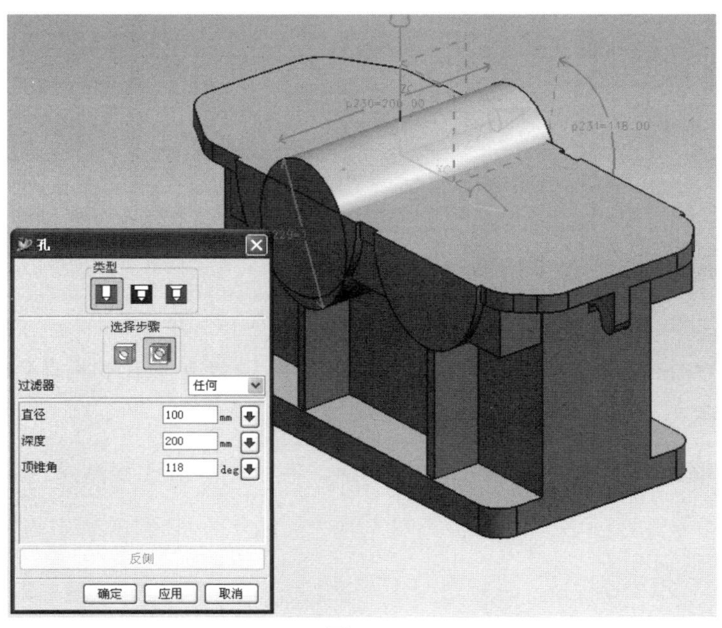

图 5-22

在定位对话框中单击“点到点”，然后，在绘图区域选择低速轴承座的外圆轮廓，如图 5-23、图 5-24 所示。

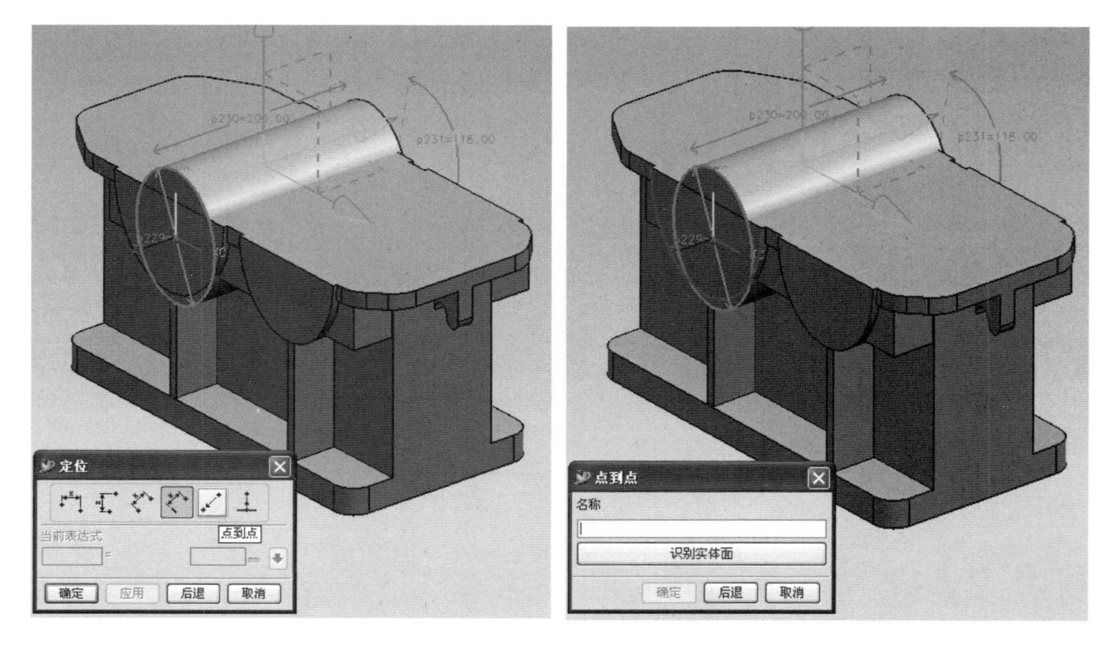

图 5-23　　　　图 5-24

在弹出的对话框中单击“圆弧中心”，完成低速轴承孔，如图 5-25 所示。

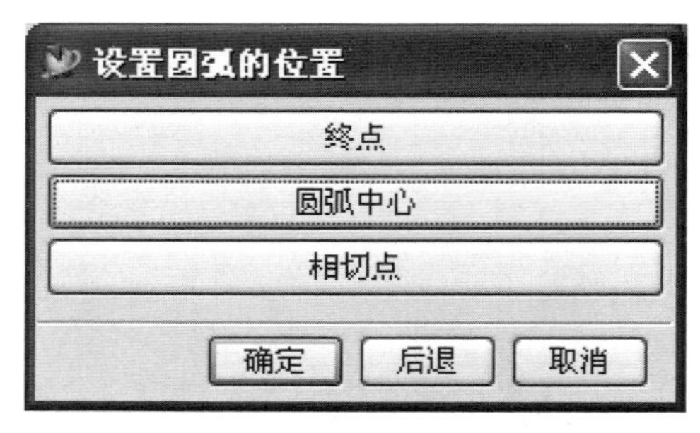

图 5-25

（12）创建底座高速轴承孔。单击“孔”图标，单击“简单孔”图标，在“直径”文本框输入 80，在“深度”文本框输入 200，选择高速轴承座的侧面作为孔放置面，然后，单击“应用”，如图 5-26 所示。

在定位对话框中单击“点到点”，然后，在绘图区域选择高速轴承座的外圆轮廓，如图 5-27 所示。

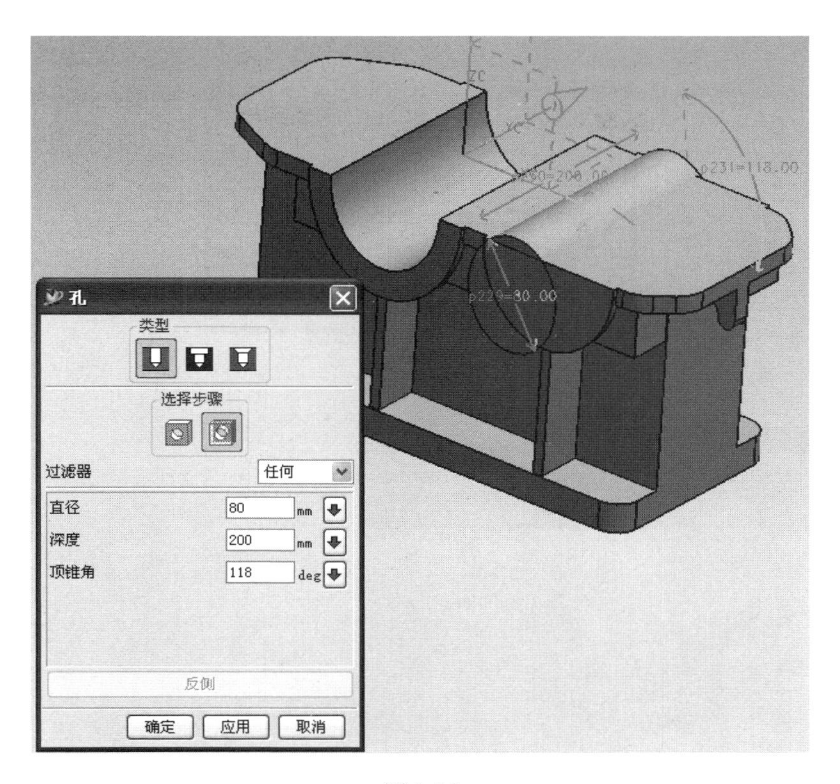
ZC
YC
p231=118.00
p229=80.00
孔
类型
选择步骤
过滤器
任何
直径
80
mm
深度
200
mm
顶锥角
118
deg
反侧
确定
应用
取消

图 5-26

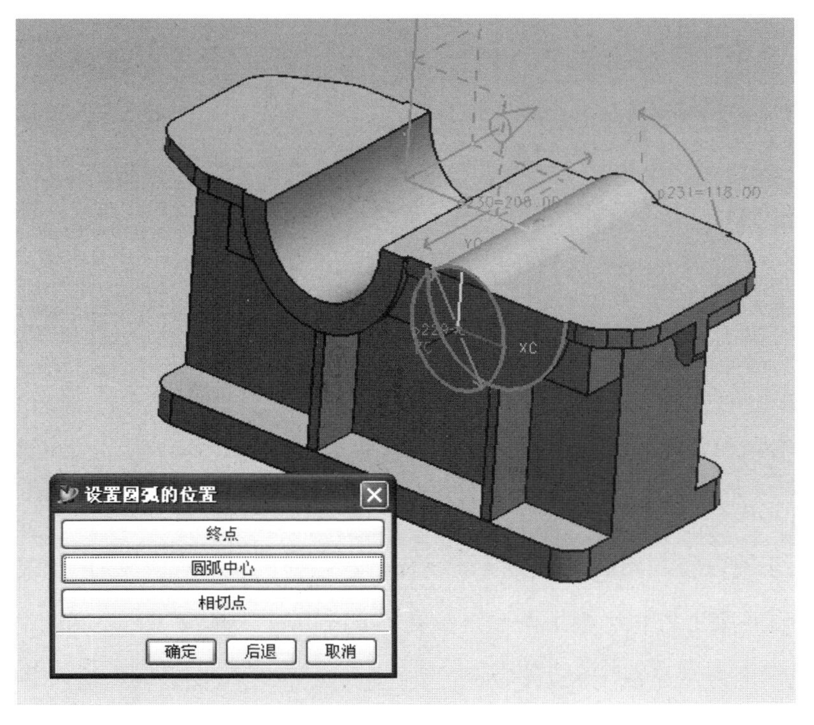
p231=118.00
YC
XC
设置圆弧的位置
终点
圆弧中心
相切点
确定
后退
取消

图 5-27

在弹出的对话框中单击“圆弧中心”，完成高速轴承孔，如图 5-28 所示。

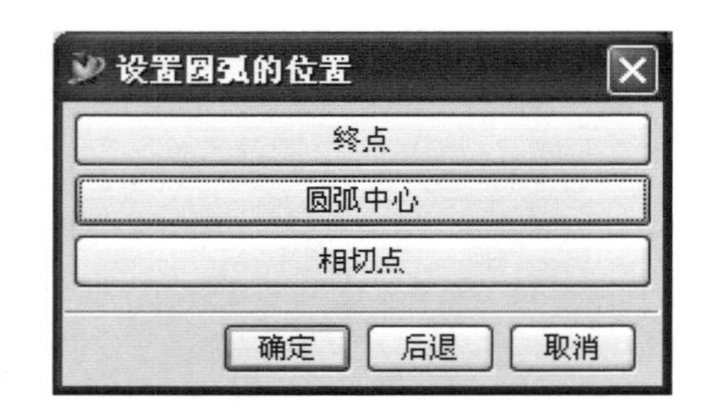

图 5-28

得到结果如图 5-29 所示。

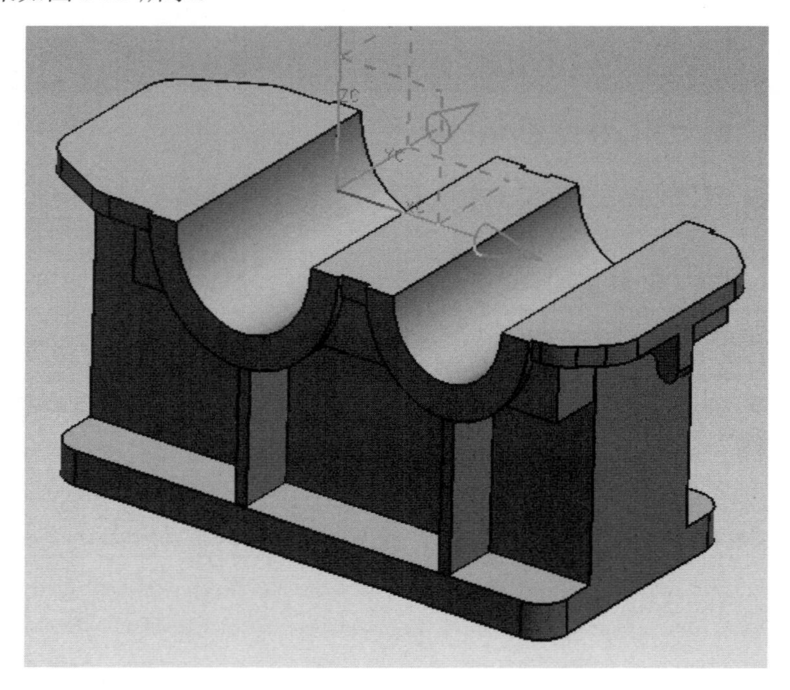

图 5-29

（13）创建底座的内腔。单击“拉伸”工具条，配置对象选择方案为“已连接的曲线”，然后选择步骤（6）中绘制的底座内腔的矩形轮廓草图，选择方向为“-ZC”，“起始”文本框输入 0，“结束”文本框输入 157，“布尔运算”选择为“求差”，单击“确定”，得到底座的内腔，如图 5-30 所示。

（14）创建底座上方水平板上两个沉头孔。单击“孔”工具条，单击“沉头孔”图标，然后选择上方水平板下表面作为孔的放置面，“C- 沉头直径”输入 24，“C- 沉头深度”输入 2，“孔直径”输入 11，“孔深度”输入 50，单击“应用”，如图 5-31 所示。

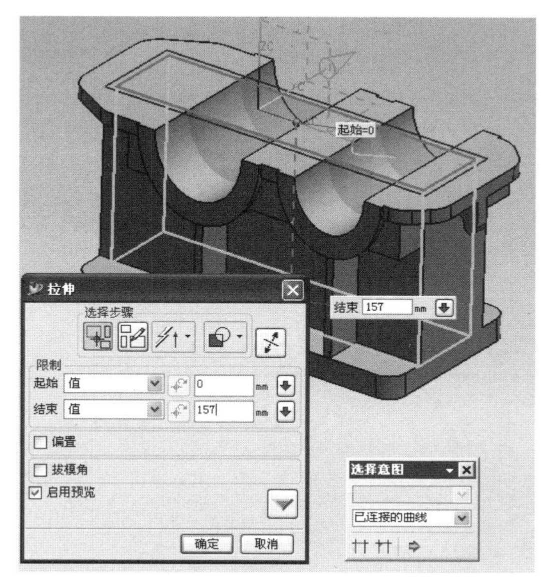

图 5-30

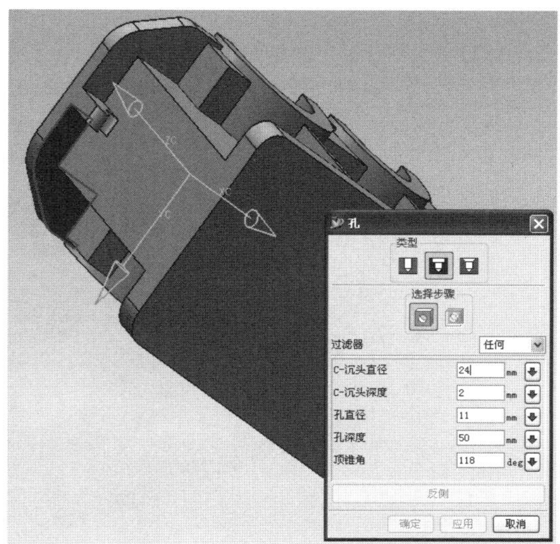

图 5-31

弹出定位对话框，单击“垂直”图标，在绘图区域选择 XC 基准轴，然后在定位表达式文本框中输入 35，单击“应用”；再单击“垂直”图标，在绘图区域选择 YC 基准轴，然后在定位表达式文本框中输入 156，单击“应用”，得到一个沉头孔，如图 5-32、图 5-33 所示。

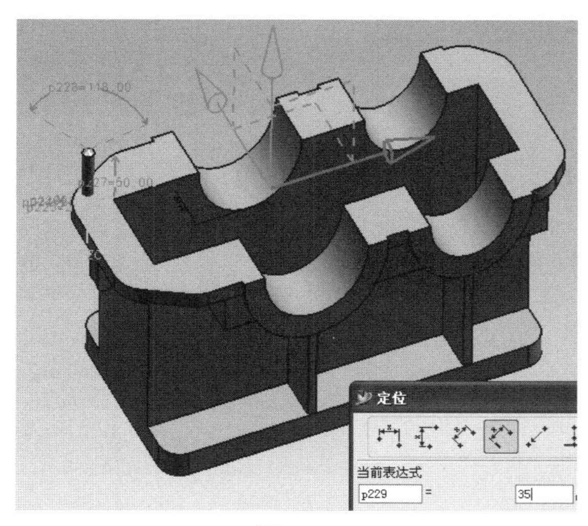

图 5-32

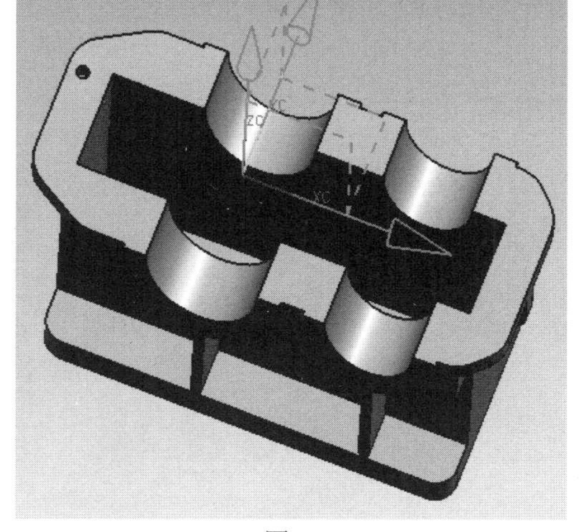

图 5-33

单击“实例特征”图标，在实例对话框中单击“镜像特征”，弹出镜像特征对话框，如图 5-34 所示。

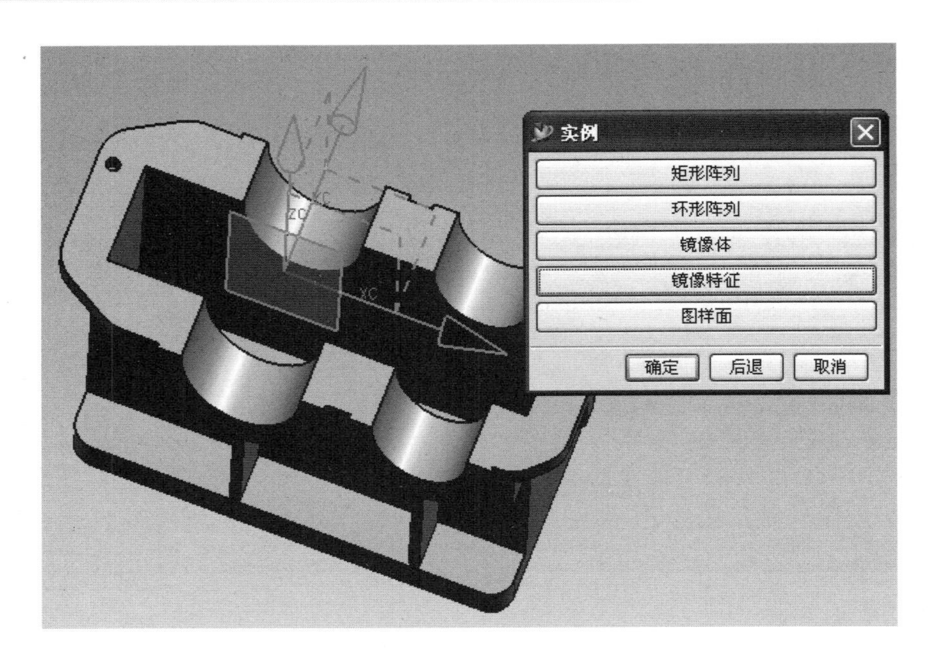

图 5-34

在选择步骤中单击“要镜像的特征” 图标，然后在下方的“部件中的特征”列表中选择最后创建的沉头孔，单击“添加”按钮；再单击选择步骤中“镜像平面” 图标，在绘图区域选择基准平面 ZOX 作为镜像平面，单击“应用”，得到第二个沉头孔，如图 5-35、图 5-36 所示。

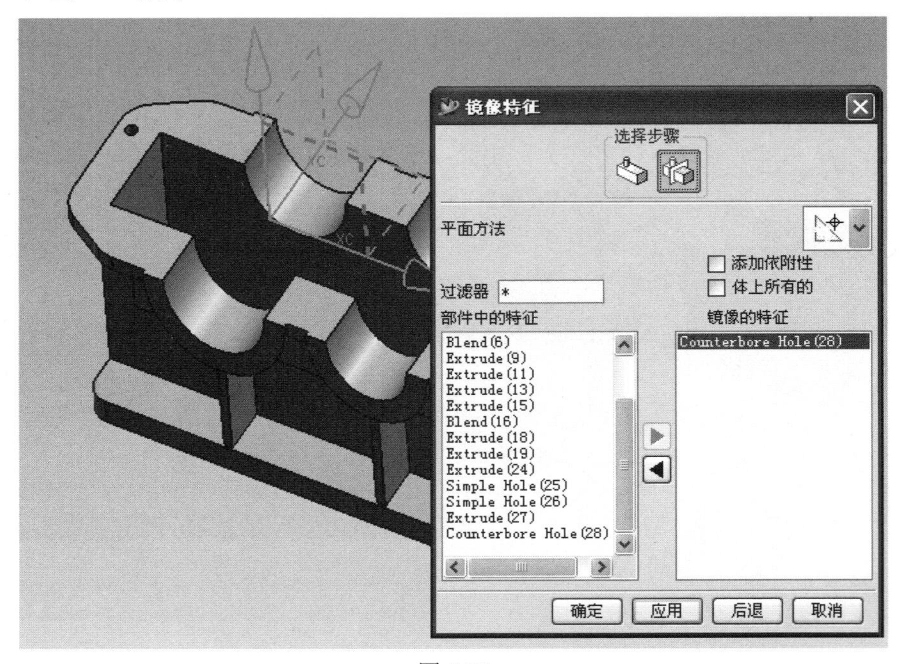

图 5-35

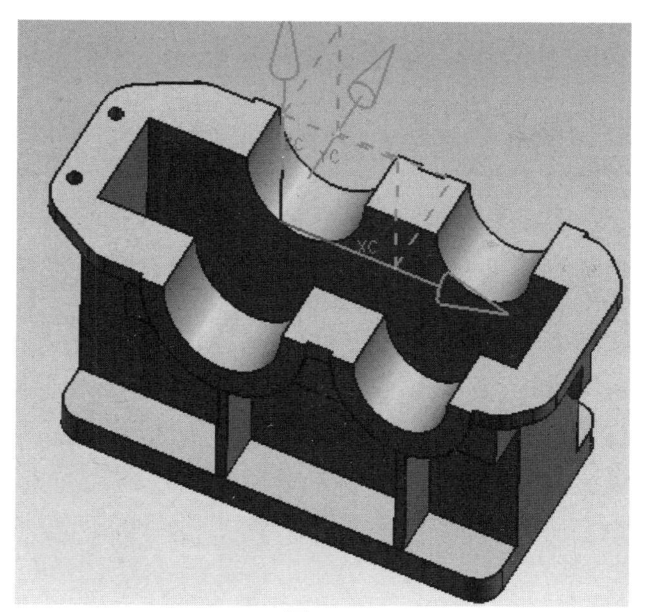

图 5-36

（15）创建底座上方凸台上的六个沉头孔。单击“孔”工具条，单击“沉头孔”图标，然后选择上方凸台的下表面第一个孔的位置作为孔的放置面，“C- 沉头直径”输入 30，“C- 沉头深度”输入 8，“孔直径”输入 13，“孔深度”输入 50，单击“应用”，如图 5-37 所示。

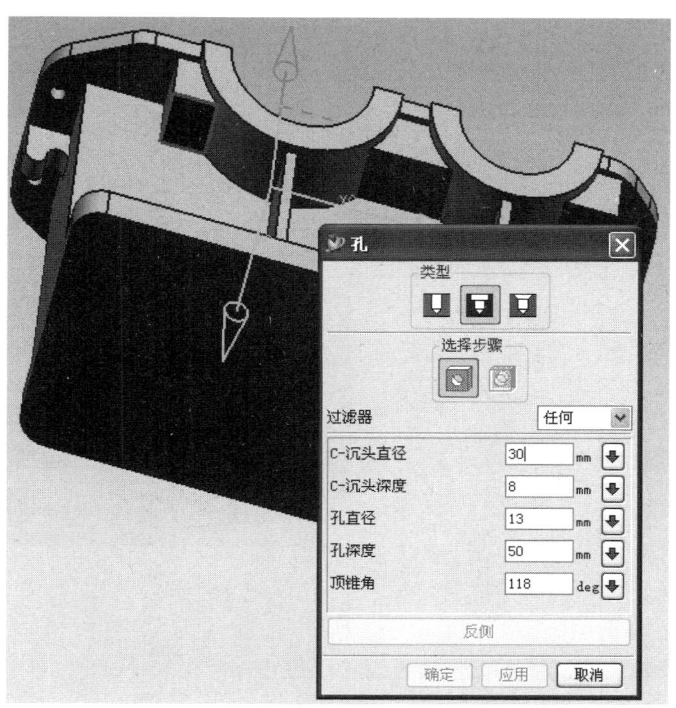

图 5-37

弹出定位对话框，单击“垂直”图标，在绘图区域选择 XC 基准轴，然后在定位表达式文本框中输入 73，单击“应用”；再单击“垂直”图标，在绘图区域选择 YC 基准轴，然后在定位表达式文本框中输入 68，单击“应用”，得到第一个沉头孔，如图 5-38、图 5-39 所示。

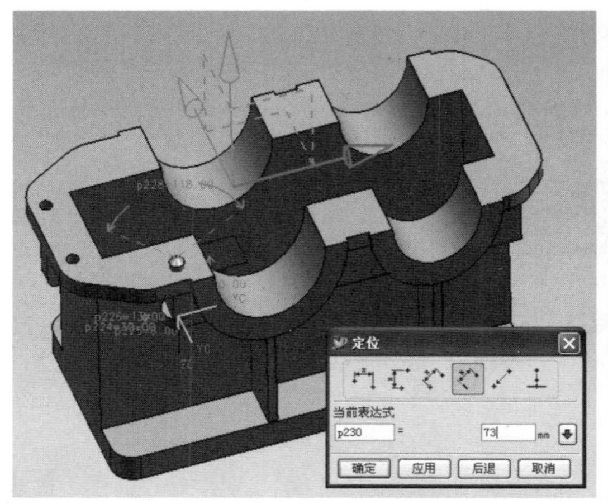

图 5-38

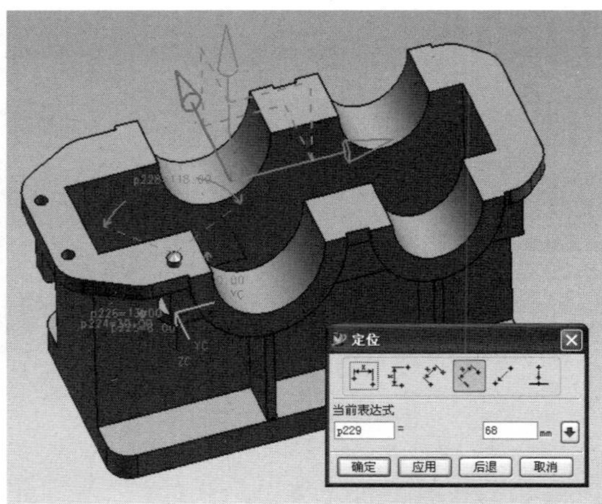

图 5-39

单击“孔”工具条，单击“沉头孔”图标，然后选择上方凸台的下表面第二个孔的位置作为孔的放置面，“C- 沉头直径”输入 30，“C- 沉头深度”输入 8，“孔直径”输入 13，“孔深度”输入 50，单击“应用”，如图 5-40 所示。

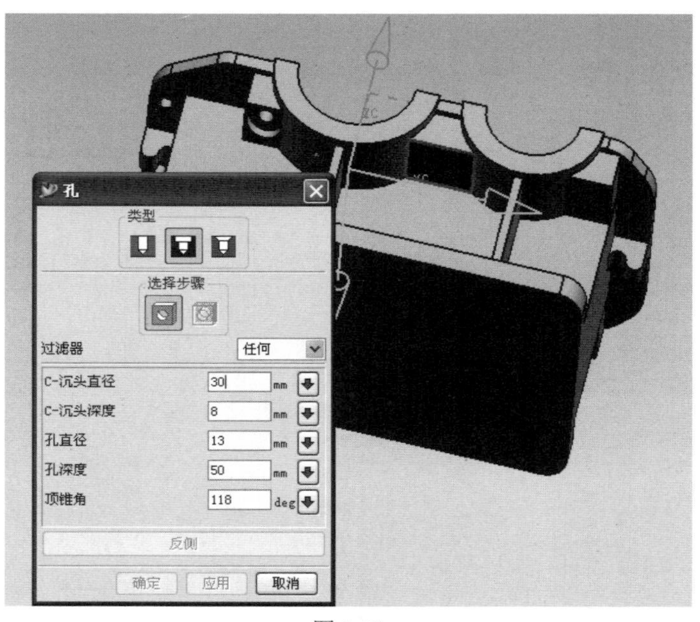

图 5-40

弹出定位对话框，单击“垂直”图标，在绘图区域选择 XC 基准轴，然后在定位表达式文本框中输入 73，单击“应用”；再单击“垂直”图标，在绘图区域选择 YC 基准轴，然后在定位表达式文本框中输入 80，单击“应用”，得到第二个沉头孔，如图 5-41、图 5-42 所示。

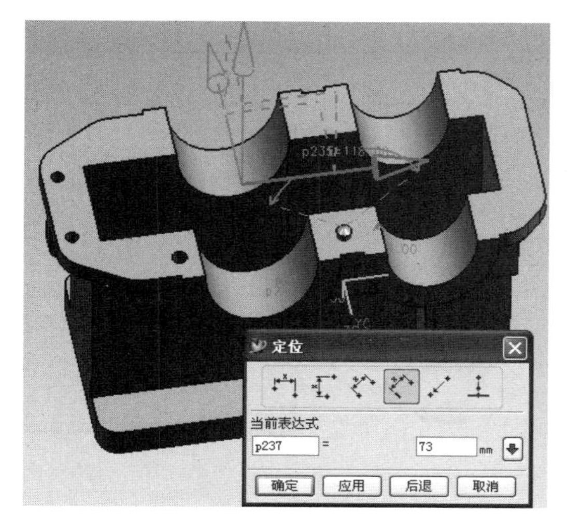

图 5-41

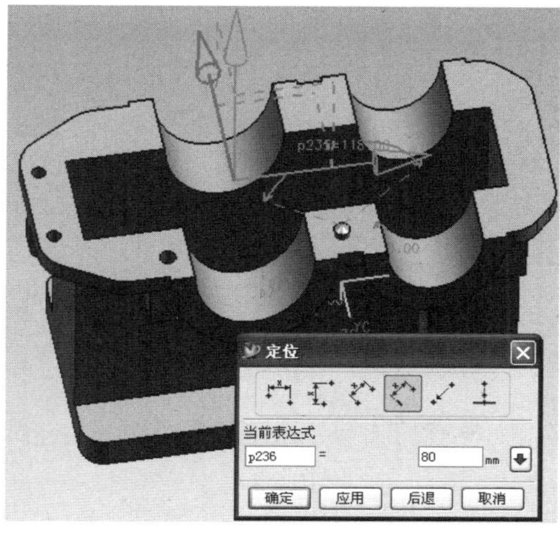

图 5-42

单击“孔”工具条，单击“沉头孔”图标，然后选择上方凸台的下表面第三个孔的位置作为孔的放置面，“C- 沉头直径”输入 30，“C- 沉头深度”输入 8，“孔直径”输入 13，“孔深度”输入 50，单击“应用”，如图 5-43 所示。

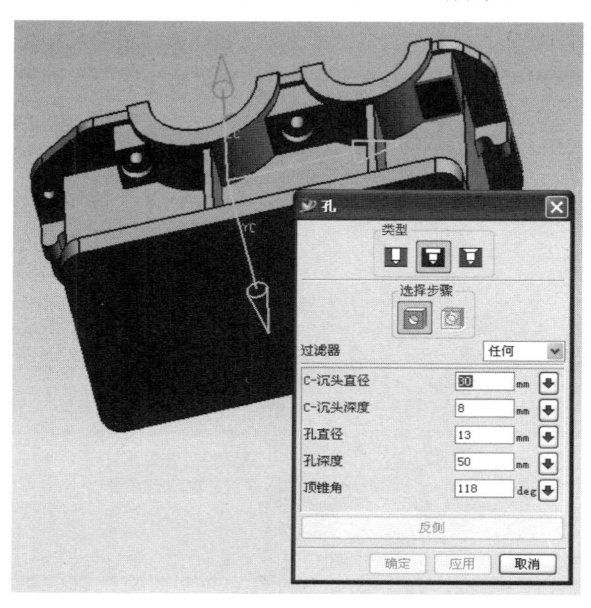

图 5-43

弹出定位对话框，单击“垂直”图标，在绘图区域选择 XC 基准轴，然后在定位表达式文本框中输入 73，单击“应用”；再单击“垂直”图标，在绘图区域选择 YC 基准轴，然后在定位表达式文本框中输入 208，单击“应用”，得到第三个沉头孔，如图 5-44、图 5-45 所示。

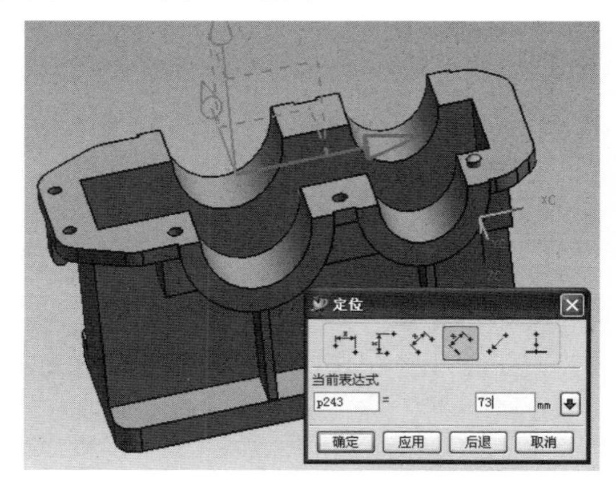

图 5-44

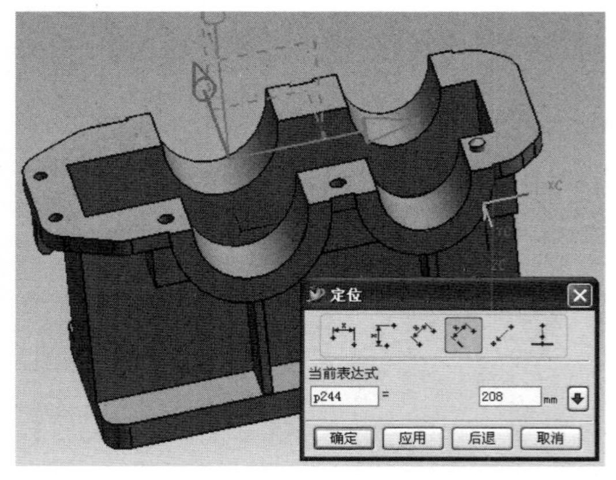

图 5-45

单击“实例特征”图标，在实例对话框中单击“镜像特征”，弹出镜像特征对话框。

在选择步骤中单击“要镜像的特征”图标，然后在下方的“部件中的特征”列表中选择最后创建的三个沉头孔，单击“添加”按钮；再单击选择步骤中“镜像平面”图标，在绘图区域选择基准平面 ZOX 作为镜像平面，单击“应用”，得到另外三个沉头孔，如图 5-46、图 5-47 所示。

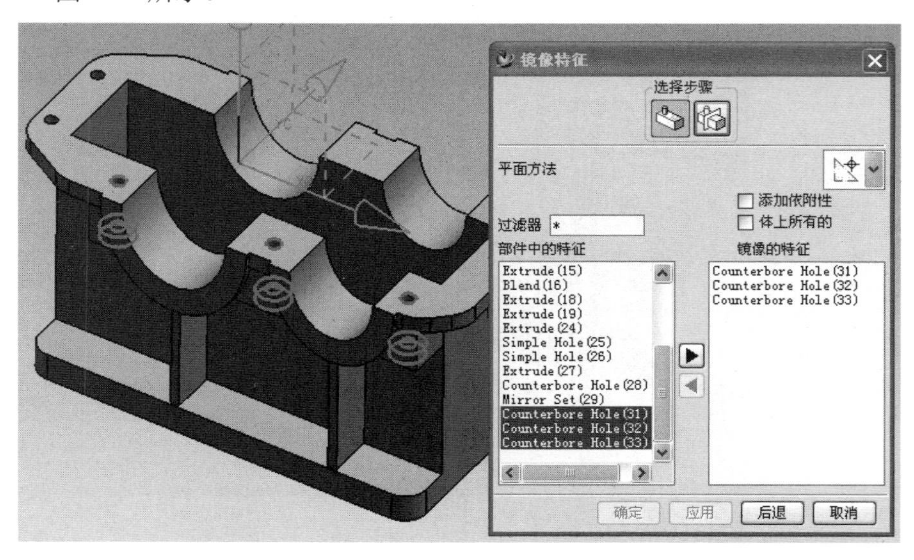

图 5-46

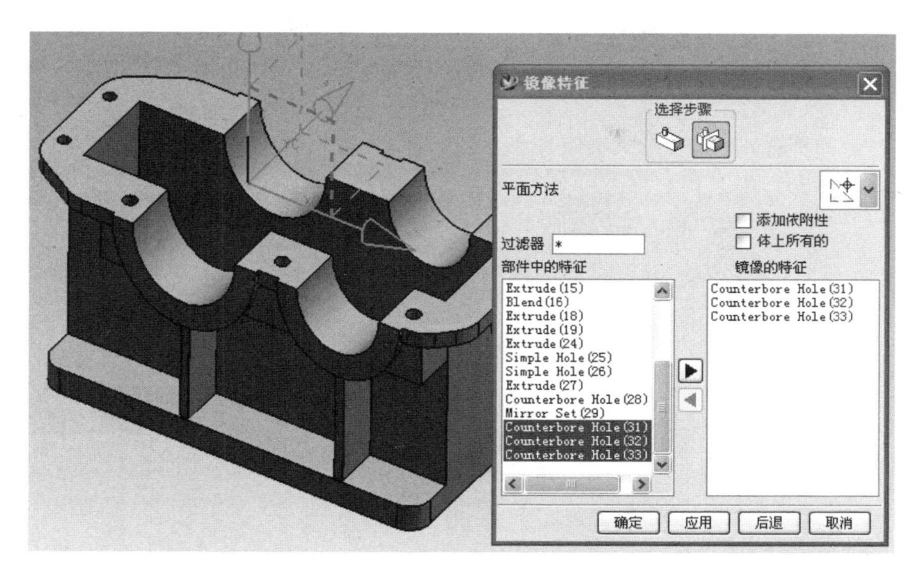

图 5-47

（16）底座箱体四周倒圆角。单击“倒圆角”图标，选择底座四周的四条竖边，然后“半径”输入 14， 单击“确定”，完成箱体四周倒圆角，如图 5-48 所示。

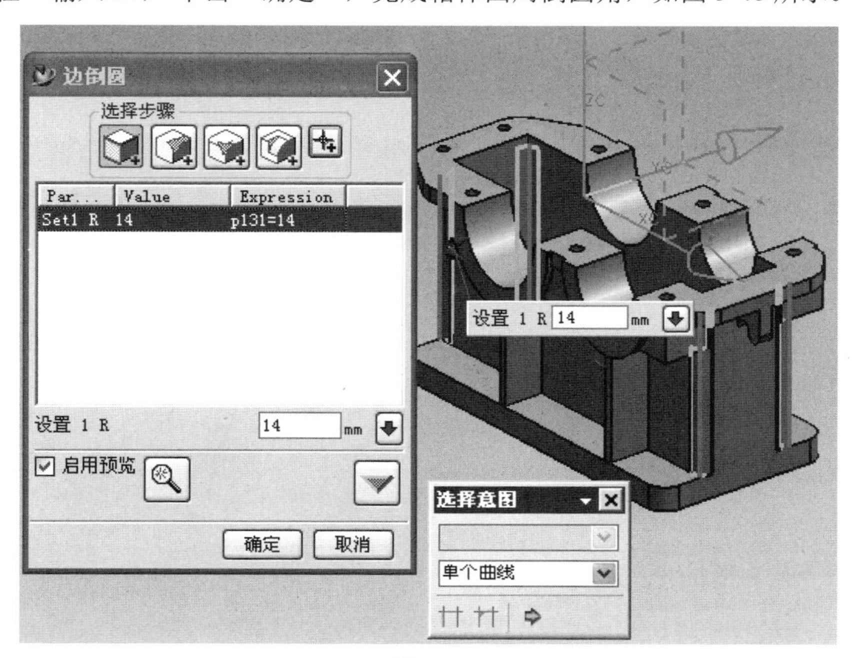

图 5-48

（17）创建底座下方底板上的六个沉头孔。单击“孔”工具条，单击“沉头孔”图标，然后选择下方底板上的上表面第一个孔的位置作为孔的放置面，“C- 沉头直径”输入 30，“C- 沉头深度”输入 4，“孔直径”输入 17，“孔深度”输入 20，单击“应用”，如图 5-49 所示。

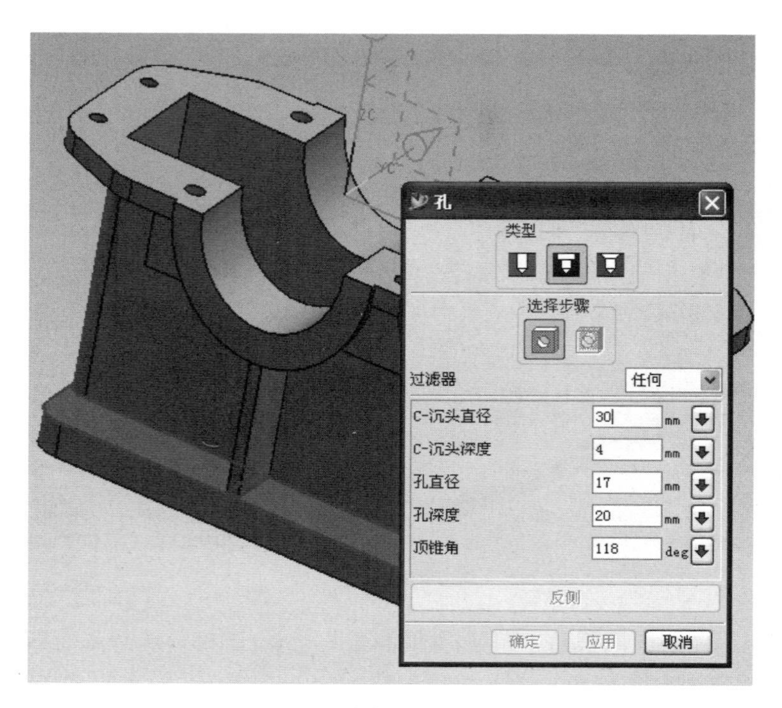

图 5-49

弹出定位对话框，单击“垂直”图标，在绘图区域选择底板左边平行于 YC 轴的边线，然后在定位表达式文本框中输入 34，单击“应用”；再单击“垂直”图标，在绘图区域选择底板左前边平行于 XC 轴的边线，然后在定位表达式文本框中输入 20，单击“应用”，得到第一个沉头孔，如图 5-50、图 5-51 所示。

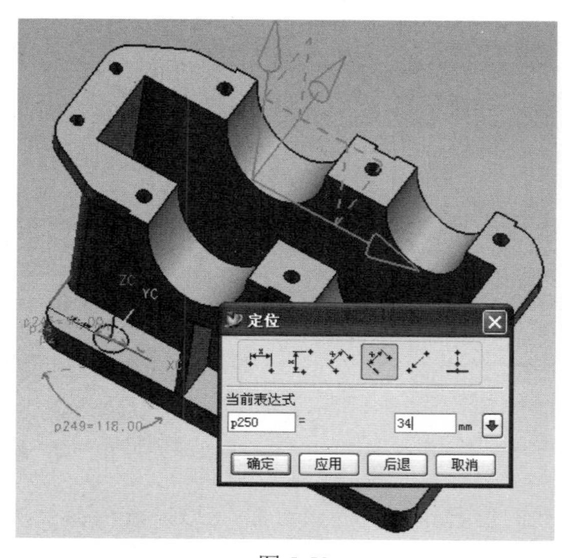

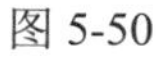
图 5-50

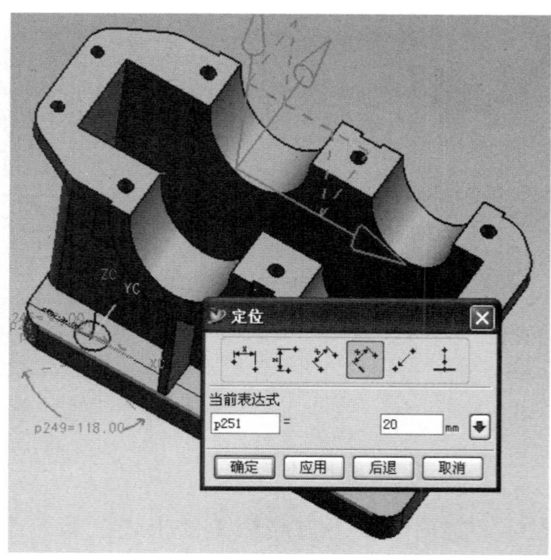

图 5-51

单击“实例特征”图标，在实例对话框中单击“矩形阵列”，弹出实例选择对话框，如图 5-52 所示。

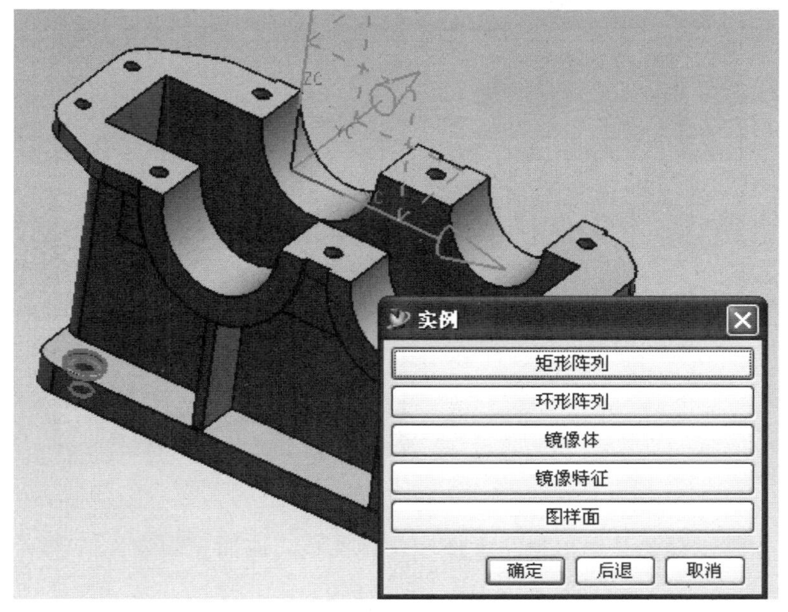

图 5-52

在实例选择对话框中选择刚完成的第一个沉头孔，单击“确定”，如图 5-53 所示。

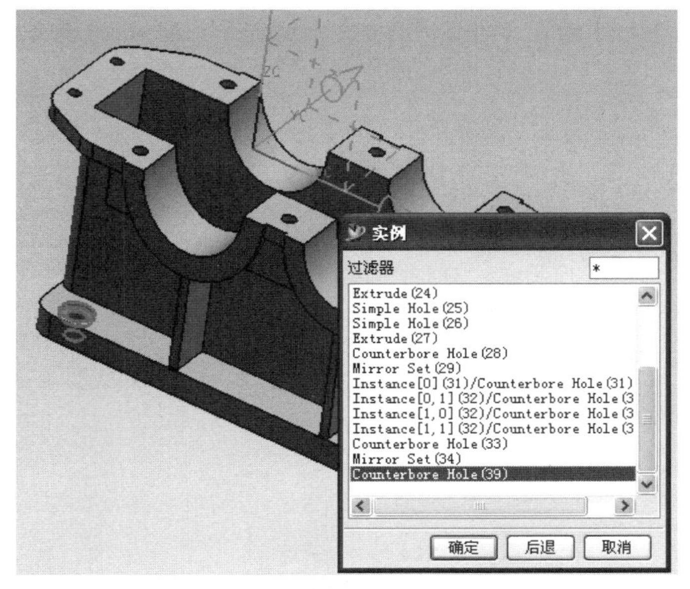

图 5-53

弹出输入参数对话框，在“XC 向的数量”文本框输入 3，在“XC 偏置”文本框输入 150，在“YC 向的数量”文本框输入 2，在“YC 偏置”文本框输入 150，单击“确定”，完成另外五个沉头孔，如图 5-54 所示。

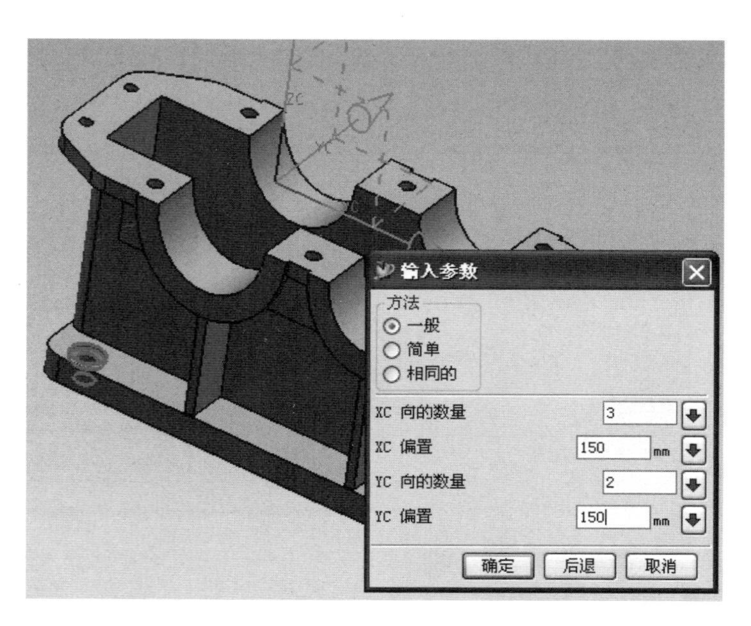

图 5-54

（18）创建底座底部的矩形槽。在绘图区域选择底座的底面作为草图平面，然后单击“草图”图标，进入草图绘制状态，绘制槽的矩形轮廓；添加尺寸约束和几何约束，得到下面的草图轮廓，如图 5-55 所示。

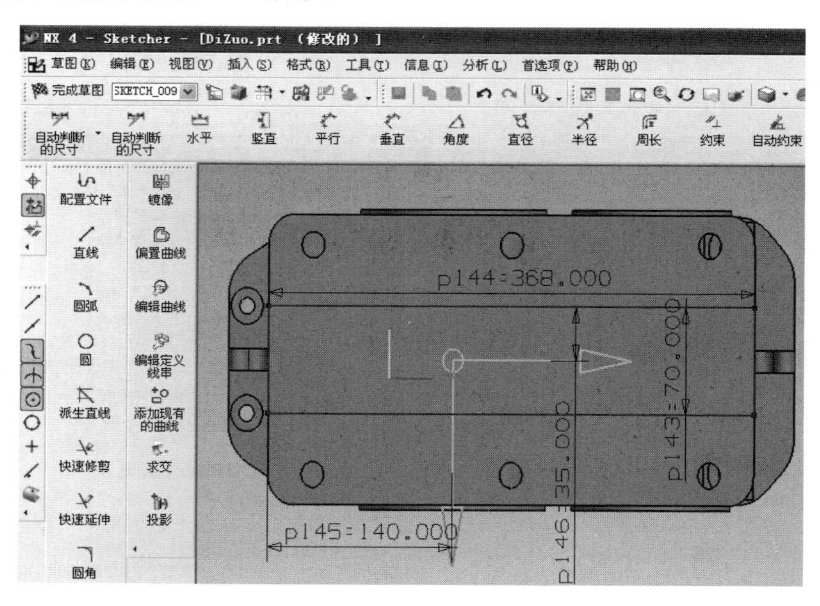

图 5-55

单击“完成草图”，单击“拉伸”工具条，对象选择方案为“已连接的曲线”，然后选择底部槽的矩形轮廓草图，选择方向为“ZC”，“起始”文本框输入 0，“结束”文本框输入 5，“布尔运算”选择为“求差”，单击“确定”，得到底部的矩形槽，如图 5-56 所示。

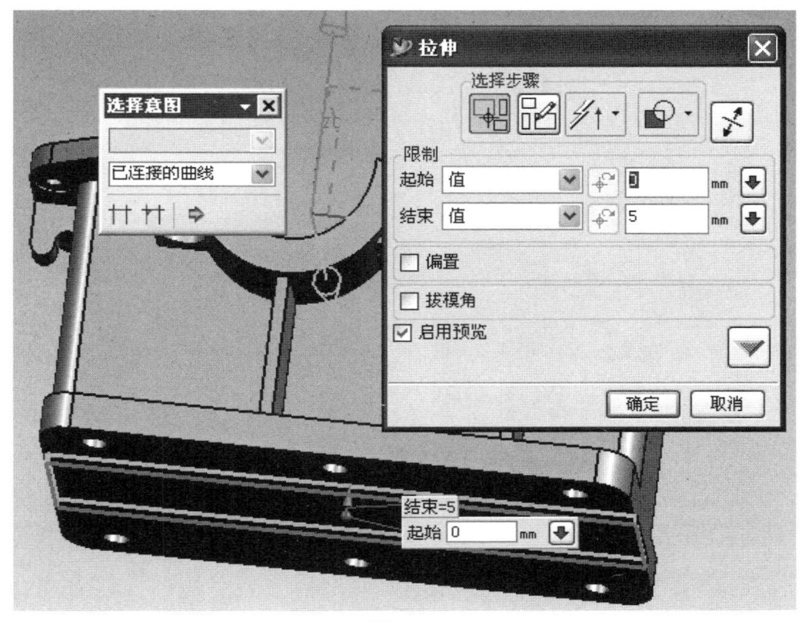

图 5-56

（19）创建底座底部左侧的圆凸台。在绘图区域选择底座的箱体的左侧面作为草图平面，然后单击“草图”图标，进入草图绘制状态，绘制圆凸台的圆轮廓；添加尺寸约束和几何约束，得到下面的草图轮廓，如图 5-57、图 5-58 所示。

图 5-57

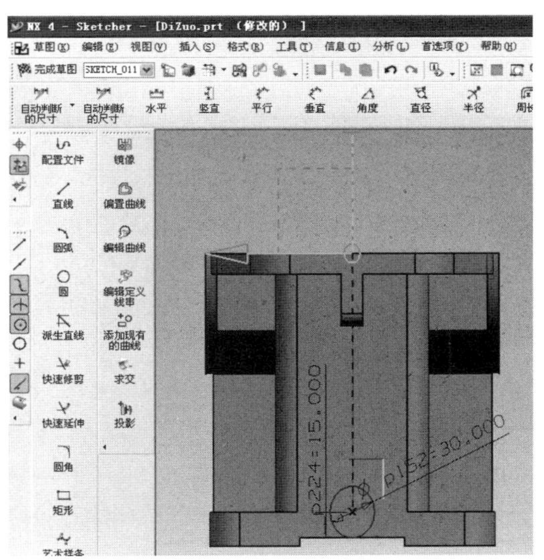

图 5-58

单击“完成草图”，单击“拉伸”工具条，对象选择方案为“已连接的曲线”，然后选择圆凸台的圆轮廓草图，“起始”文本框输入 0，“结束”文本框输入 5，“布尔运算”选择为“求和”，单击“确定”，得到底部左侧的圆凸台，如图 5-59 所示。

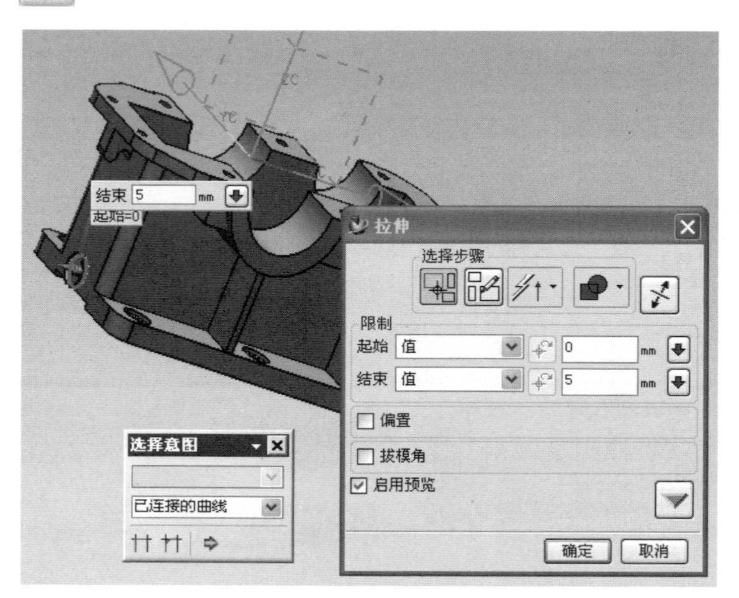

图 5-59

（20）在圆凸台上创建通孔。单击“孔”图标，单击“简单孔”图标，在“直径”文本框输入 16，在“深度”文本框输入 19，选择圆凸台的顶面作为孔放置面，然后单击“应用”，如图 5-60 所示。

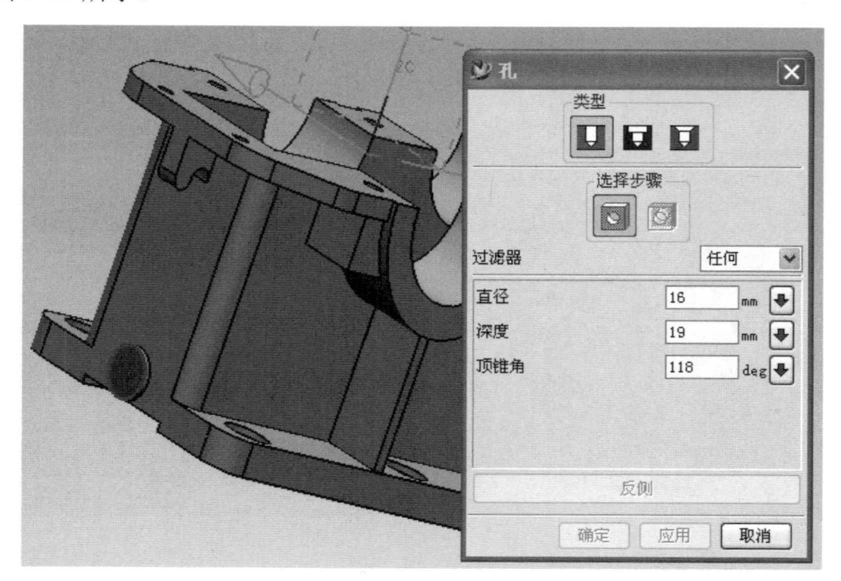

图 5-60

在定位对话框中单击“点到点”，然后，在绘图区域选择圆台的外圆轮廓，如图 5-61、图 5-62 所示。

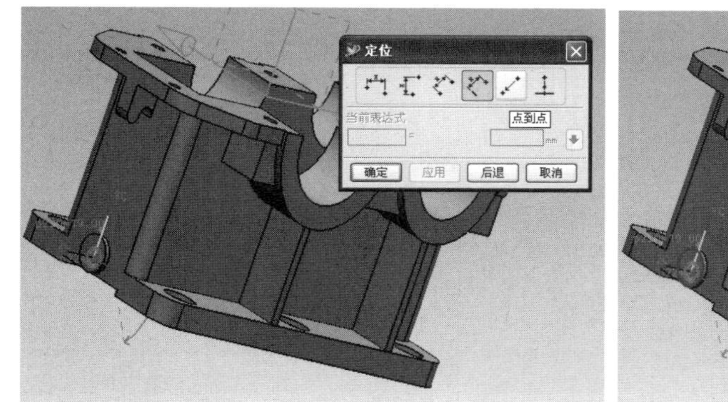

图 5-61

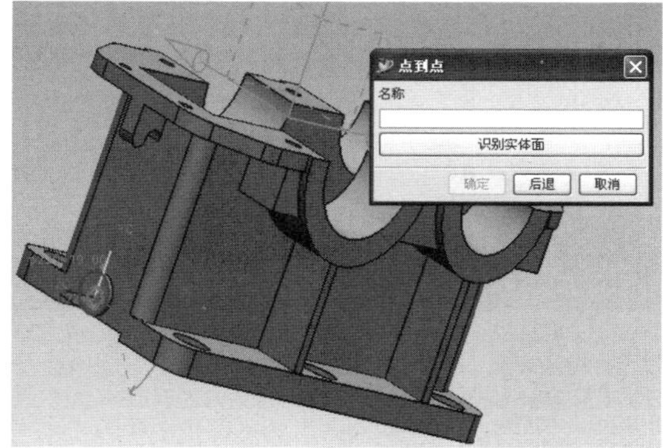

图 5-62

在弹出的对话框中单击“圆弧中心”，完成圆凸台上的通孔，如图 5-63 所示。

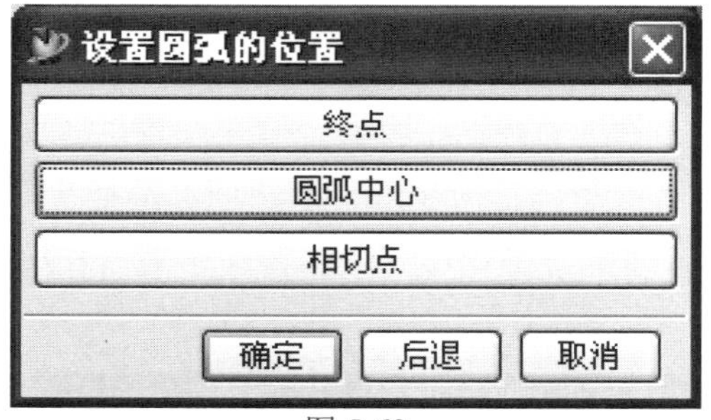

图 5-63

（21）创建底座左侧面上倾斜的圆凸台。在绘图区域选择基准平面 ZOX 作为草图平面，然后单击“草图”图标，进入草图绘制状态，绘制倾斜的圆凸台的中心线；添加尺寸约束和几何约束，得到圆凸台的中心线，如图 5-64 所示。

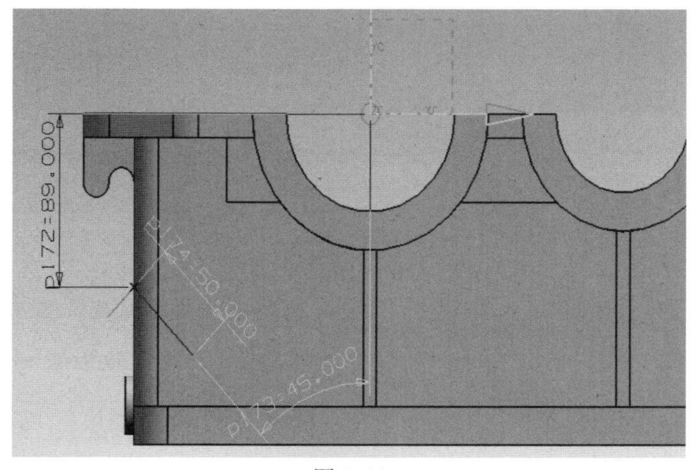

图 5-64

单击“基准平面”图标，选择“类型”为点和方向，在绘图区域选择刚才绘制的圆凸台中心线的上端点，单击“应用”，得到倾斜圆凸台的横截面基准平面，如图 5-65、图 5-66 所示。

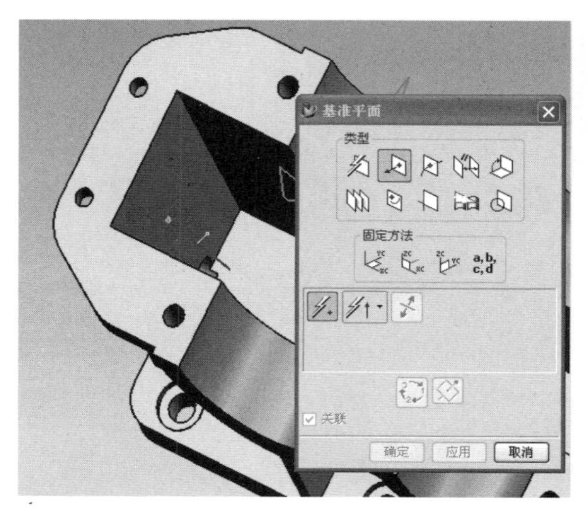

图 5-65

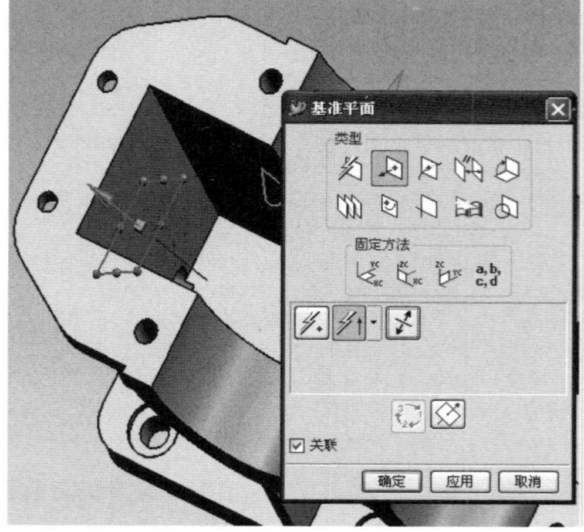

图 5-66

在绘图区域选择刚创建的基准平面作为草图平面，然后单击“草图”图标，进入草图绘制状态，绘制圆凸台的外圆轮廓；添加尺寸约束和几何约束，得到下面的草图轮廓，如图 5-67 所示。

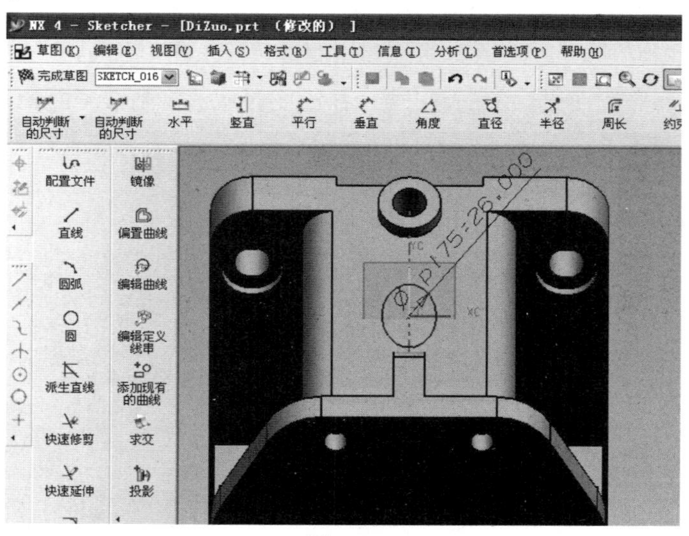

图 5-67

单击“完成草图”，单击“拉伸”工具条，配置对象选择方案为“已连接的曲线”，然后选择圆凸台的外圆轮廓草图，“起始”文本框输入 -25，“结束”文本框输入 13，“布尔运算”选择为“创建”，单击“确定”，得到倾斜的圆凸台，如图 5-68 所示。

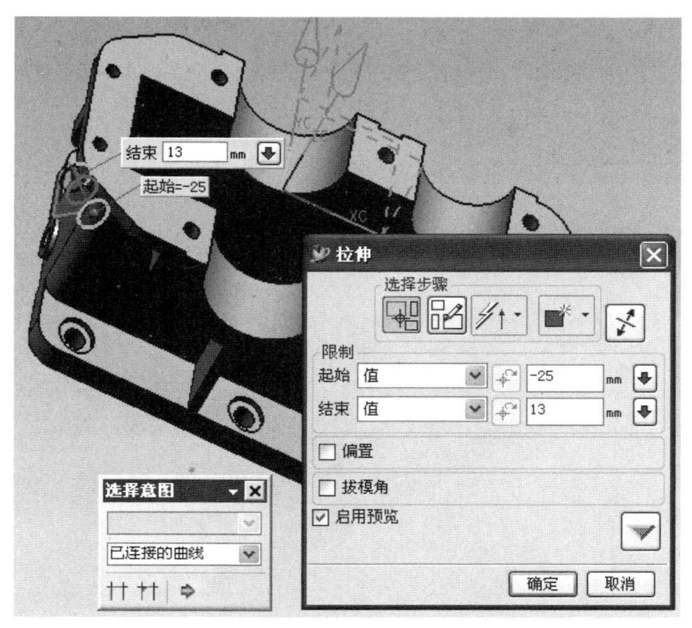

图 5-68

单击“修剪体” 工具条，弹出“修剪体”对话框。单击选择步骤第一个“目标实体”图标，然后，在绘图区域选择倾斜的圆凸台；单击选择步骤第二个“修剪刀具”图标，在选择步骤中选择“单个平面”，在绘图区域选择箱体的左侧内表面作为修剪刀具平面；单击“应用”，完成圆凸台的修剪，如图 5-69、图 5-70 所示。

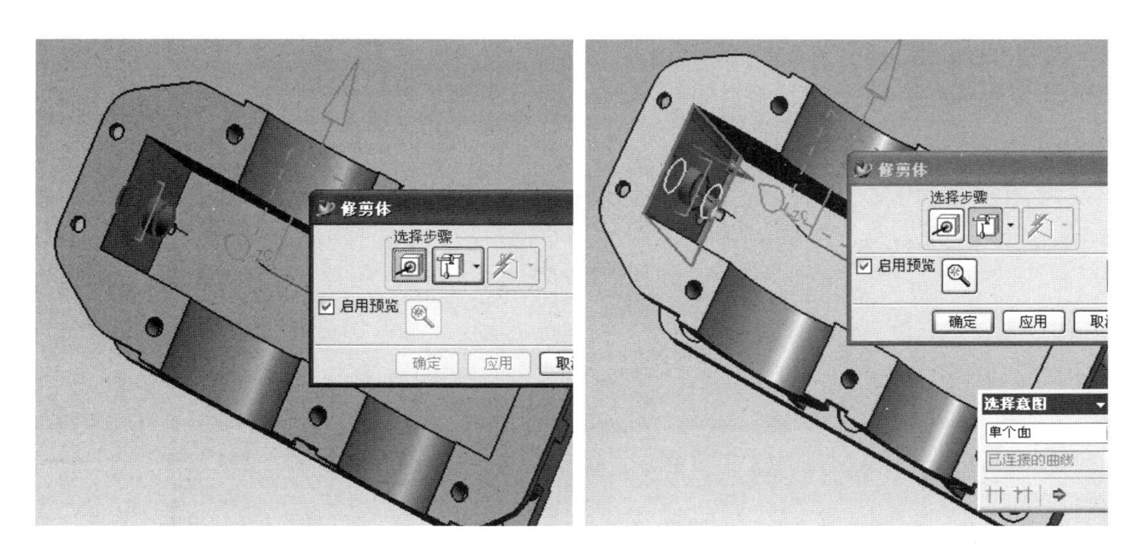

图 5-69　　　　图 5-70

单击“求和” 图标，弹出实体求和对话框，选择底座为目标体，选择倾斜圆凸台为工具体，单击“应用”，完成实体求和，如图 5-71 所示。

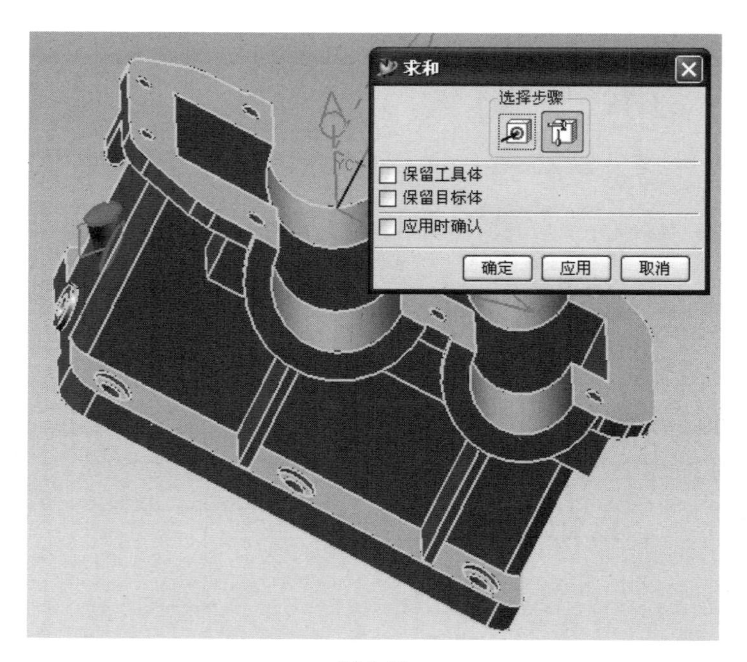

图 5-71

单击“孔” 工具条，单击“沉头孔” 图标，然后选择倾斜的圆凸台上表面作为孔的放置面，“C- 沉头直径”输入 20，“C- 沉头深度”输入 2，“孔直径”输入 12，“孔深度”输入 80，单击“应用”，如图 5-72 所示。

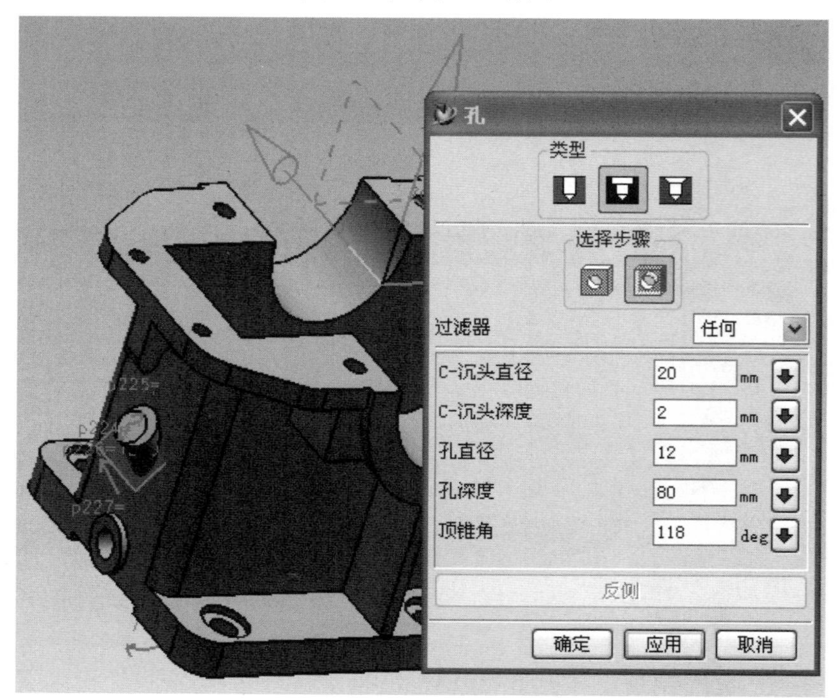

图 5-72

在定位对话框中单击“点到点”，然后，在绘图区域选择圆凸台的外圆轮廓，如图 5-73、图 5-74 所示。

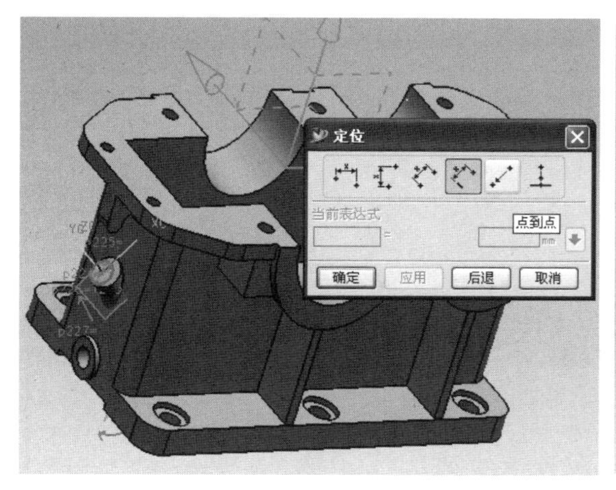

图 5-73

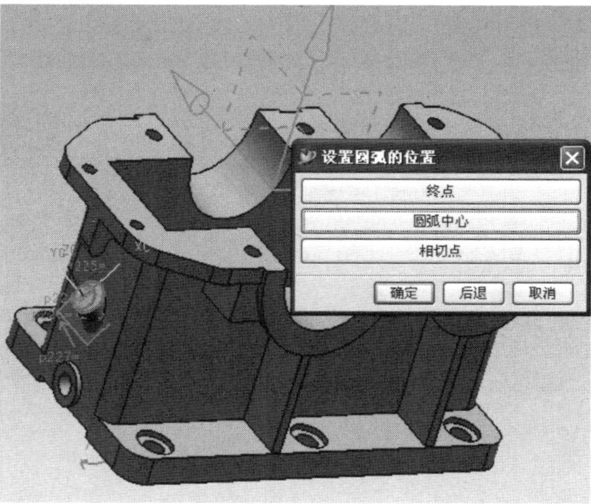

图 5-74

在弹出的对话框中单击“圆弧中心”，完成圆凸台上沉头孔的创建。

（22）创建底座低速轴承座两侧的紧固螺孔。单击“孔”图标，单击“简单孔”图标，在“直径”文本框输入 6.8，在“深度”文本框输入 20，选择低速轴承座的侧面作为孔放置面，然后单击“应用”，如图 5-75 所示。

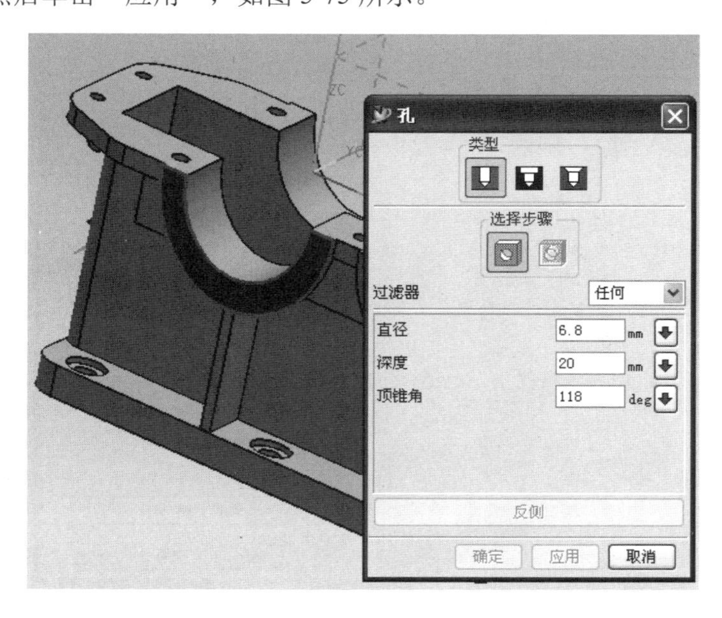

图 5-75

弹出定位对话框，单击“垂直”图标，在绘图区域选择 XC 基准轴，然后在定

位表达式文本框中输入 60，单击“应用”；再单击“垂直” 图标，在绘图区域选择 ZC 基准轴，然后在定位表达式文本框中输入 0，单击“应用”，得到一个简单孔，如图 5-76、图 5-77 所示。

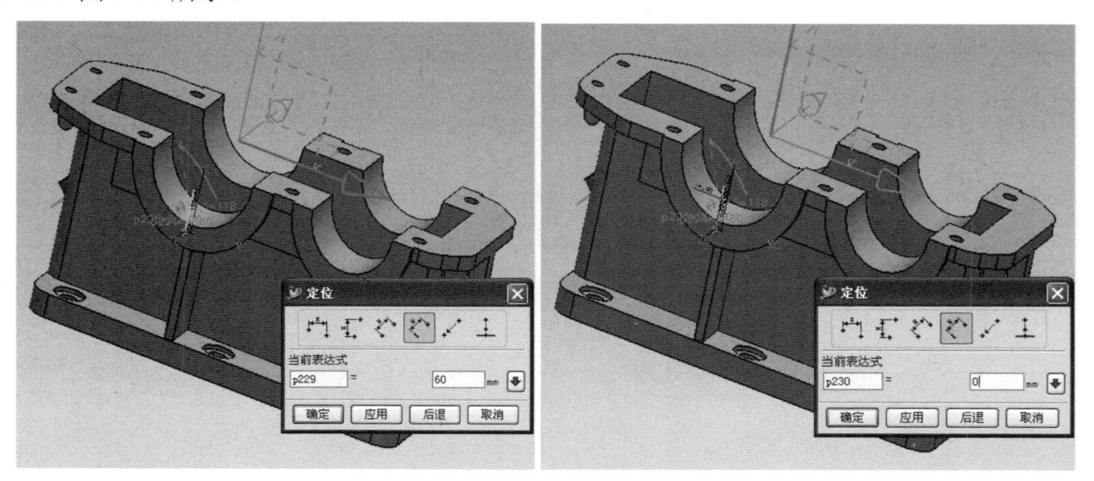

图 5-76　　　　图 5-77

单击“螺纹” 图标或者选择下拉菜单【插入 → 设计特征 → 螺纹】，弹出螺纹对话框，在螺纹对话框中选择螺纹类型为“详细的”，然后在绘图区域选择刚创建的直径为 6.8 的简单孔，采用默认的参数设置，单击“应用”，完成第一个螺孔的创建，如图 5-78 所示。

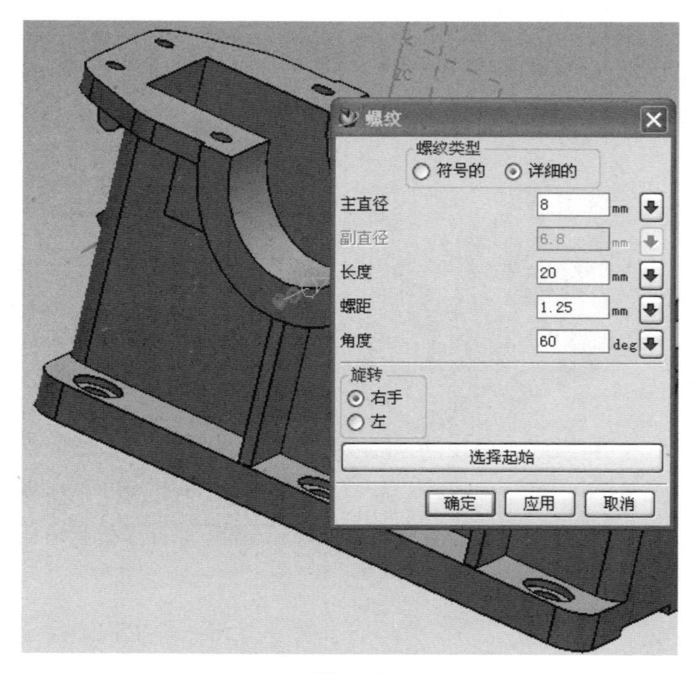

图 5-78

单击“实例特征”图标，选择“环形阵列”，然后选择刚创建的简单孔和螺纹作为阵列对象，单击“确定”，在“数字”文本框输入2，在“角度”文本框中输入60，单击“确定”，再选择基准轴YC作为旋转轴，再选择“创建引用”，完成第二个螺孔，如图5-79至图5-82所示。

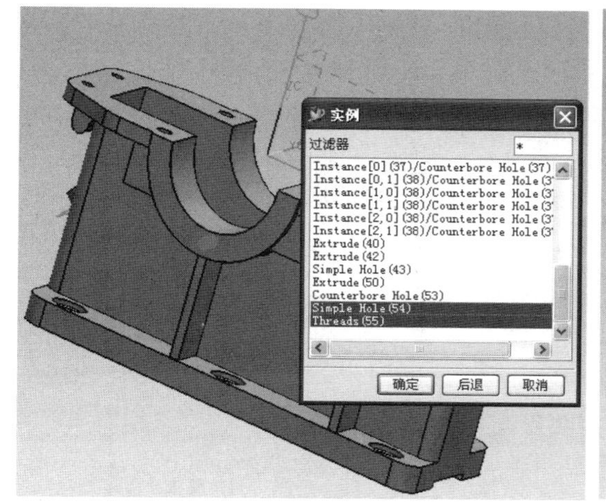

图5-79

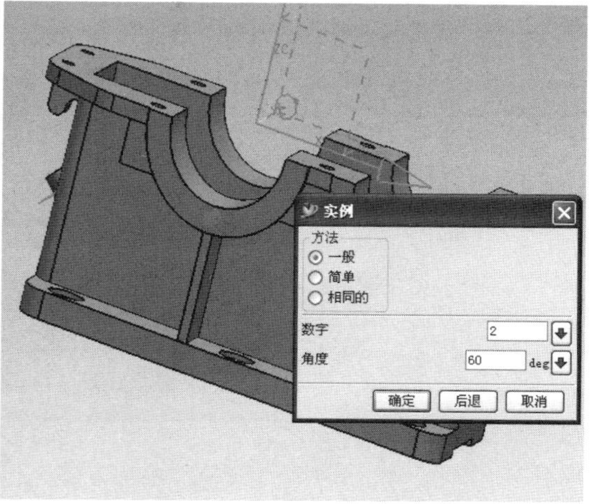

图5-80

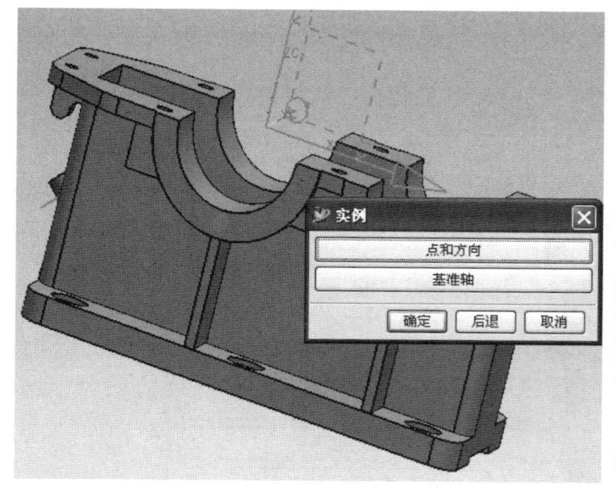

图5-81

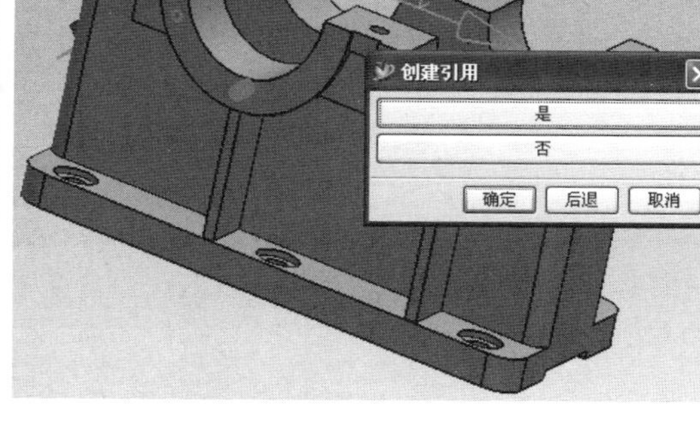

图5-82

单击“实例特征”图标，选择“环形阵列”，然后还是选择第一个简单孔和螺纹作为阵列对象，单击“确定”，在“数字”文本框输入2，在“角度”文本框中输入300，单击“确定”，再选择基准轴YC作为旋转轴，再选择“创建引用”，完成第三个螺孔，如图5-83所示。

单击“实例特征”图标，在实例对话框中单击“镜像特征”，弹出镜像特征对话框，如图5-84所示。

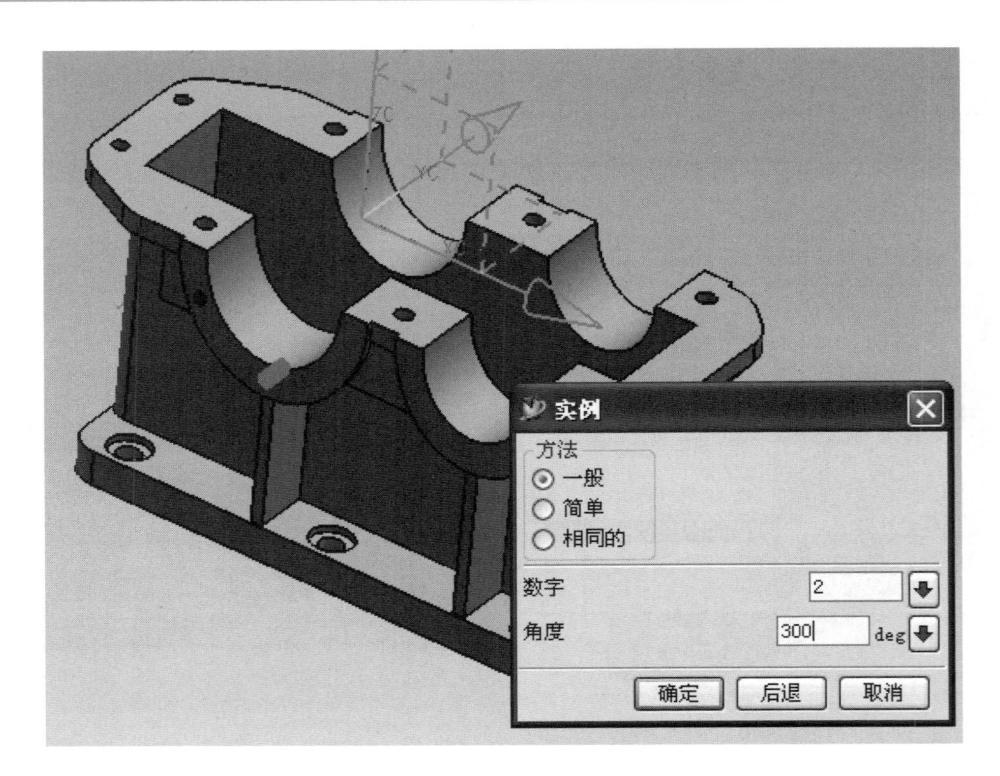

图 5-83

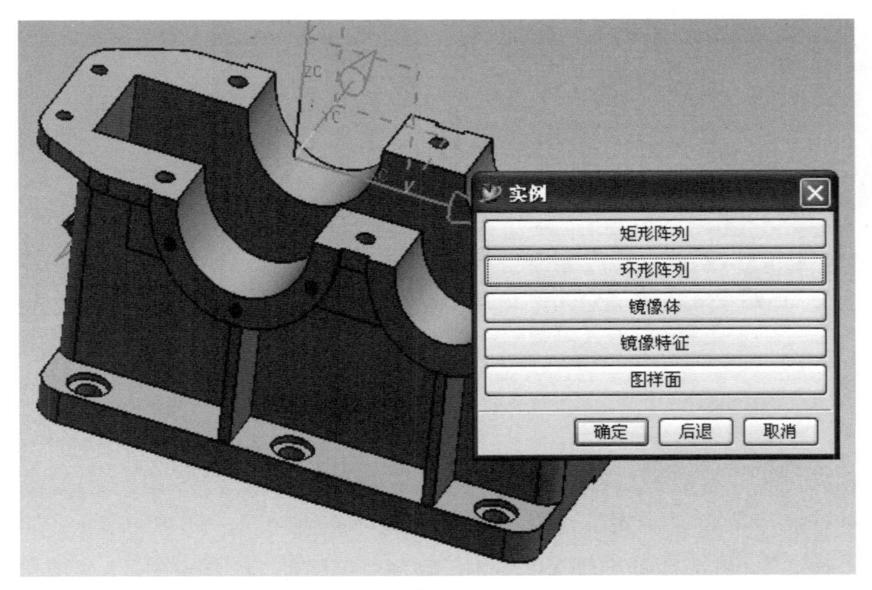

图 5-84

在选择步骤中单击“要镜像的特征”图标，然后在下方的“部件中的特征”列表中选择前表面的三个螺孔，单击“添加”按钮；再单击选择步骤中“镜像平面”

图标，在绘图区域选择基准平面 ZOX 作为镜像平面，单击“应用”，完成另一个侧面的三个螺孔，如图 5-85、图 5-86 所示。

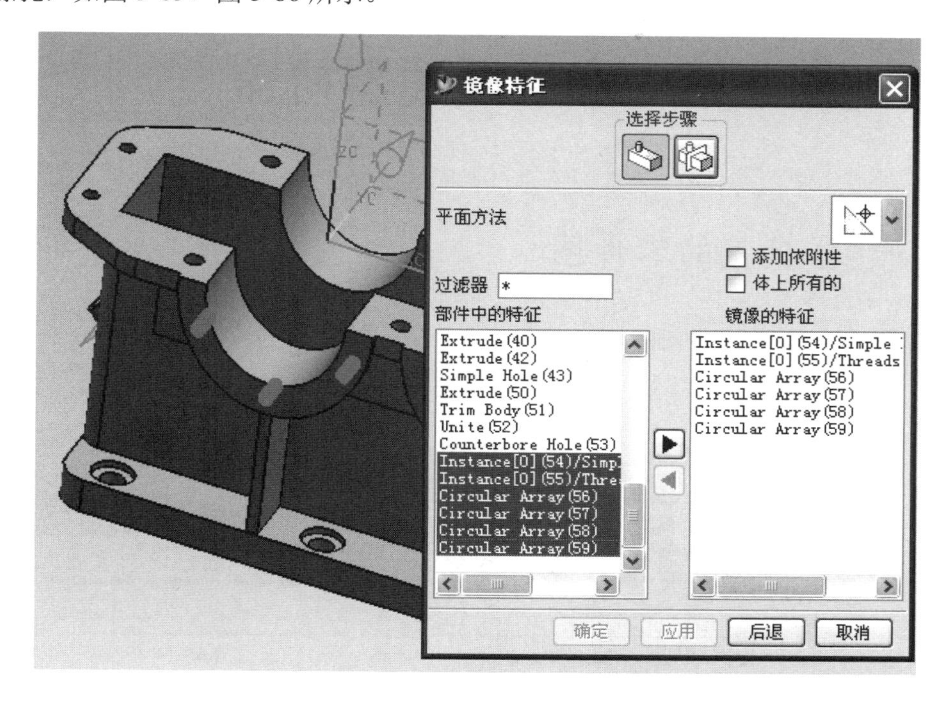

图 5-85

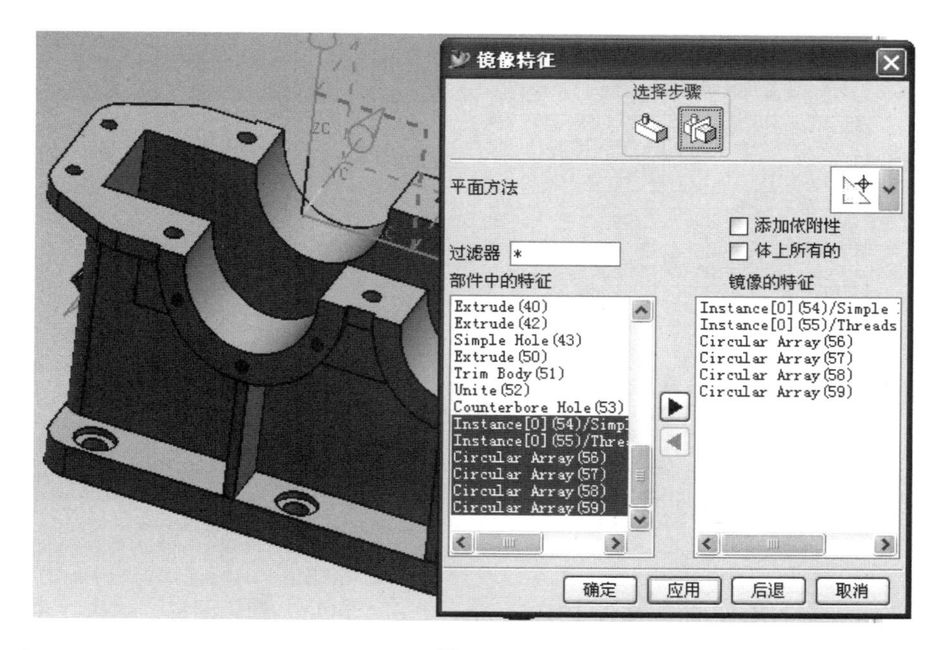

图 5-86

（23）创建底座高速轴承座两侧的紧固螺孔。这个过程和步骤（22）类似，请参考步骤（22）。

第 6 章　减速器机盖

6.1　减速器机盖的零件图

减速器机盖零件图如图 6-1 所示。

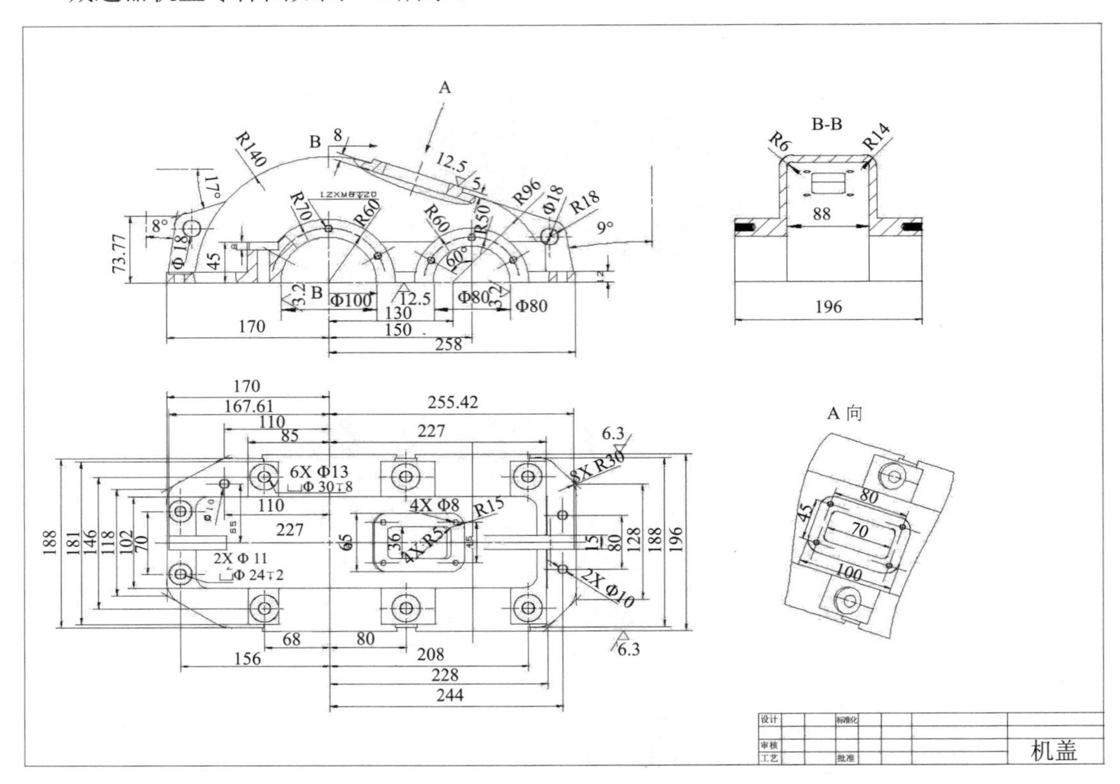

图 6-1

6.2　减速器机盖的建模

（1）启动 UG NX 4，新建文件 121901.prt，单击“起始”图标，单击“建模”图标，然后进入“建模”状态。

（2）创建工作坐标系，单击“成形特征”工具条中创建“基准 CSYS”图标，单击“绝对坐标”图标，在（0，0，0）点定义一个新的工作坐标系。

（3）创建机盖下方的水平端面板。在绘图区域选择基准平面 XOY 作为草图平面，然后单击“草图”图标，进入草图绘制状态，绘制水平端面的轮廓；添加尺寸约束和几何约束，得到下面的草图轮廓，如图 6-2 所示。

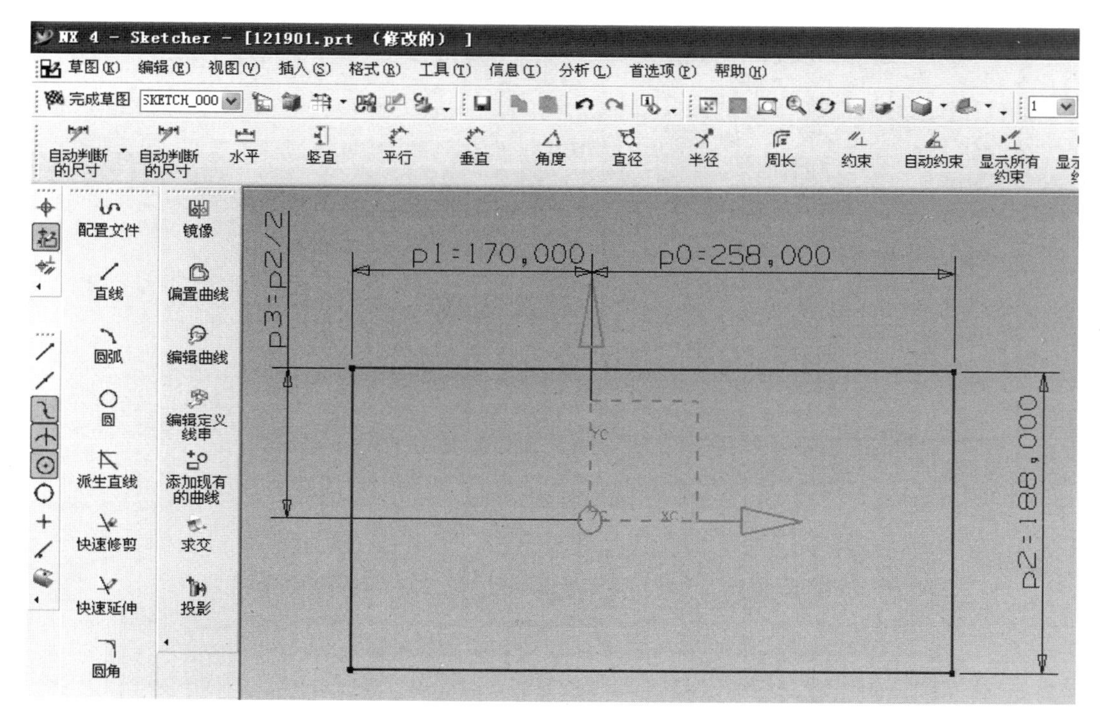

图 6-2

单击“完成草图”，单击“拉伸”工具条，配置对象选择方案为“特征曲线”，然后选择水平端面的轮廓草图，选择方向为“ZC”，“起始”文本框输入 0，“结束”文本框输入 12，“布尔运算”选择为“创建”，单击“确定”，得到水平端面板，如图 6-3 所示。

单击“边倒斜角”，输入偏置值：30，选择右边的两条竖边，单击“确定”，完成倒斜角，如图 6-4 所示。

单击“边倒斜角”，输入第一偏置值：35，第二偏置值：60，选择左边的第一条竖边，单击“确定”，完成倒斜角，如图 6-5 所示。

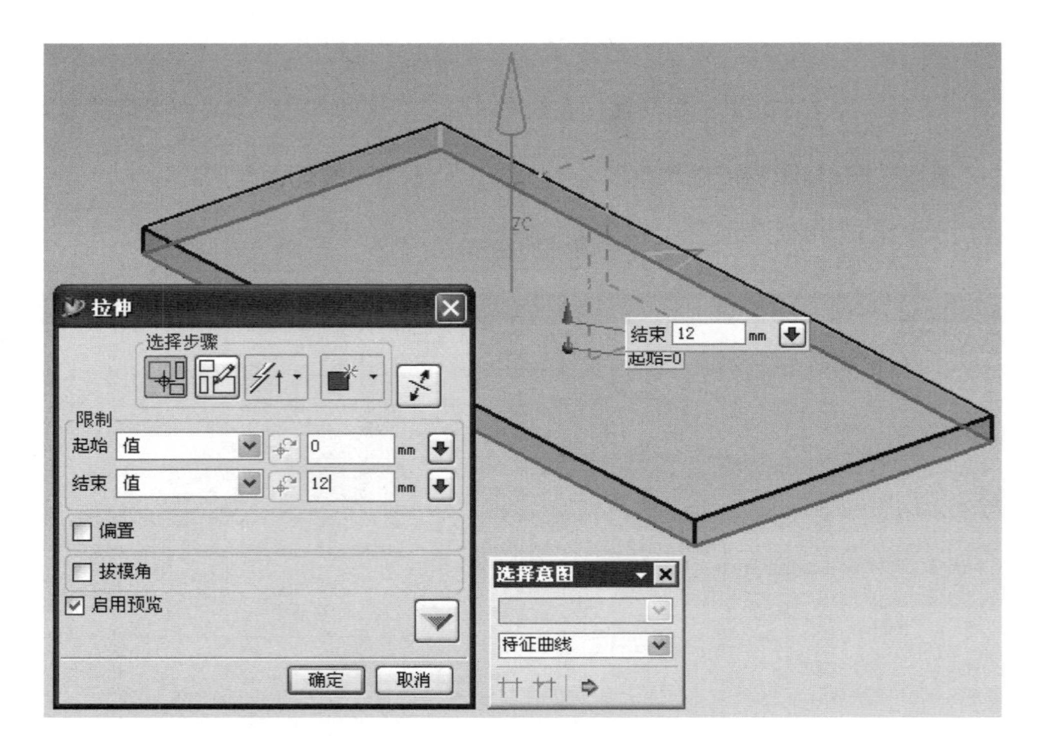
拉伸
选择步骤
限制
起始 值 0 mm
结束 值 12 mm
偏置
拔模角
启用预览
确定 取消
结束 12 mm
起始=0
ZC
选择意图
特征曲线

图 6-3

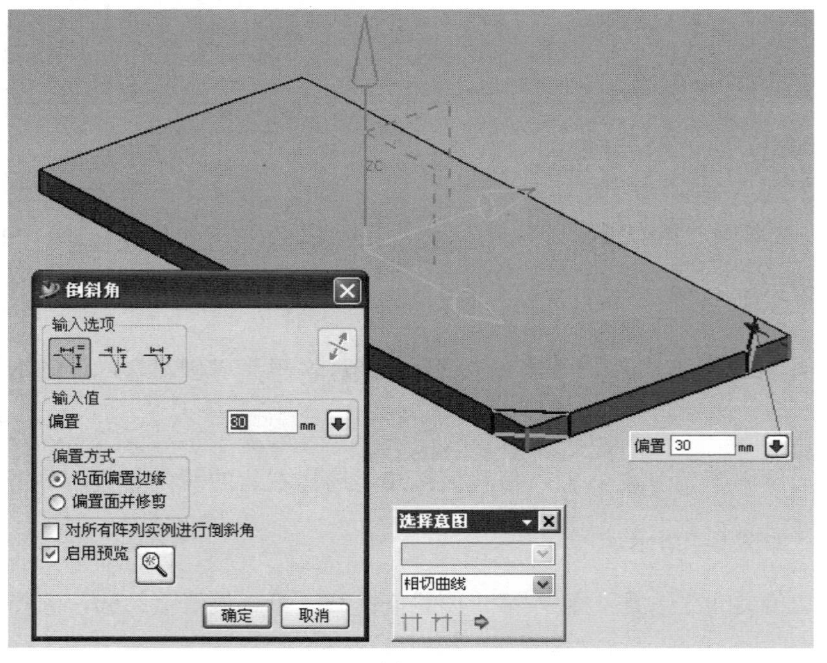
倒斜角
输入选项
输入值
偏置 30 mm
偏置方式
沿面偏置边缘
偏置面并修剪
对所有阵列实例进行倒斜角
启用预览
确定 取消
偏置 30 mm
ZC
选择意图
相切曲线

图 6-4

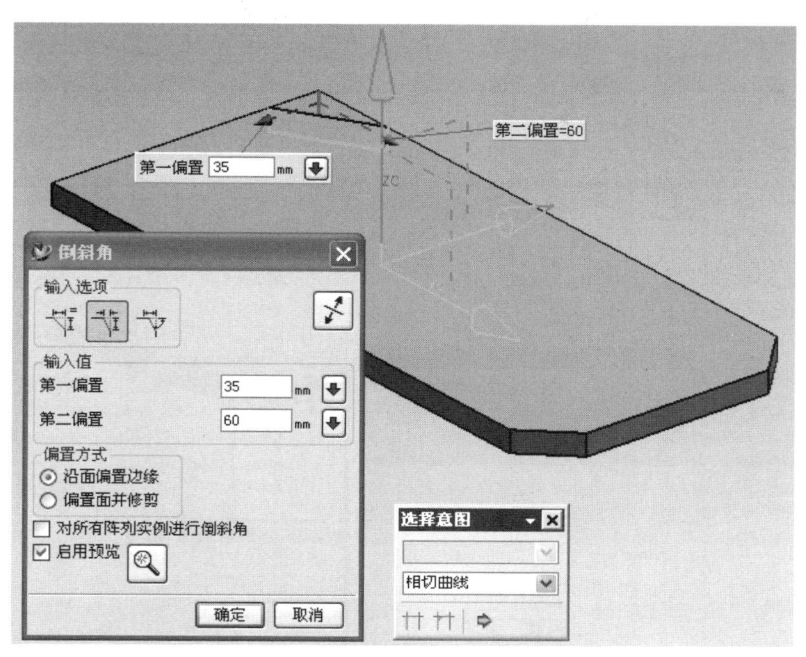

图 6-5

单击“边倒斜角” ，输入第一偏置值：35，第二偏置值：60，选择左边的第二条竖边，单击“确定”，完成倒斜角，如图 6-6 所示。

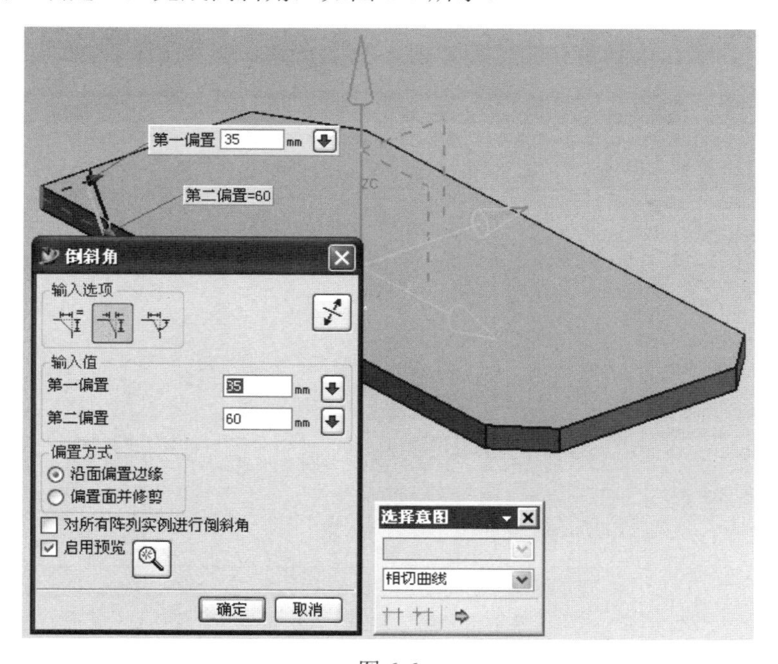

图 6-6

单击“边倒圆” 工具条，配置对象选择方案为“相切曲线”，然后选择八条竖边，“半径”文本框输入 30，单击“确定”，完成边倒圆，结果如图 6-7 所示。

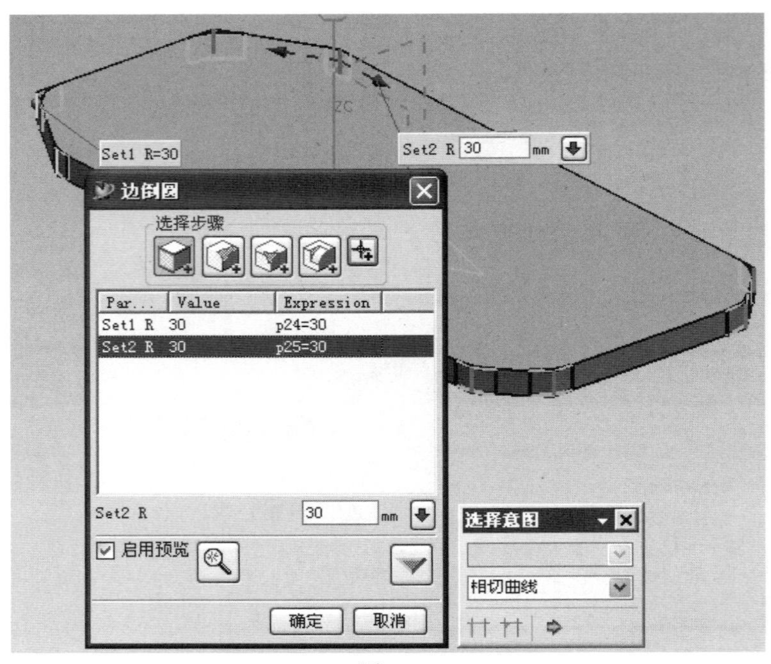

图 6-7

（4）创建机盖下方的半圆形轴承座。在绘图区域选择基准平面 ZOX 作为草图平面，然后单击“草图”图标，进入草图绘制状态，绘制两个半圆形轴承座的轮廓；添加尺寸约束和几何约束，得到的草图轮廓如图 6-8 所示。

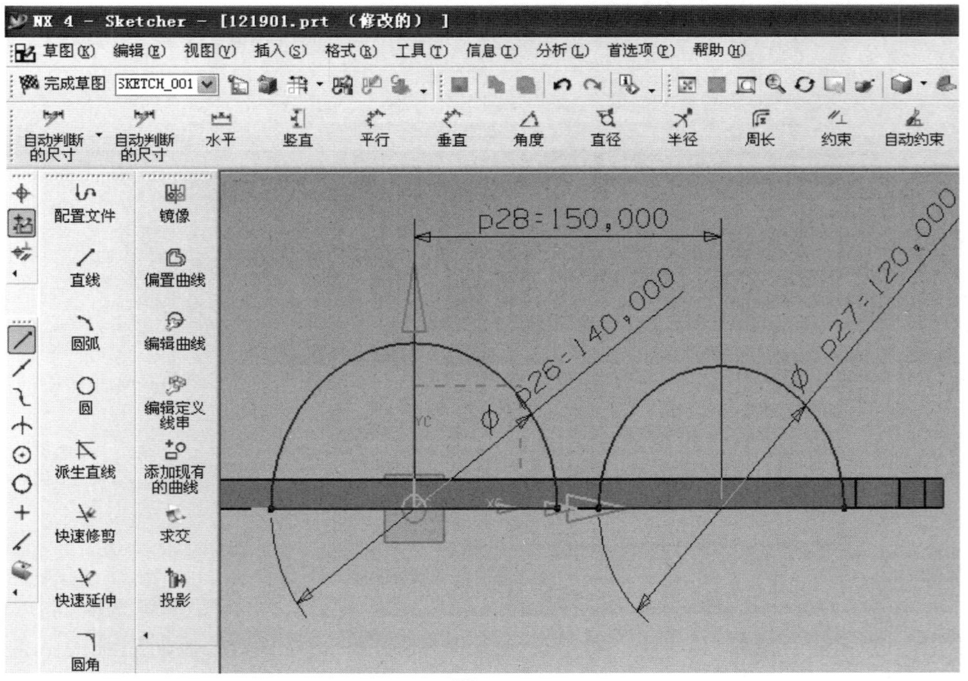

图 6-8

单击“完成草图”，单击“拉伸”工具条，配置对象选择方案为“单个曲线”，然后选择两个半圆形的轮廓草图，“起始”文本框输入对称值 98，“结束”文本框输入对称值 98，“布尔运算”选择为“求和”，单击“确定”，得到机盖下方的两个半圆形轴承座，如图 6-9 所示。

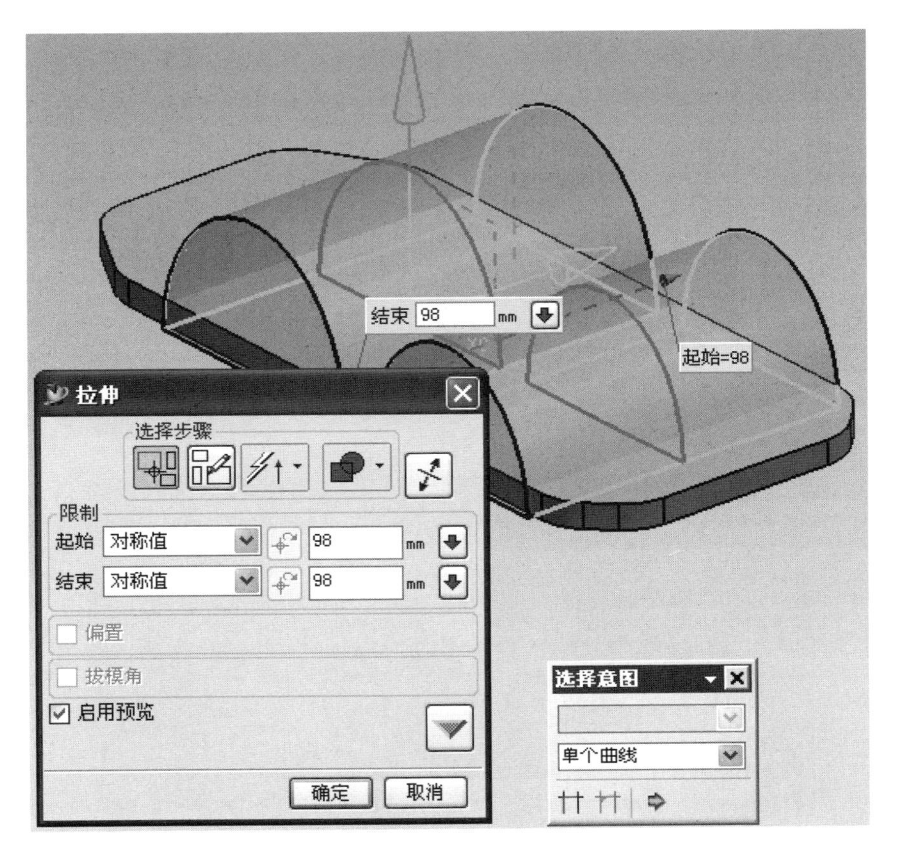

图 6-9

（5）创建机盖下方的矩形凸台。在绘图区域选择基准平面 XOY 作为草图平面，然后单击“草图”图标，进入草图绘制状态，绘制矩形凸台的矩形轮廓；添加尺寸约束和几何约束，得到下面的草图轮廓，如图 6-10 所示。

单击“完成草图”，单击“拉伸”工具条，配置对象选择方案为“特征曲线”，然后选择凸台的矩形轮廓草图，“起始”文本框输入 0，“结束”文本框输入 45，“布尔运算”选择为“求和”，单击“确定”，得到机盖下方的矩形凸台，如图 6-11 所示。

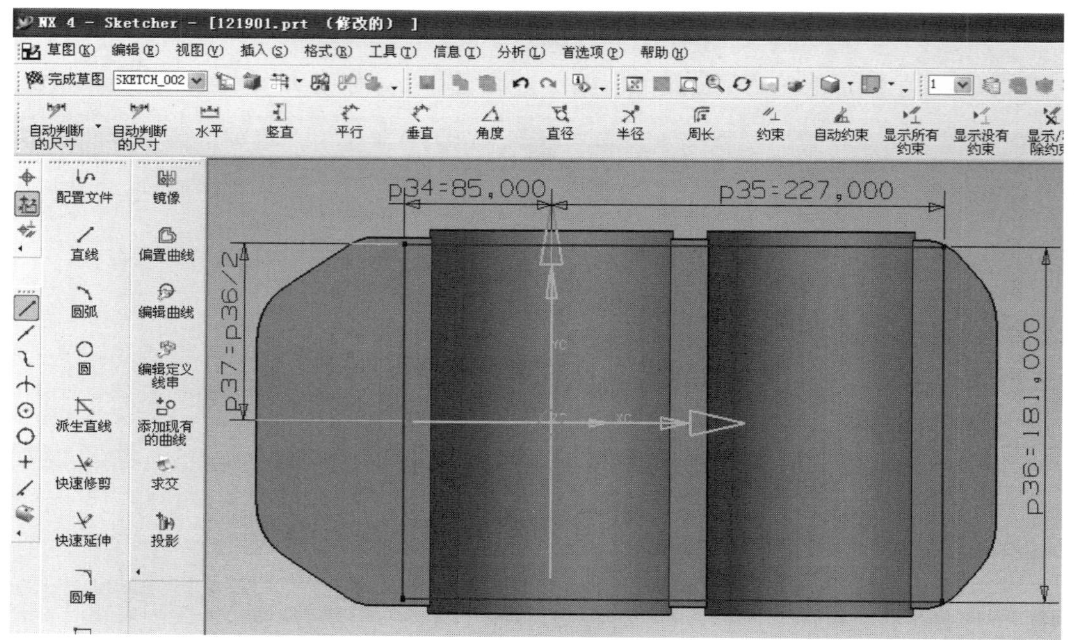

图 6-10

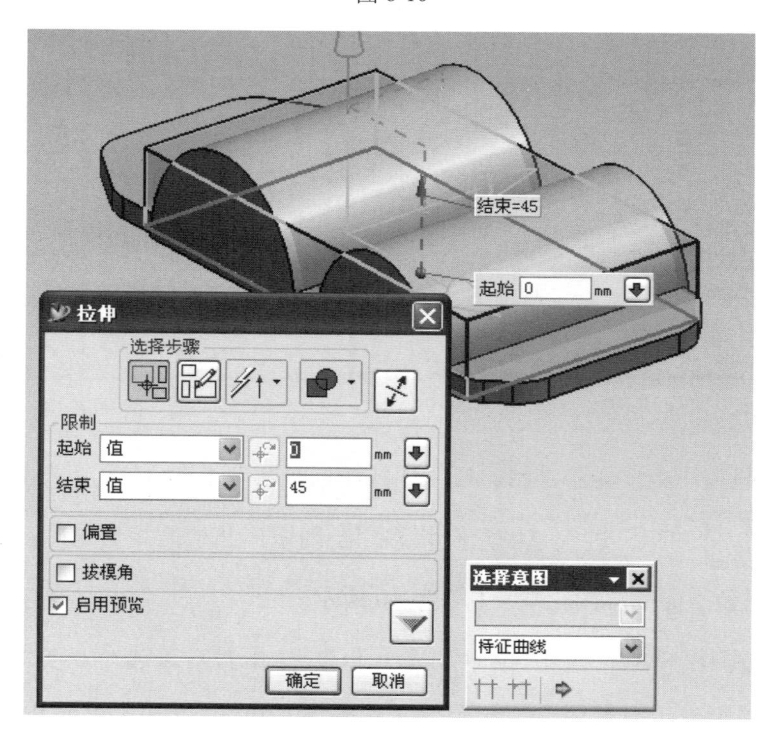

图 6-11

（6）创建机盖中部箱体。在绘图区域选择基准平面 ZOX 作为草图平面，然后单击“草图” 图标，进入草图绘制状态，绘制中部箱体的外形轮廓；添加尺寸约束和几何约束，得到下面的草图轮廓，如图 6-12 所示。

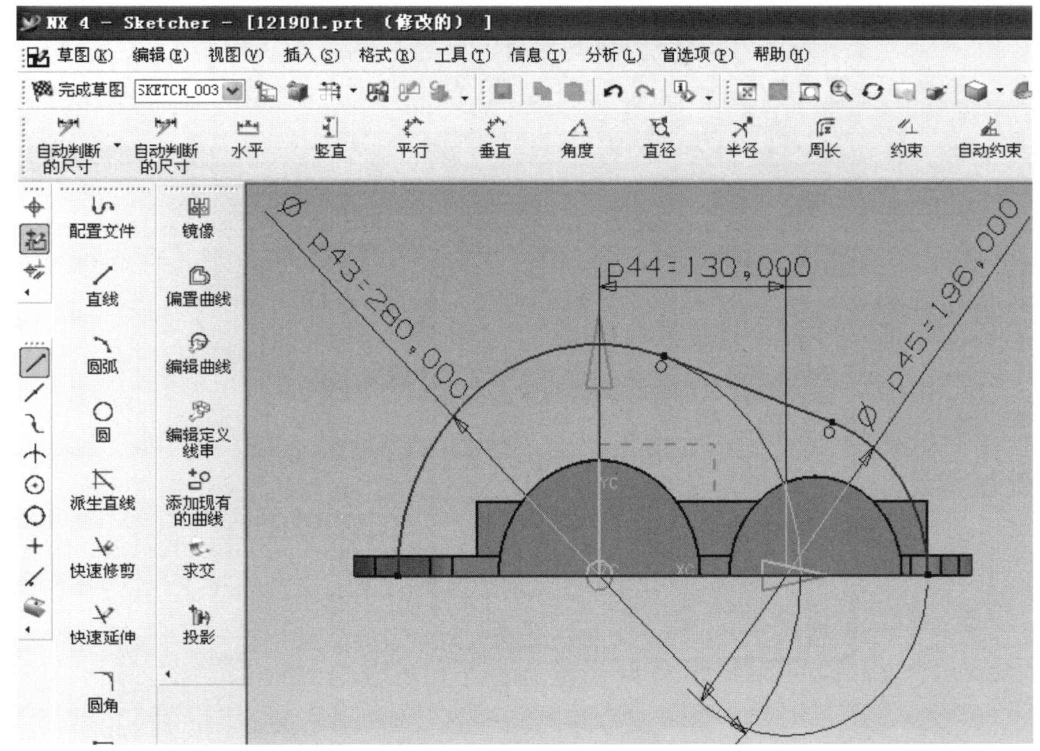

图 6-12

单击“完成草图”，单击“拉伸”工具条，配置对象选择方案为“特征曲线”，然后选择箱体的外轮廓草图，“起始”文本框输入对称值 51，“结束”文本框输入对称值 51，“布尔运算”选择为“求和”，单击“确定”，得到机盖中部的箱体，如图 6-13 所示。

（7）创建机盖左右两端的筋板。在绘图区域选择基准平面 YOZ 作为草图平面，然后单击“草图”图标，进入草图绘制状态，绘制机盖筋板的外形轮廓；添加尺寸约束和几何约束，得到下面的草图轮廓，如图 6-14 所示。

单击“完成草图”，单击“拉伸”工具条，配置对象选择方案为“特征曲线”，然后选择筋板的外形轮廓草图，“起始”文本框输入对称值 7.5，“结束”文本框输入对称值 7.5，“布尔运算”选择为“求和”，单击“确定”，得到低速轴承下方的筋板，如图 6-15 所示。

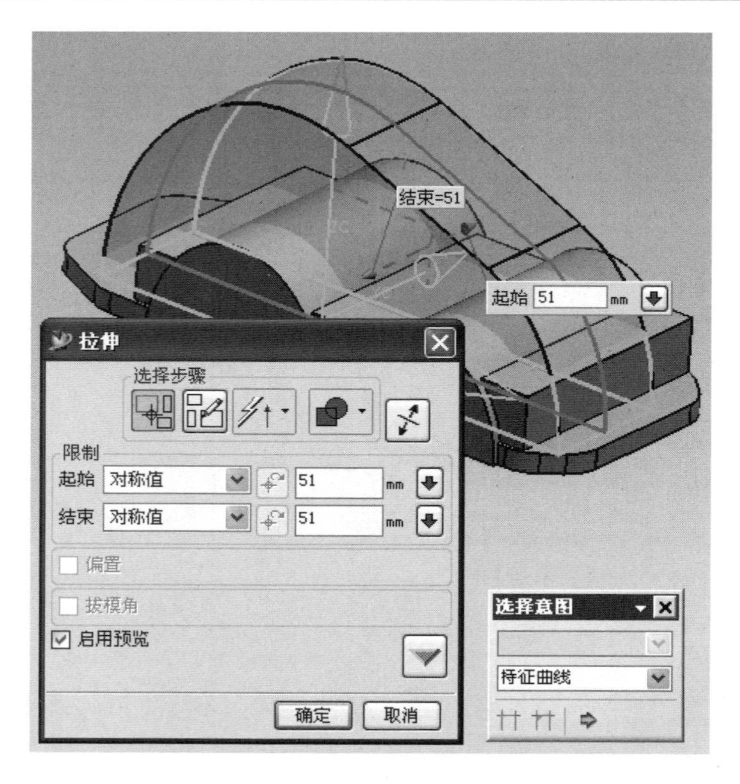
结束=51
起始 51 mm
拉伸
选择步骤
限制
起始 对称值 51 mm
结束 对称值 51 mm
偏置
拔模角
启用预览
确定 取消
选择意图
特征曲线

图 6-13

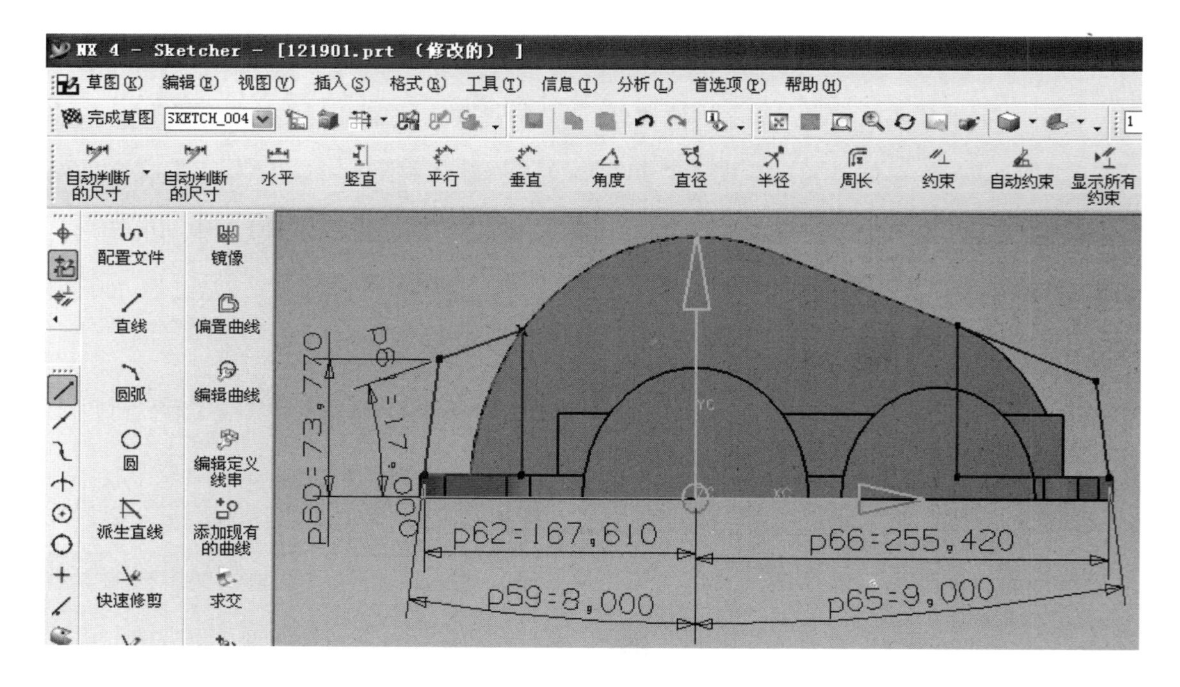
NX 4 - Sketcher - [121901.prt (修改的)]
草图(K) 编辑(E) 视图(V) 插入(S) 格式(R) 工具(T) 信息(I) 分析(L) 首选项(P) 帮助(H)
完成草图 SKETCH_004
自动判断的尺寸 自动判断的尺寸 水平 竖直 平行 垂直 角度 直径 半径 周长 约束 自动约束 显示所有约束
配置文件 镜像
直线 偏置曲线
圆弧 编辑曲线
圆 编辑定义线串
派生直线 添加现有的曲线
快速修剪 求交
p60=73.770
p61=17.000
p62=167.610
p66=255.420
p59=8.000
p65=9.000

图 6-14

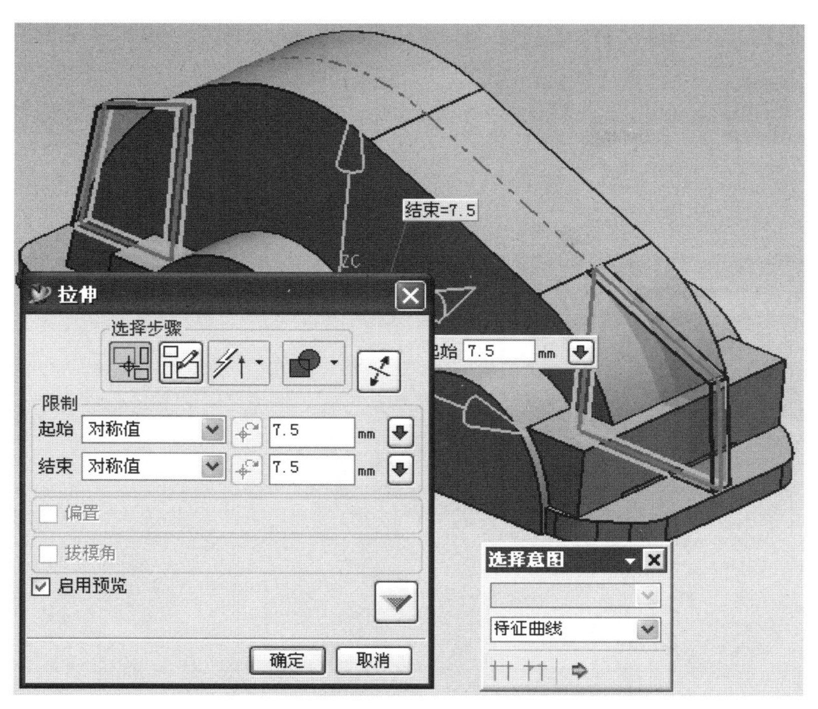

图 6-15

（8）筋板倒圆角。单击“倒圆角”图标，选择筋板的两条边，然后“半径”输入 18，单击“确定”，完成筋板倒圆角，如图 6-16 所示。

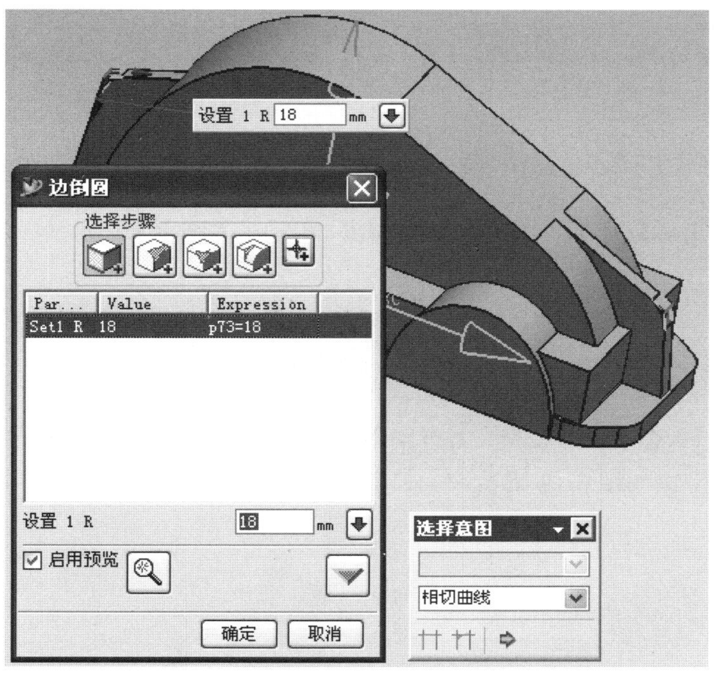

图 6-16

（9）创建机盖顶部的凸台。在绘图区域选择机盖顶部倾斜表面作为草图平面，然后单击“草图” 图标，进入草图绘制状态，绘制凸台的矩形轮廓；添加尺寸约束和几何约束，得到下面的草图轮廓，如图 6-17 所示。

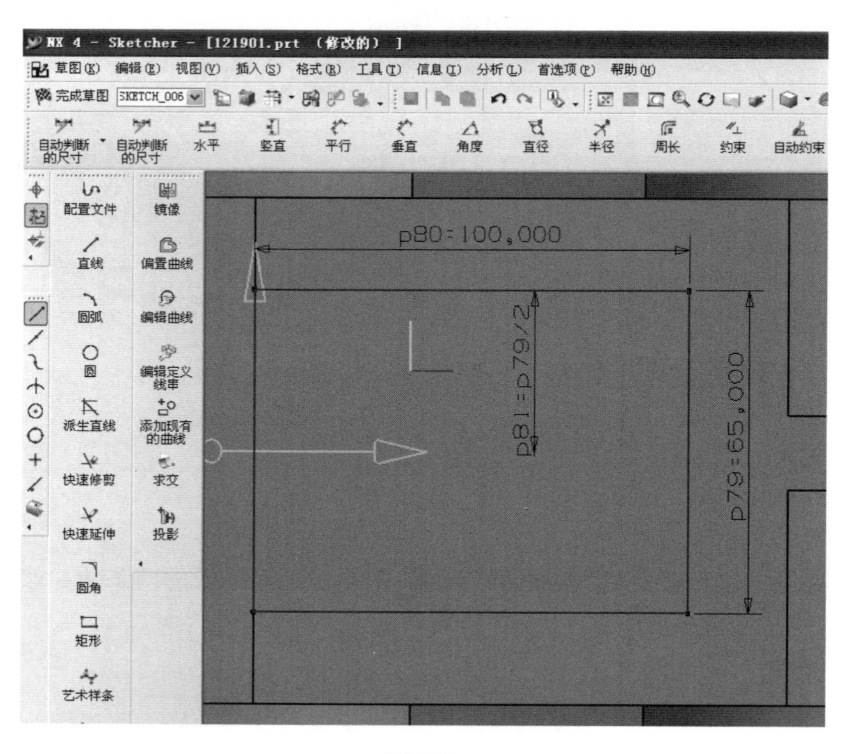

图 6-17

单击“完成草图”，单击“拉伸” 工具条，配置对象选择方案为“已连接的曲线”，然后选择凸台的矩形轮廓草图，“起始”文本框输入 0，“结束”文本框输入对称值 5，“布尔运算”选择为“求和” ，单击“确定”，得到机盖顶部的凸台，如图 6-18 所示。

（10）创建机盖低速轴承孔。单击“孔” 图标，单击“简单孔” 图标，在“直径”文本框输入 100，在“深度”文本框输入 200，选择低速轴承座的侧面作为孔放置面，然后单击“应用”，如图 6-19 所示。

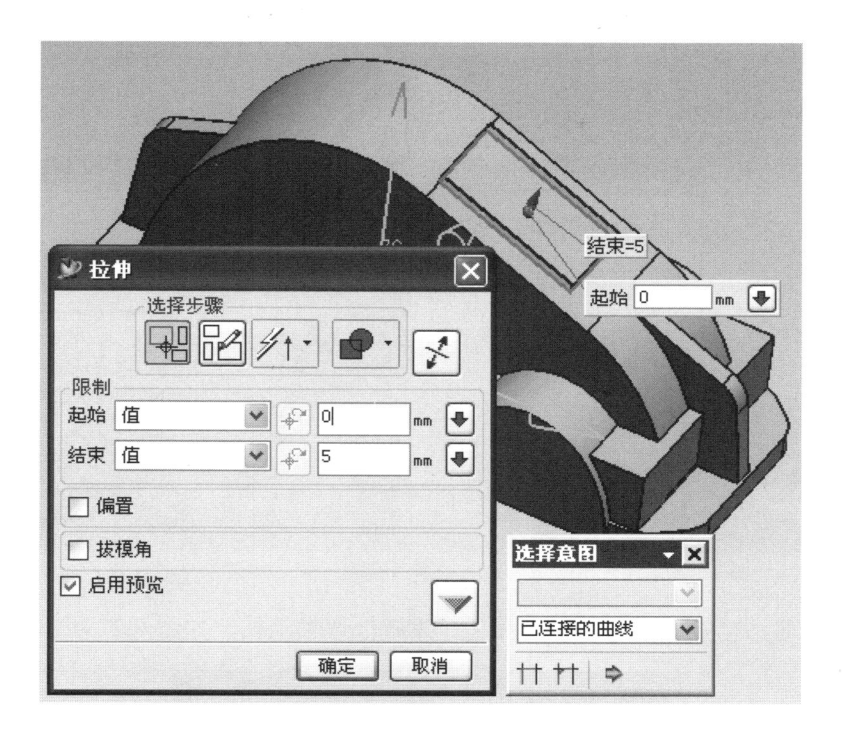
结束=5
起始 0 mm
拉伸
选择步骤
限制
起始 值 0 mm
结束 值 5 mm
偏置
拔模角
启用预览
确定
取消
选择意图
已连接的曲线

图 6-18

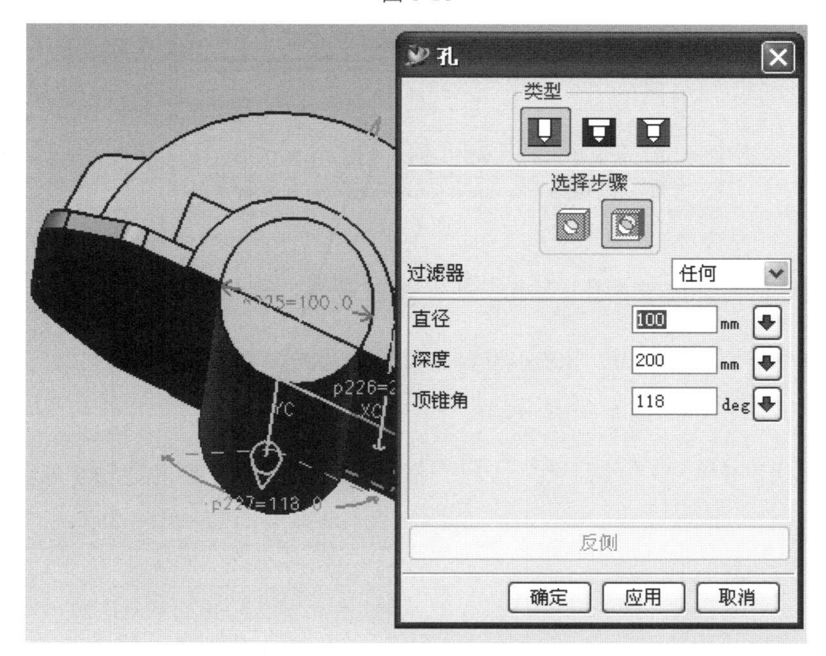
孔
类型
选择步骤
过滤器 任何
直径 100 mm
深度 200 mm
顶锥角 118 deg
反侧
确定
应用
取消

图 6-19

在定位对话框中单击“点到点”，然后，在绘图区域选择低速轴承座的外圆轮廓，如图 6-20、图 6-21 所示。

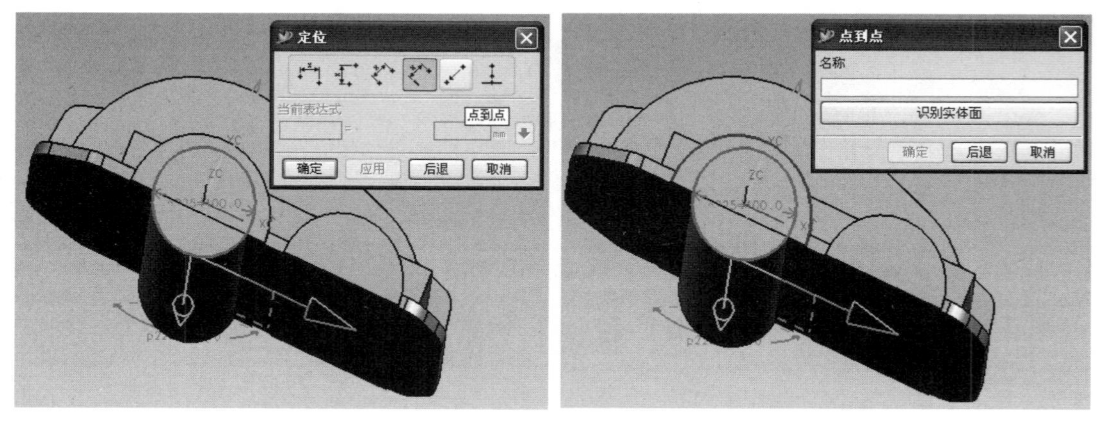

图 6-20　　图 6-21

在弹出的对话框中单击“圆弧中心”，完成低速轴承孔，如图 6-22 所示。

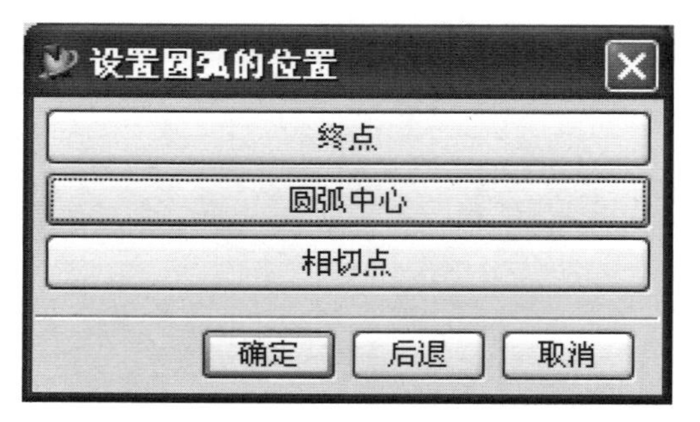

图 6-22

（11）创建机盖高速轴承孔。单击“孔”图标，单击“简单孔”图标，在“直径”文本框输入 80，在“深度”文本框输入 200，选择高速轴承座的侧面作为孔放置面，然后，单击“应用”，如图 6-23 所示。

在定位对话框中单击“点到点”，然后在绘图区域选择高速轴承座的外圆轮廓，如图 6-24 所示。

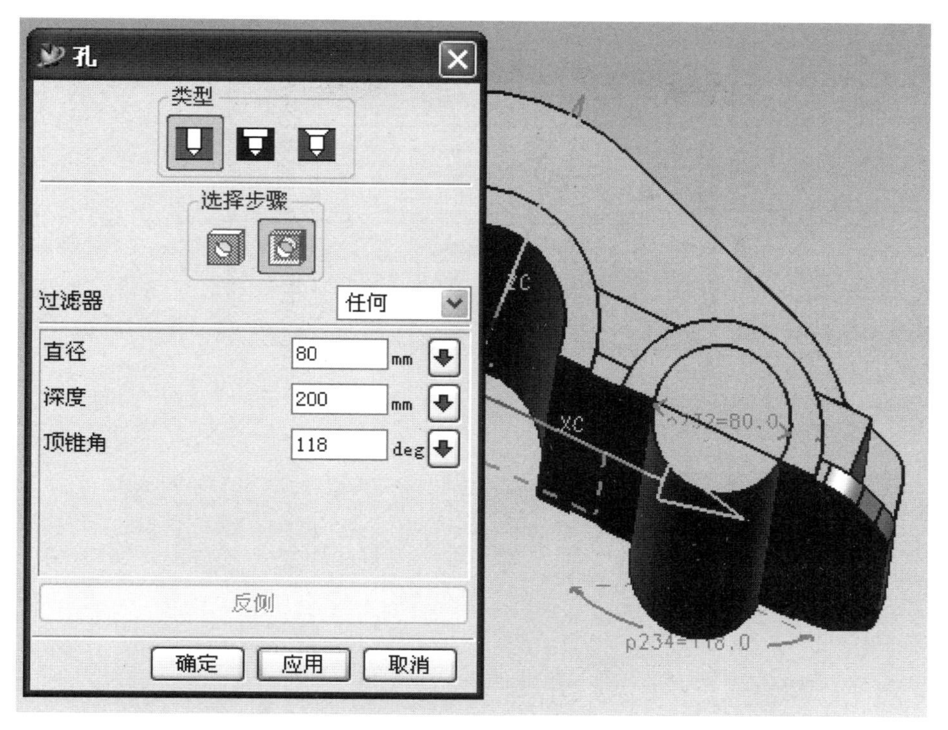
孔
类型
选择步骤
过滤器
任何
直径
80
mm
深度
200
mm
顶锥角
118
deg
反侧
确定
应用
取消
ZC
XC
p234=118.0

图 6-23

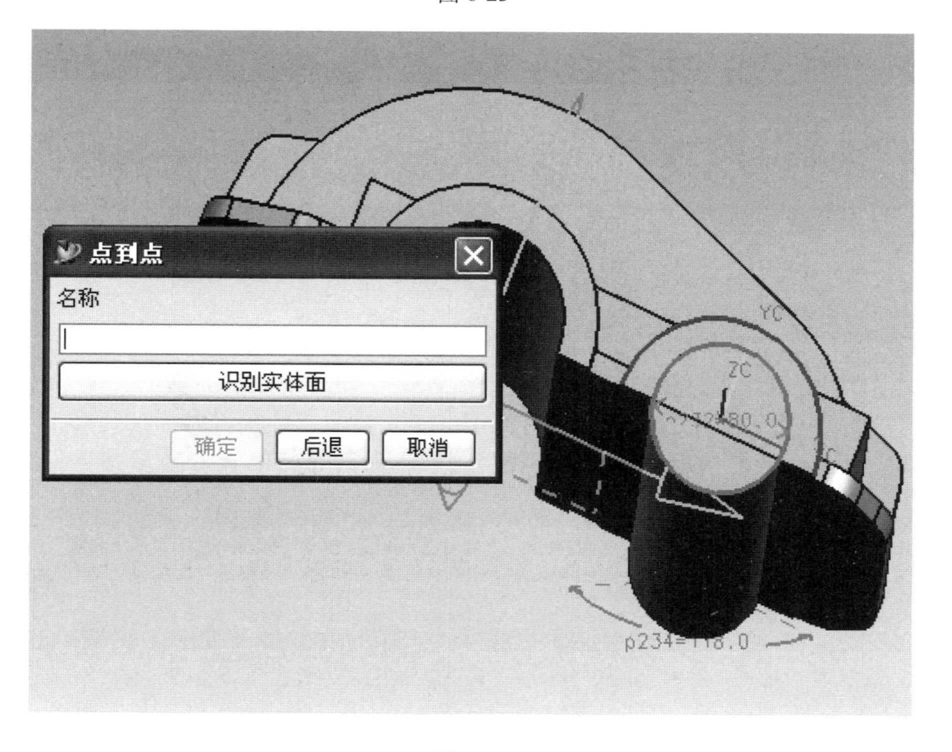
点到点
名称
识别实体面
确定
后退
取消
YC
ZC
p234=118.0

图 6-24

在弹出的对话框中单击“圆弧中心”，完成高速轴承孔，如图 6-25 所示。

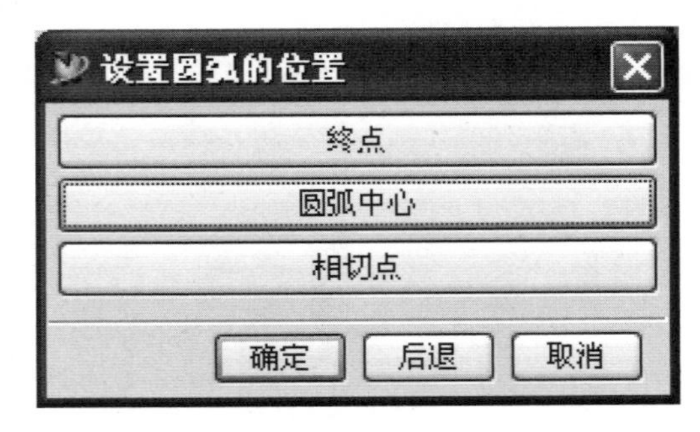

图 6-25

得到结果如图 6-26 所示。

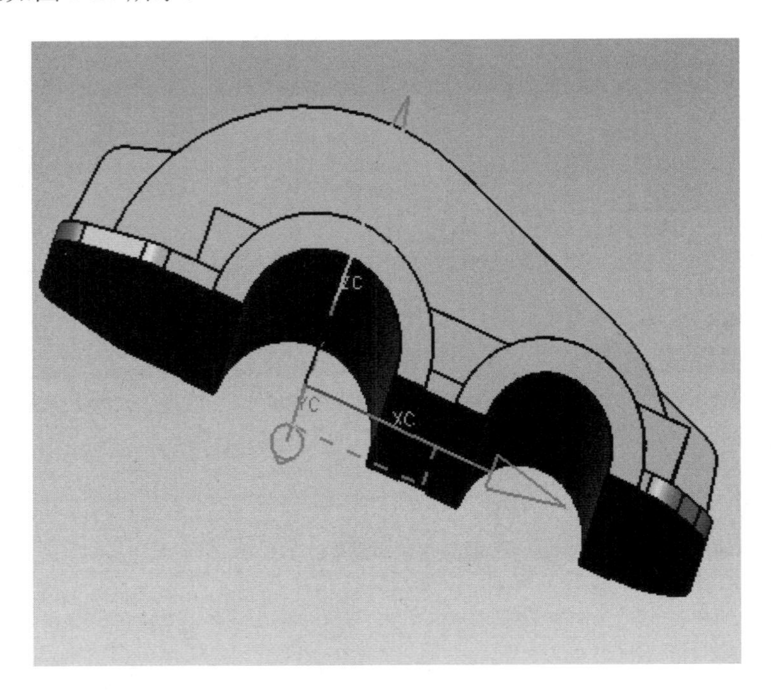

图 6-26

（12）创建机盖的内腔。单击“拉伸”工具条，配置对象选择方案为“已连接的曲线”，然后选择步骤（6）中绘制的机盖箱体的轮廓草图，“起始”文本框输入对称值 43，“结束”文本框输入对称值 43，“布尔运算”选择为“求差”，启用“偏置”，采用“单边”，在结束文本框输入“-8”，单击“确定”，得到机盖的内腔，如图 6-27 所示。

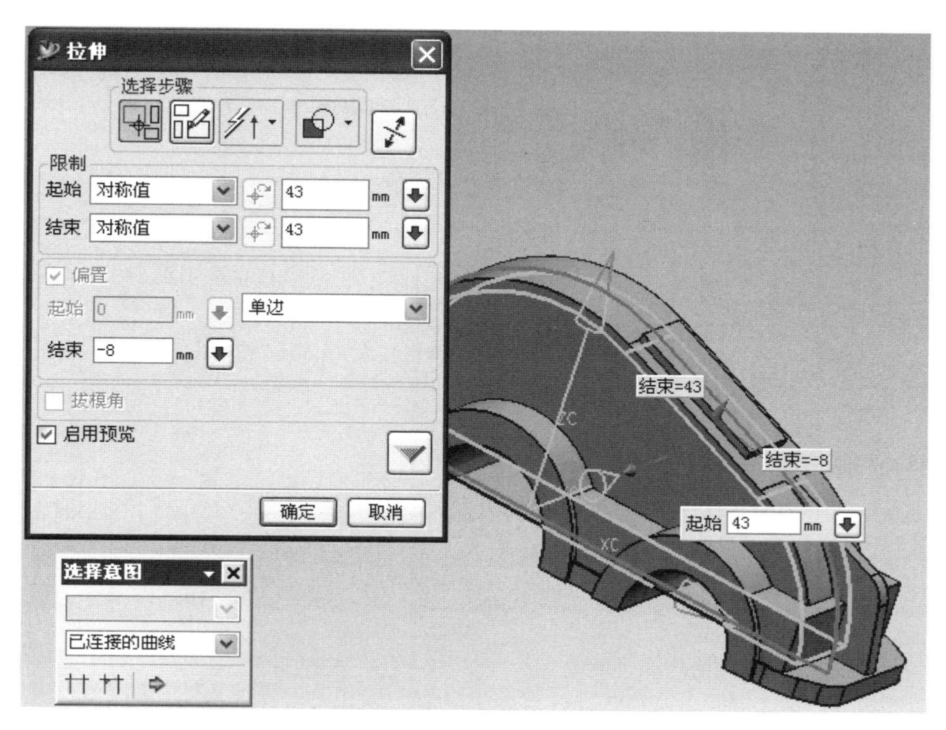

图 6-27

单击菜单【插入 → 偏置 / 比例 → 偏置面】，弹出偏置面对话框，输入偏置值 -20，然后在绘图区域选择内腔的三个下表面，单击“确定”，得到机盖的整个内腔，如图 6-28 所示。

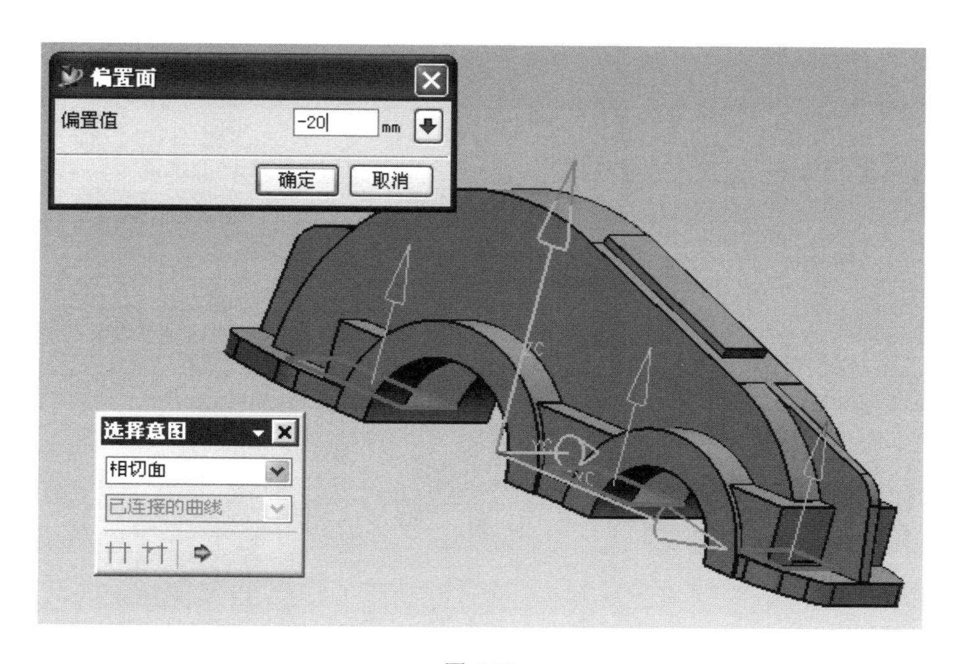

图 6-28

（13）创建机盖筋板上的圆孔。单击“孔”图标，再单击“简单孔”图标，在“直径”文本框输入 18，在“深度”文本框输入 15，选择左边筋板的侧面作为孔放置面，然后，单击“应用”，如图 6-29 所示。

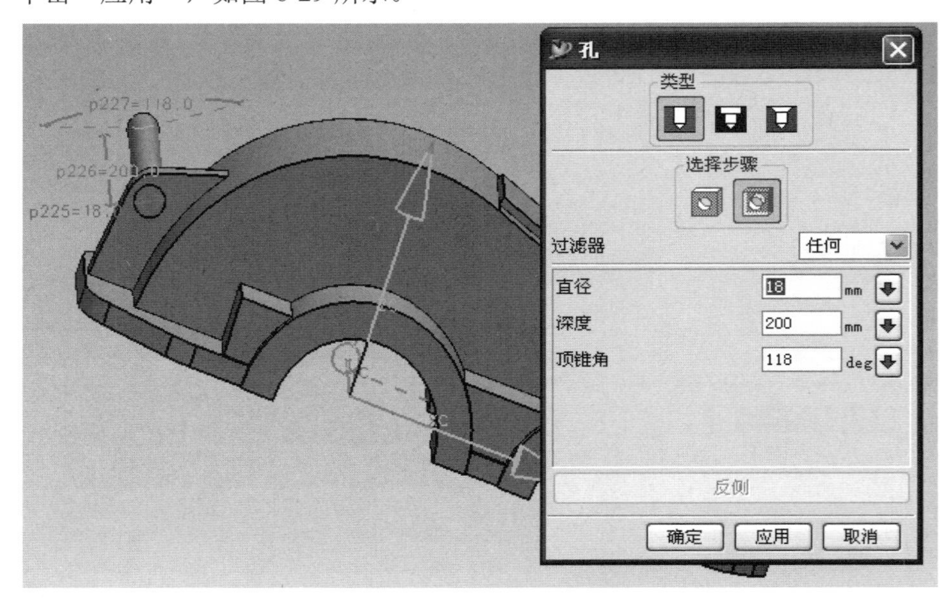

图 6-29

在定位对话框中单击“点到点”，然后在绘图区域选择筋板的外圆轮廓，如图 6-30 所示。

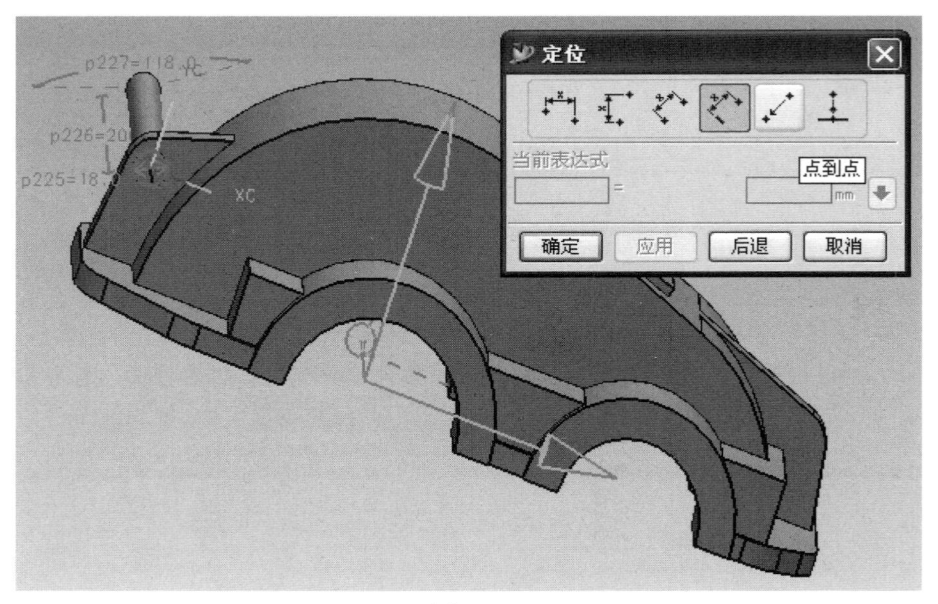

图 6-30

在弹出的对话框中单击“圆弧中心”，完成一个孔，如图 6-31 所示。

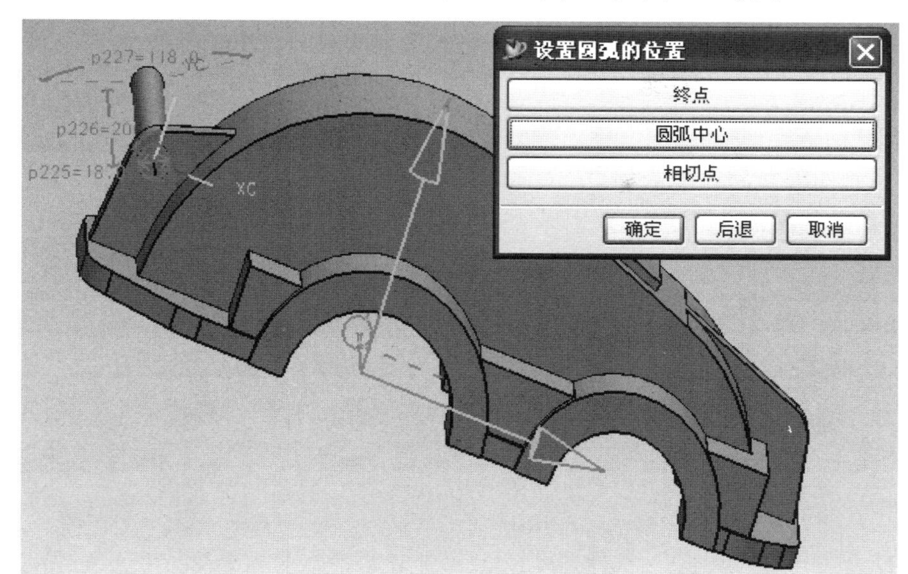

图 6-31

用同样的方法，在右边的筋板上创建另外一个同样尺寸的孔。

（14）创建机盖顶部凸台上的均布孔。单击“孔”图标，再单击“简单孔”图标，在“直径”文本框输入 6，在“深度”文本框输入 50，选择机盖顶部凸台的上表面作为孔放置面，然后单击“应用”，如图 6-32 所示。

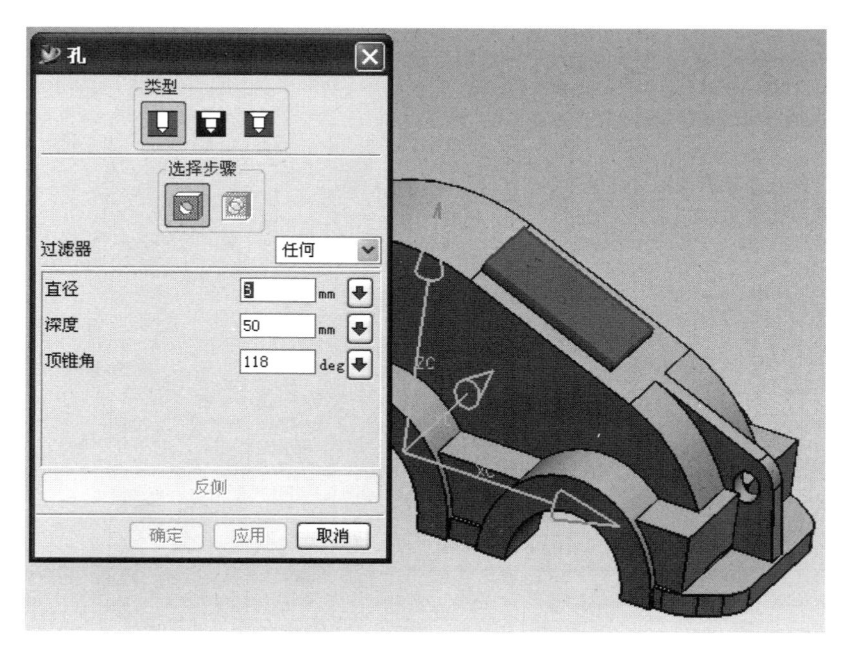

图 6-32

弹出定位对话框，单击“垂直”图标，在绘图区域选择凸台上表面的水平边界线，然后在定位表达式文本框中输入 10，单击“应用”；再单击“垂直”图标，在绘图区域选择凸台上表面的竖直边界线，然后在定位表达式文本框中输入 10，单击“应用”，得到一个孔，如图 6-33、图 6-34 所示。

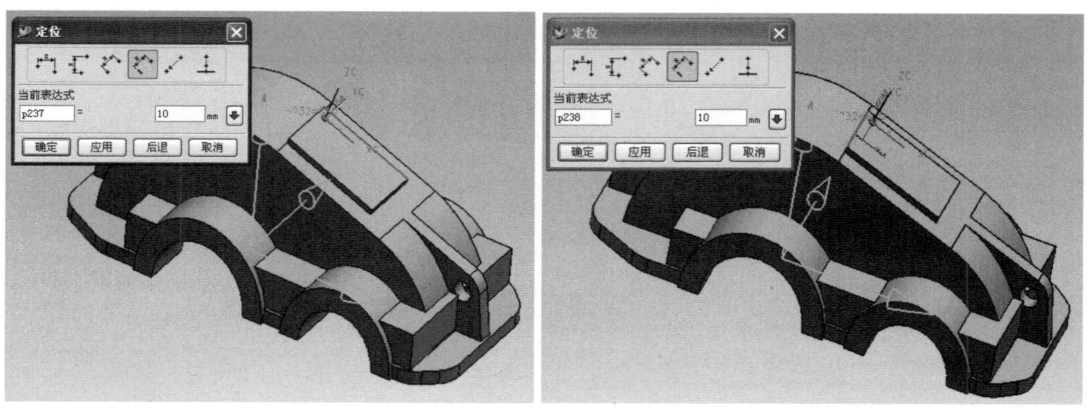

图 6-33　　　　　　　　　　　　　　图 6-34

用同样的方法，完成矩形分布的其他三个同样尺寸的孔。

（15）创建机盖顶部凸台上的观察窗口。单击“拉伸”工具条，配置对象选择方案为“已连接的曲线”，然后选择步骤（9）中绘制凸台的矩形轮廓草图，“起始”文本框输入 -8，“结束”文本框输入 5，“布尔运算”选择为“求差”，启用“偏置”，采用“单边”，在结束文本框输入“-15”，单击“确定”，得到凸台上的观察窗口，如图 6-35 所示。

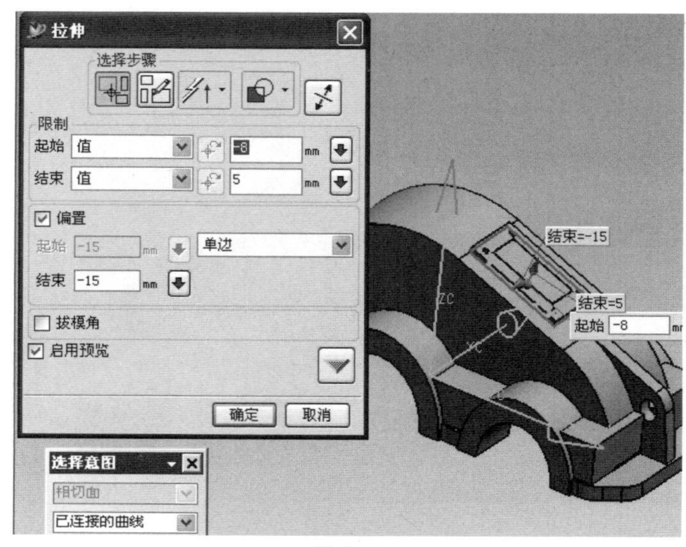

图 6-35

（16）观察窗口边倒圆。单击“边倒圆”工具条，配置对象选择方案为“单个曲线”，然后选择观察窗口的外侧四条竖边，“半径”文本框输入15，单击“确定”，完成边倒圆，如图6-36所示。

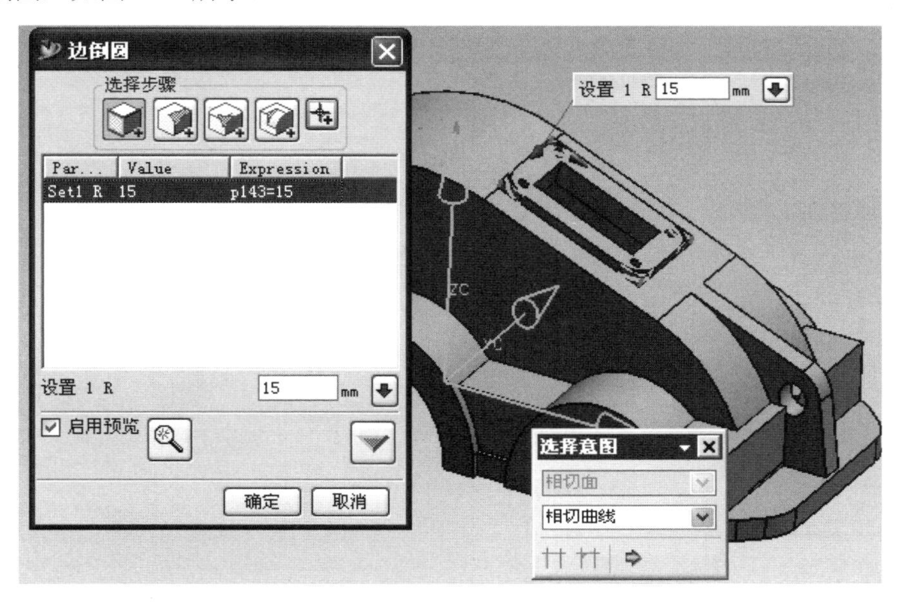

图6-36

单击“边倒圆”工具条，配置对象选择方案为“单个曲线”，然后选择观察窗口的内侧四条竖边，“半径”文本框输入5，单击“确定”，完成边倒圆，如图6-37所示。

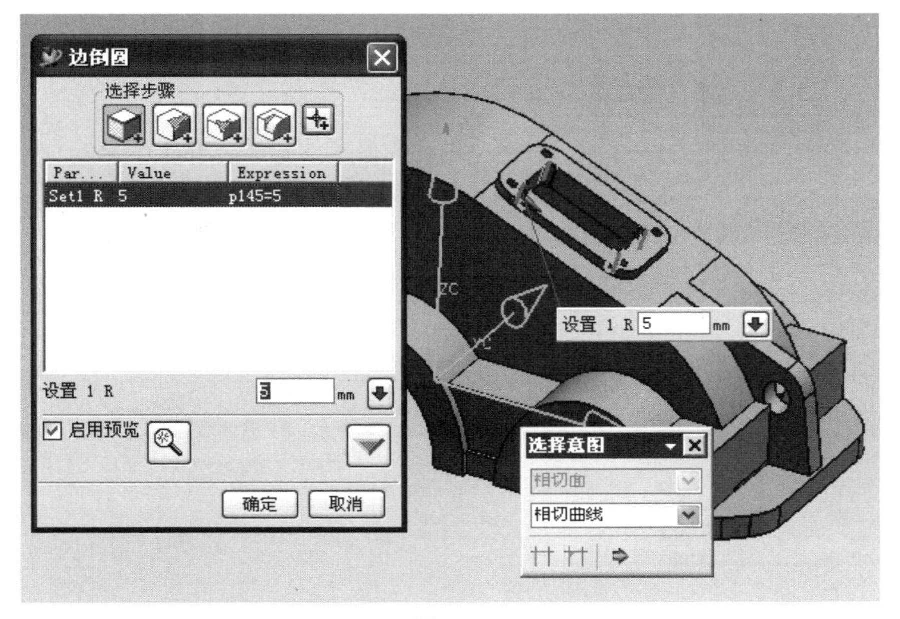

图6-37

（17）机盖上方箱体边倒圆。单击“边倒圆” 工具条，配置对象选择方案为“单个曲线”，然后选择机盖上方箱体的外侧两条边界线，“半径”文本框输入 14，单击“确定”，完成边倒圆，如图 6-38 所示。

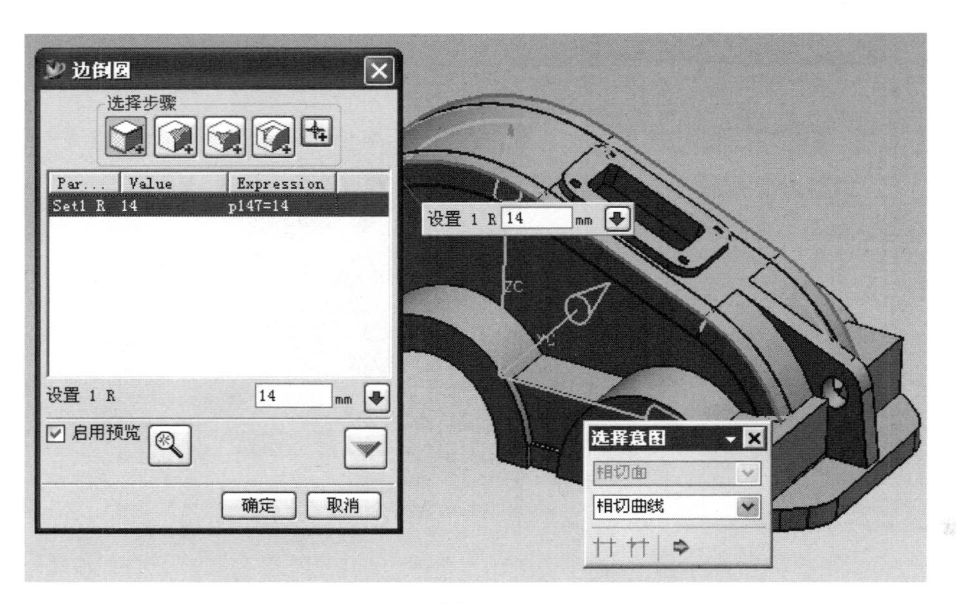

图 6-38

单击“边倒圆” 工具条，配置对象选择方案为“单个曲线”，然后选择机盖上方箱体的内侧两条边界线，“半径”文本框输入 6，单击“确定”，完成边倒圆，如图 6-39 所示。

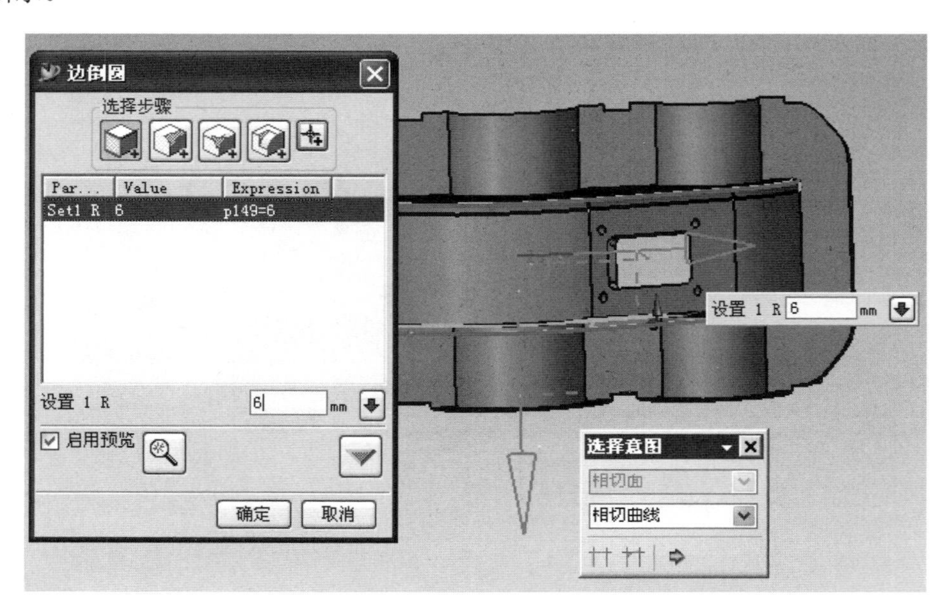

图 6-39

（18）创建机盖下方水平板上两个沉头孔。单击“孔”工具条，单击“沉头孔”图标，然后选择下方水平板上表面作为孔的放置面，“C-沉头直径”输入 24，“C-沉头深度”输入 2，“孔直径”输入 11，“孔深度”输入 50，单击“应用”，如图 6-40 所示。

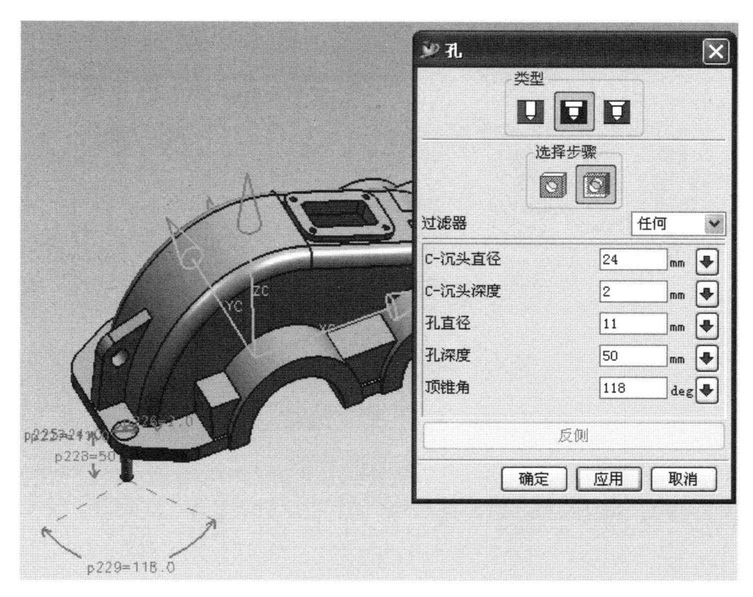

图 6-40

弹出定位对话框，单击“垂直”图标，在绘图区域选择 XC 基准轴，然后在定位表达式文本框中输入 35，单击“应用”；再单击“垂直”图标，在绘图区域选择 YC 基准轴，然后在定位表达式文本框中输入 156，单击“应用”，得到一个沉头孔，如图 6-41、图 6-42 所示。

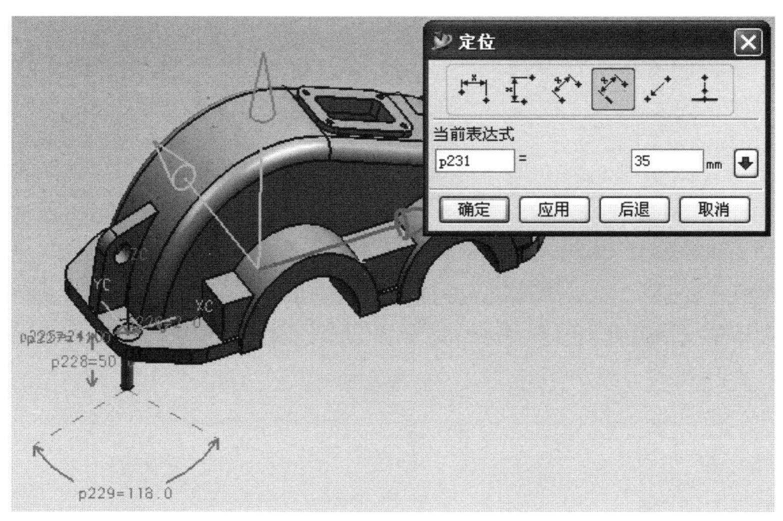

图 6-41

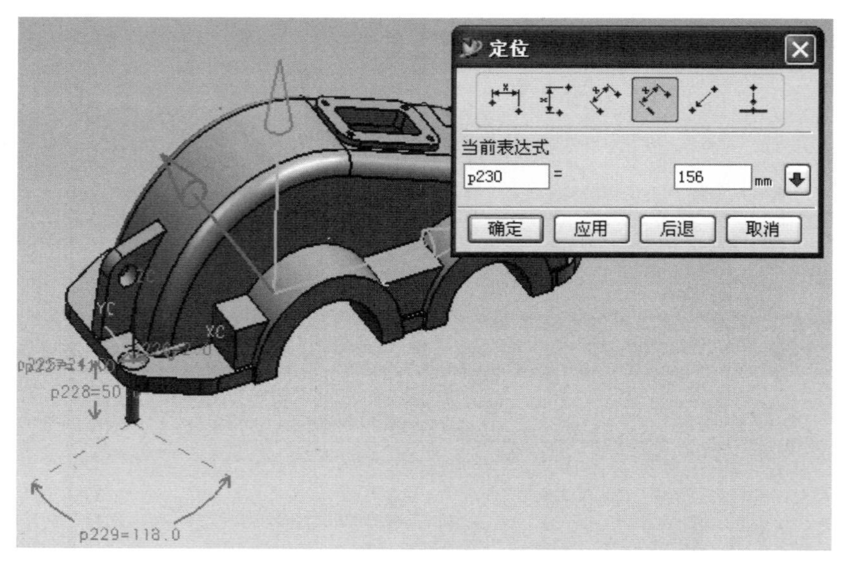

图 6-42

用同样的方法，完成另外一个同样尺寸的沉头孔。

（19）创建机盖下方凸台上的六个沉头孔。单击“孔”工具条，单击“沉头孔”图标，然后选择下方凸台的上表面第一个孔的位置作为孔的放置面，“C- 沉头直径”输入 30，“C- 沉头深度”输入 8，“孔直径”输入 13，“孔深度”输入 50，单击“应用”，如图 6-43 所示。

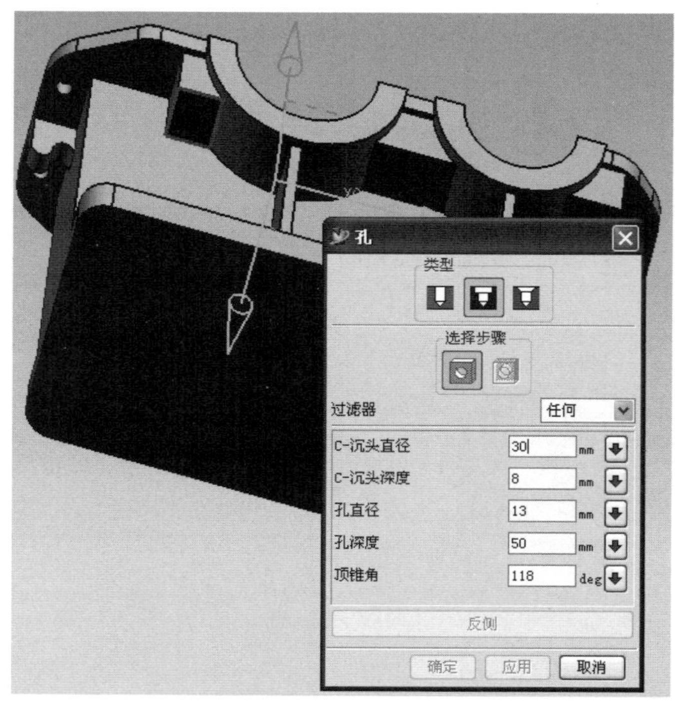

图 6-43

弹出定位对话框，单击“垂直”图标，在绘图区域选择 XC 基准轴，然后在定位表达式文本框中输入 73，单击“应用”；再单击“垂直”图标，在绘图区域选择 YC 基准轴，然后在定位表达式文本框中输入 68，单击“应用”，得到第一个沉头孔，如图 6-44、图 6-45 所示。

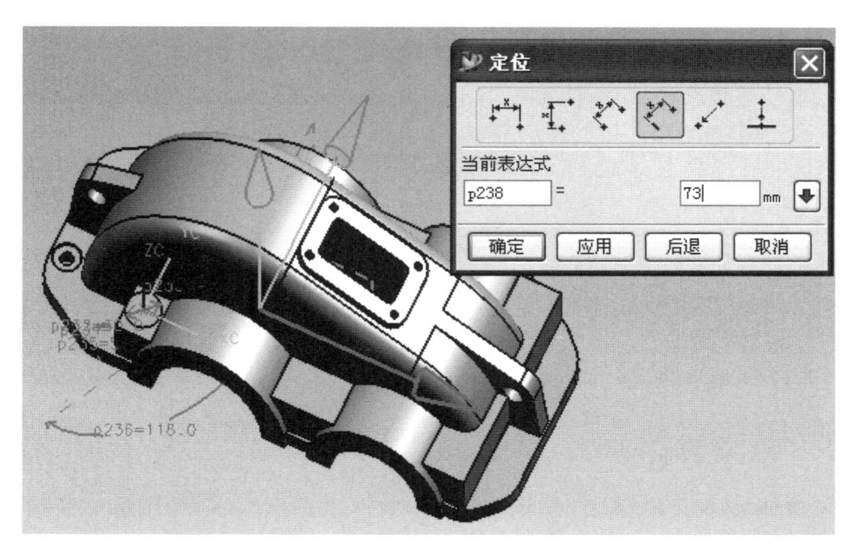

图 6-44

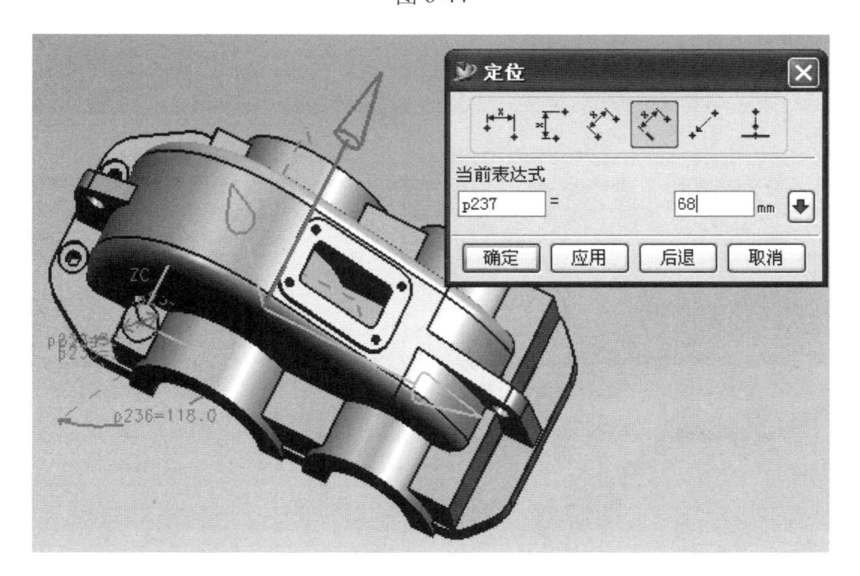

图 6-45

单击“孔”工具条，单击“沉头孔”图标，然后选择下方凸台的上表面第二个孔的位置作为孔的放置面，“C- 沉头直径”输入 30，“C- 沉头深度”输入 8，“孔直径”输入 13，“孔深度”输入 50，单击“应用”，如图 6-46 所示。

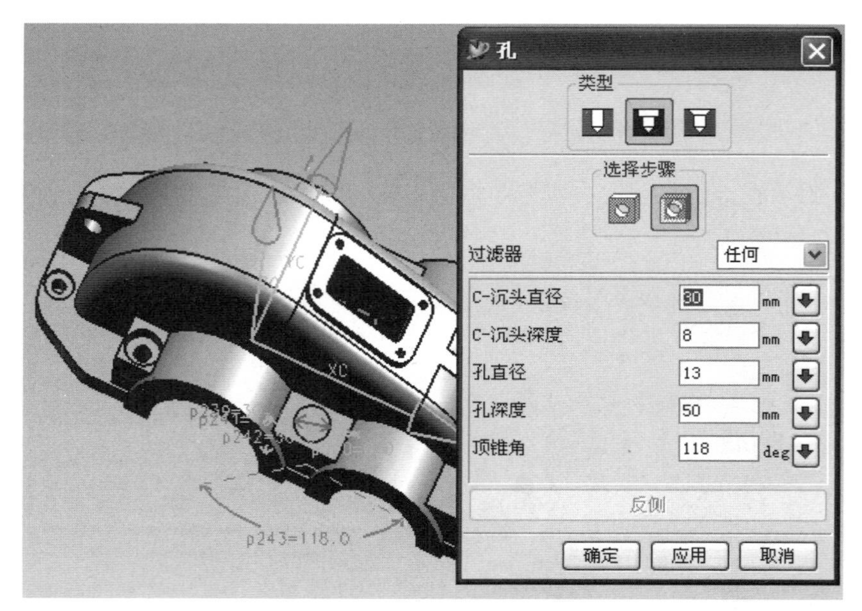

图 6-46

弹出定位对话框，单击“垂直”图标，在绘图区域选择 XC 基准轴，然后在定位表达式文本框中输入 73，单击“应用”；再单击“垂直”图标，在绘图区域选择 YC 基准轴，然后在定位表达式文本框中输入 80，单击“应用”，得到第二个沉头孔，如图 6-47、图 6-48 所示。

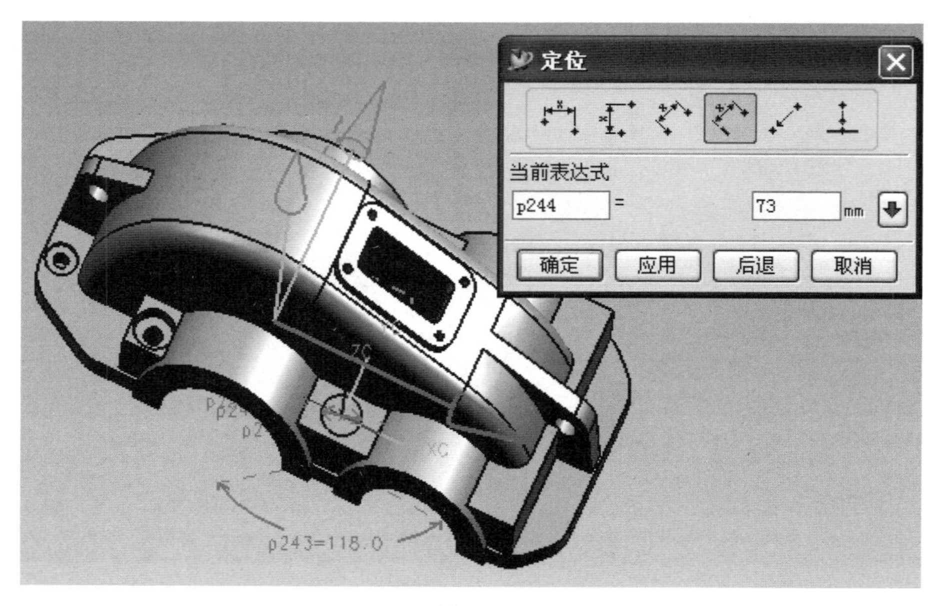

图 6-47

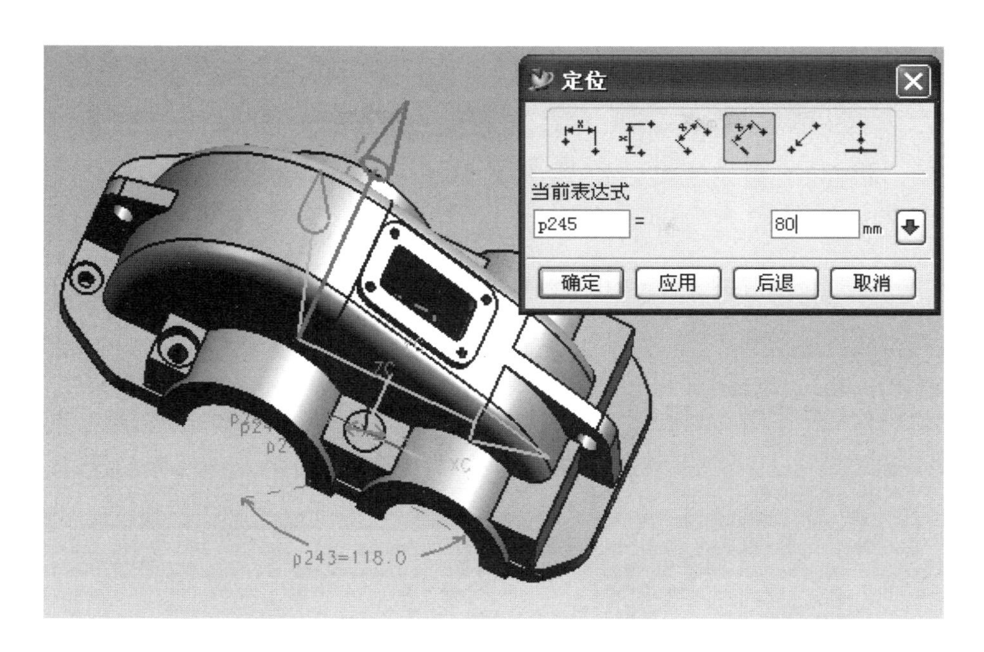

图 6-48

单击“孔”工具条，单击“沉头孔”图标，然后选择下方凸台的上表面第三个孔的位置作为孔的放置面，“C-沉头直径”输入 30，“C-沉头深度”输入 8，“孔直径”输入 13，“孔深度”输入 50，单击“应用”，如图 6-49 所示。

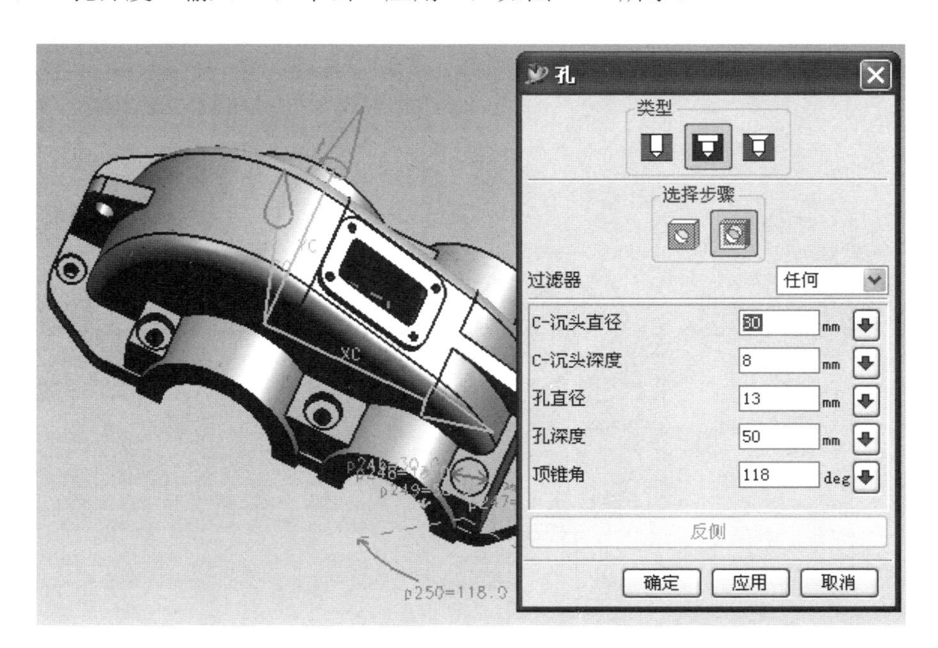

图 6-49

弹出定位对话框，单击“垂直”图标，在绘图区域选择 XC 基准轴，然后在定位表达式文本框中输入 73，单击“应用”；再单击“垂直”图标，在绘图区域选择 YC 基准轴，然后在定位表达式文本框中输入 208，单击“应用”，得到第三个沉头孔，如图 6-50、图 6-51 所示。

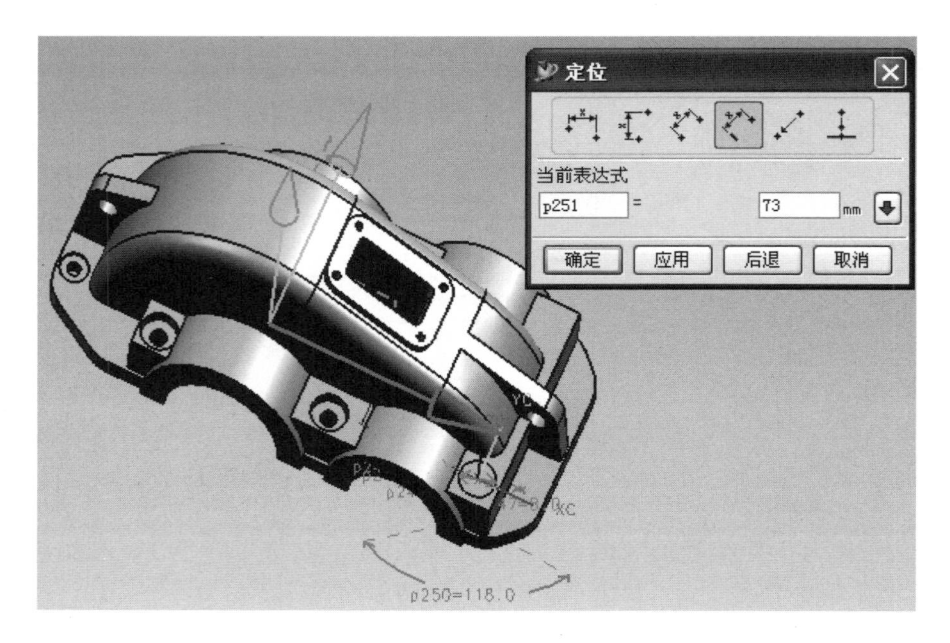

图 6-50

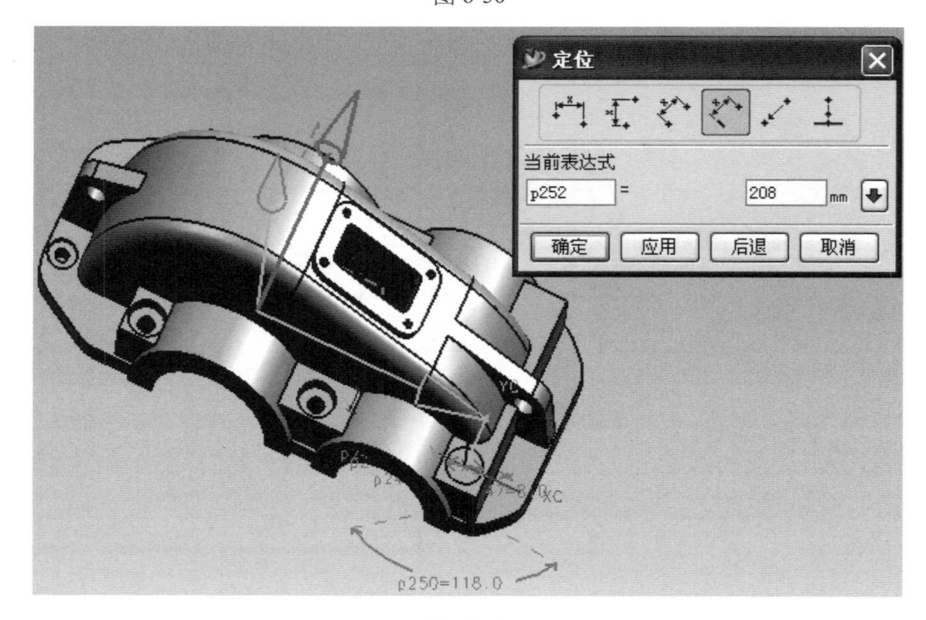

图 6-51

单击“实例特征” 图标，在实例对话框中单击“镜像特征”，弹出镜像特征对话框。

在选择步骤中单击“要镜像的特征” 图标，然后在下方的“部件中的特征”列表中选择最后创建的三个沉头孔，单击“添加”按钮；再单击选择步骤中“镜像平面” 图标，在绘图区域选择基准平面 ZOX 作为镜像平面，单击“应用”，得到另外三个沉头孔。

（20）创建机盖下方右边的两个通孔。单击“孔” 图标，单击“简单孔” 图标，在“直径”文本框输入 10，在“深度”文本框输入 50，选择机盖下方右边水平板的上表面作为孔放置面，然后，单击“应用”，如图 6-52 所示。

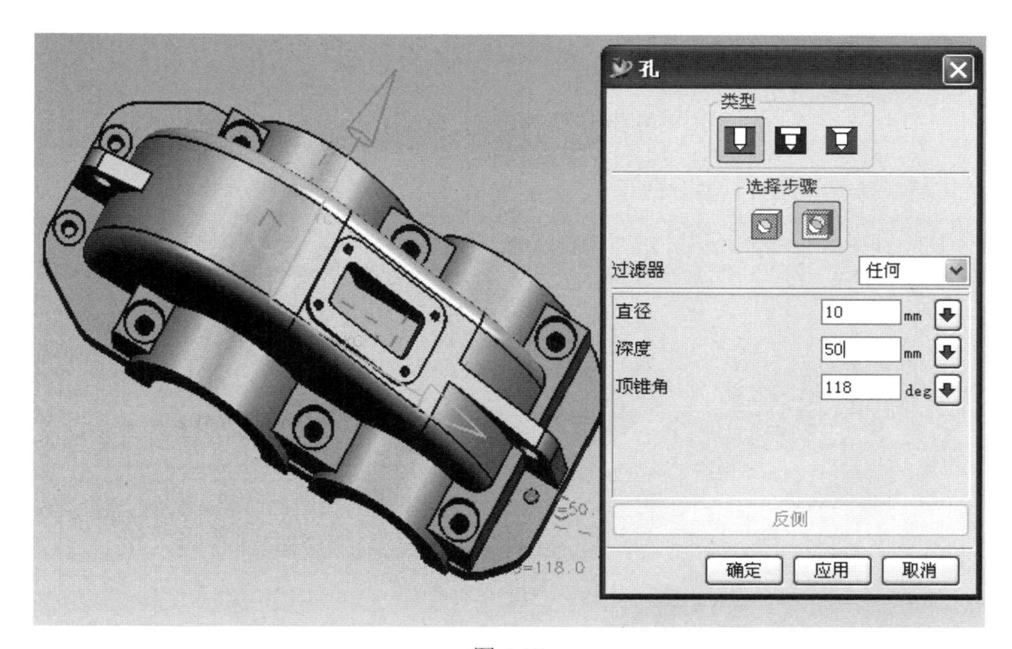

图 6-52

弹出定位对话框，单击“垂直” 图标，在绘图区域选择 XC 基准轴，然后在定位表达式文本框中输入 30，单击“应用”；再单击“垂直” 图标，在绘图区域选择 YC 基准轴，然后在定位表达式文本框中输入 244，单击“应用”，得到一个通孔，如图 6-53、图 6-54 所示。

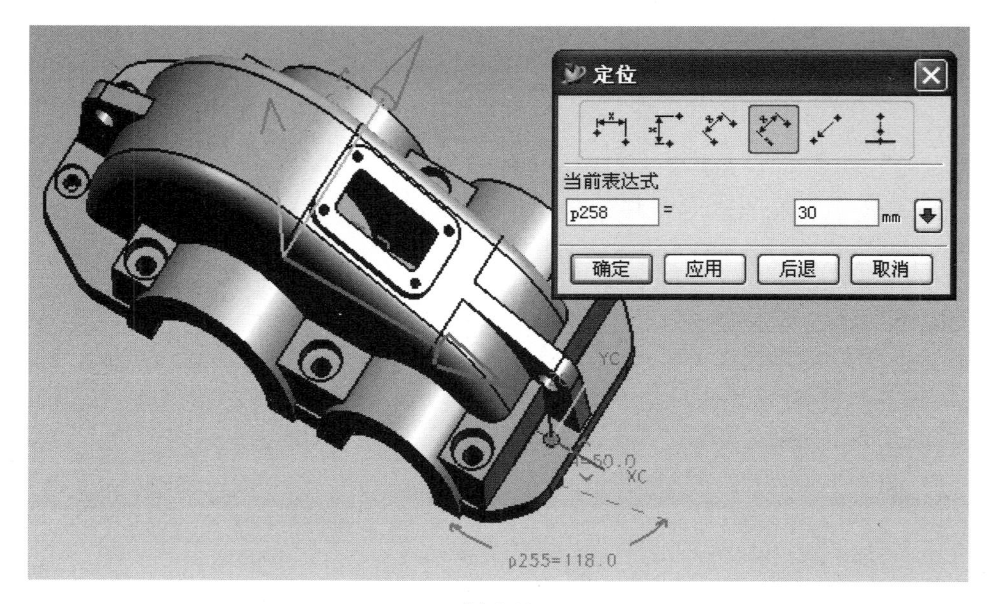

图 6-53

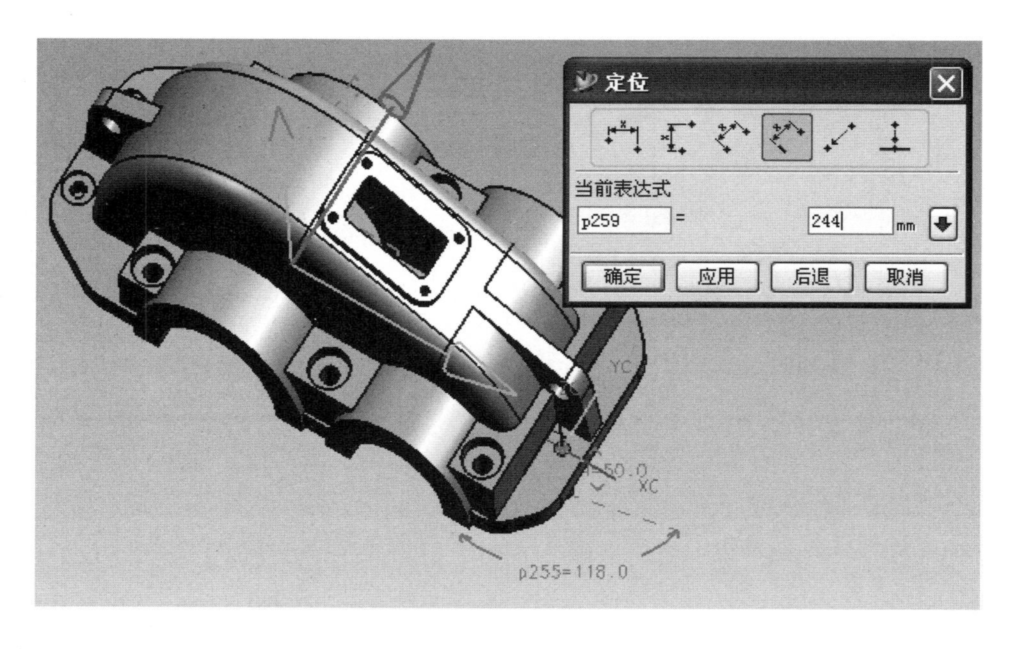

图 6-54

用同样的方法，完成另外一侧同样尺寸的通孔。

（21）创建机盖下方左边的一个通孔。单击“孔”图标，单击“简单孔”图标，在“直径”文本框输入 10，在“深度”文本框输入 50，选择机盖下方左后边水平板的上表面作为孔放置面，然后单击“应用”，如图 6-55 所示。

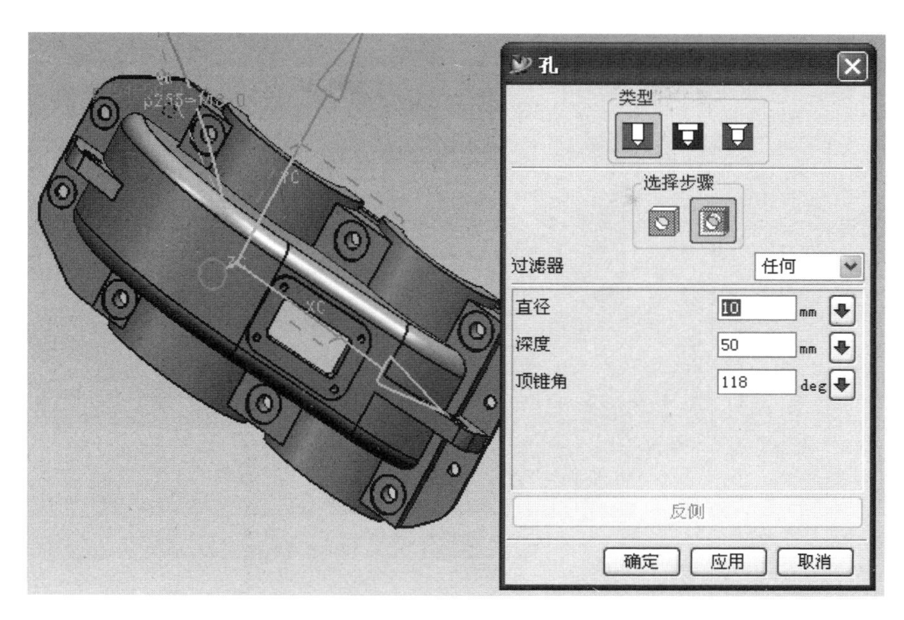

图 6-55

弹出定位对话框，单击“垂直”图标，在绘图区域选择 XC 基准轴，然后在定位表达式文本框中输入 65，单击“应用”；再单击“垂直”图标，在绘图区域选择 YC 基准轴，然后在定位表达式文本框中输入 110，单击“应用”，得到通孔，如图 6-56、图 6-57 所示。

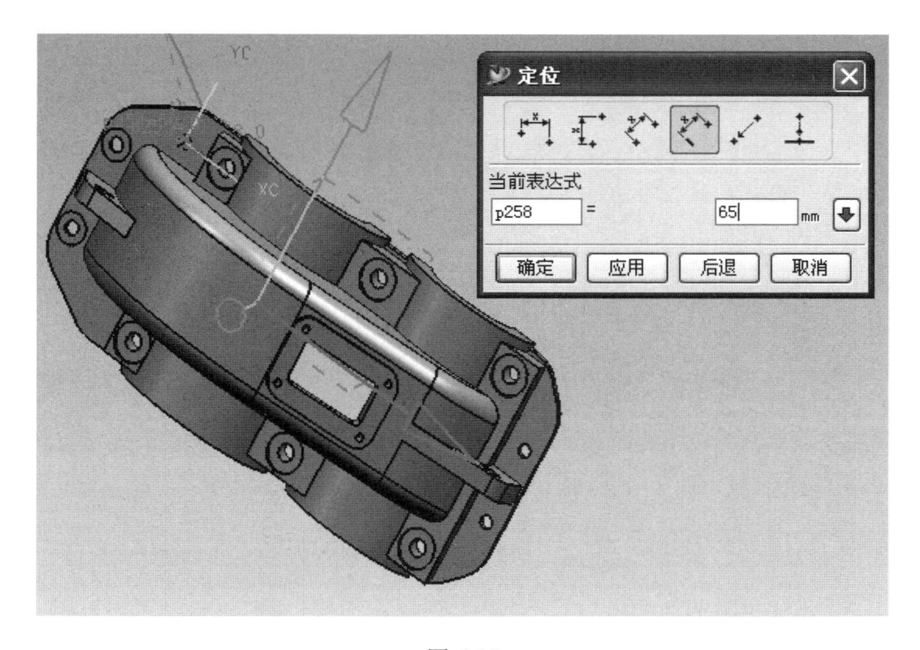

图 6-56

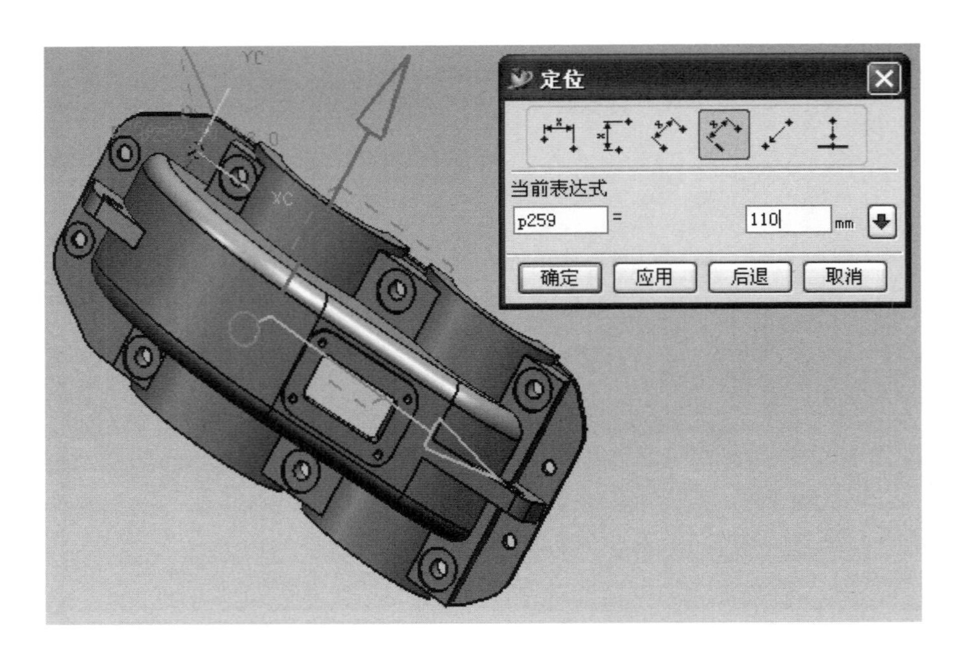

图 6-57

（22）创建机盖低速轴承座两侧的紧固螺孔。单击“孔” 图标，单击“简单孔” 图标，在“直径”文本框输入 6.8，在“深度”文本框输入 20，选择低速轴承座的侧面作为孔放置面，然后单击“应用”，如图 6-58 所示。

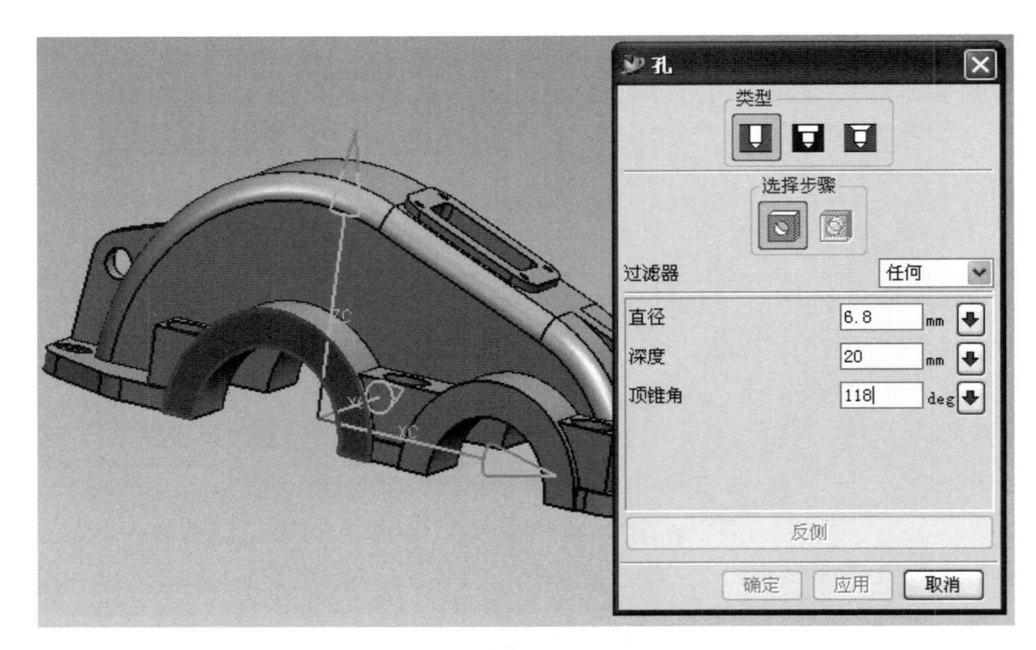

图 6-58

弹出定位对话框，单击“垂直”图标，在绘图区域选择 XC 基准轴，然后在定位表达式文本框中输入 60，单击“应用”；再单击“垂直”图标，在绘图区域选择 ZC 基准轴，然后在定位表达式文本框中输入 0，单击“应用”，得到一个简单孔，如图 6-59、图 6-60 所示。

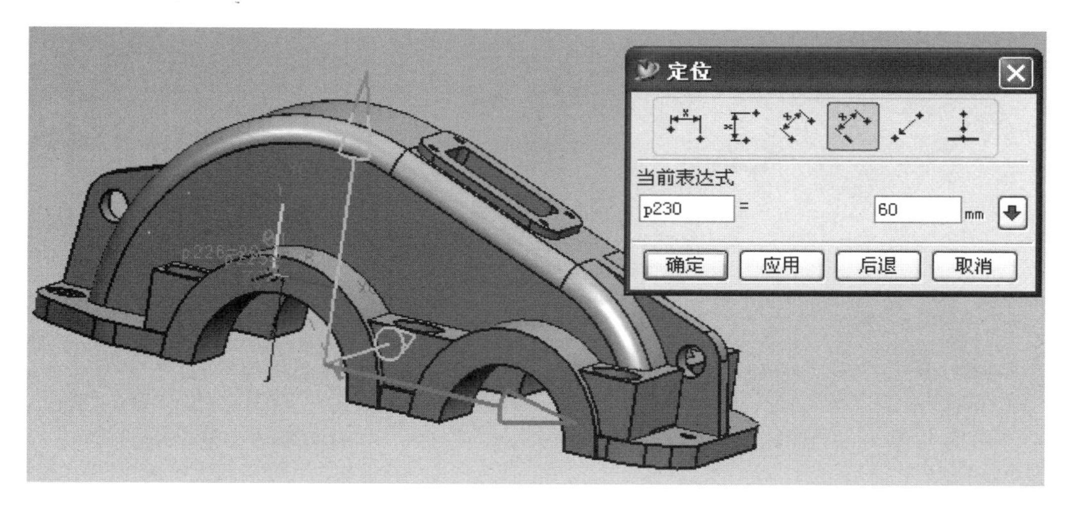

图 6-59

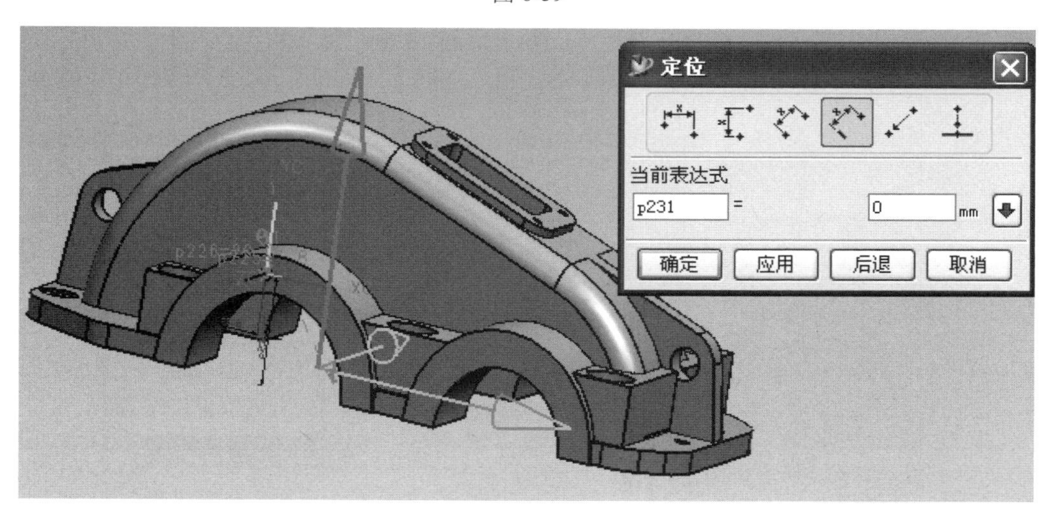

图 6-60

单击“螺纹”图标或者选择下拉菜单【插入 → 设计特征 → 螺纹】，弹出螺纹对话框，在螺纹对话框中选择螺纹类型为“详细的”，然后在绘图区域选择刚创建的直径为 6.8 的简单孔，采用默认的参数设置，单击“应用”，完成第一个螺孔的创建，如图 6-61 所示。

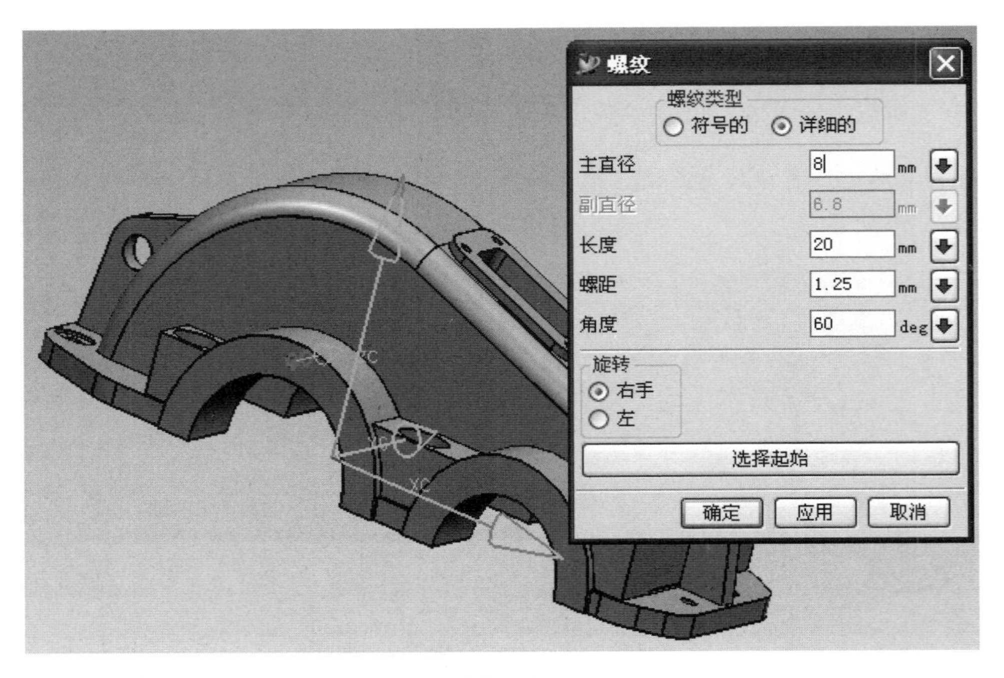

图 6-61

单击“实例特征” 图标，选择“环形阵列”，然后选择刚创建的简单孔和螺纹作为阵列对象，单击“确定”，在“数字”文本框输入 2，在“角度”文本框中输入 60，单击“确定”；选择基准轴 YC 作为旋转轴，再选择“创建引用”，完成第二个螺孔，如图 6-62 至图 6-64 所示。

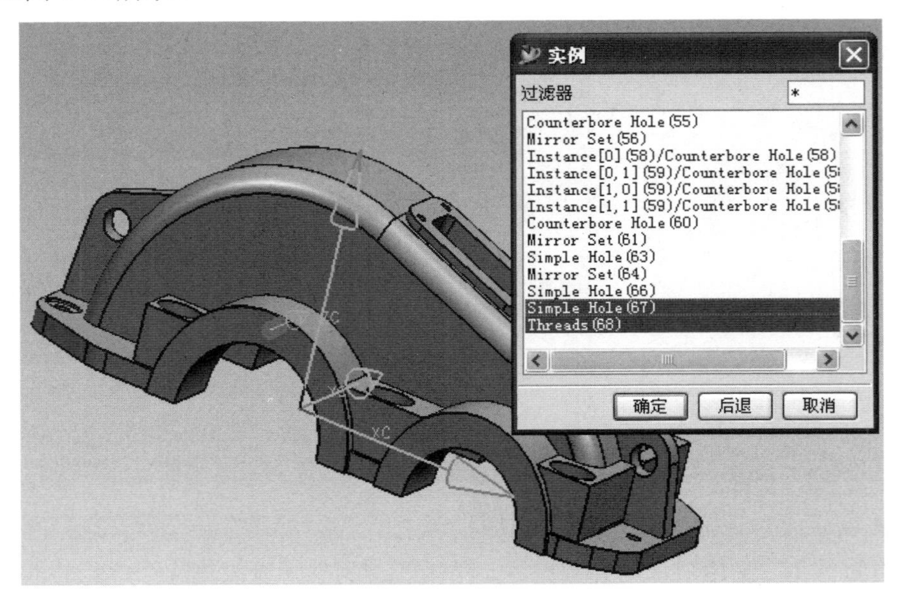

图 6-62

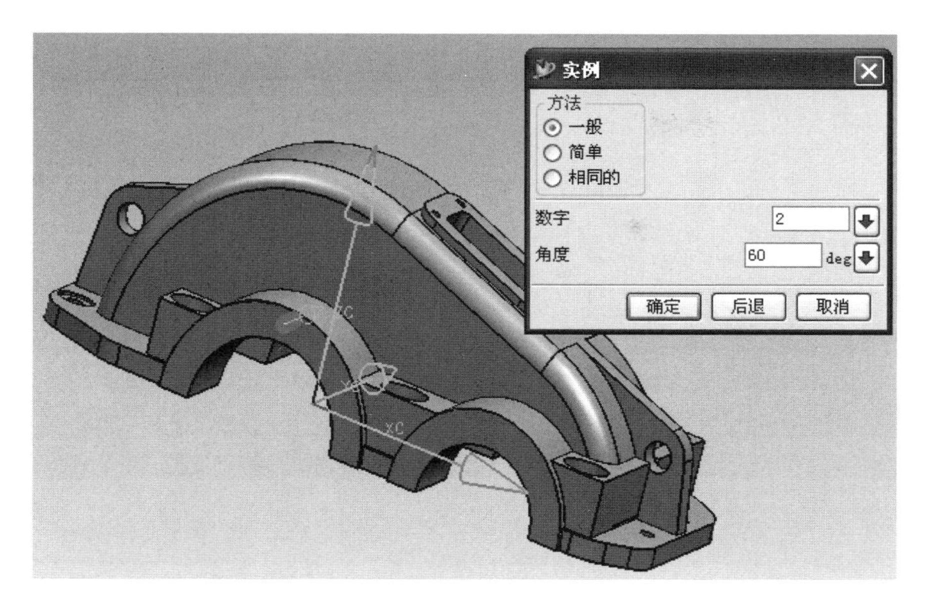

图 6-63

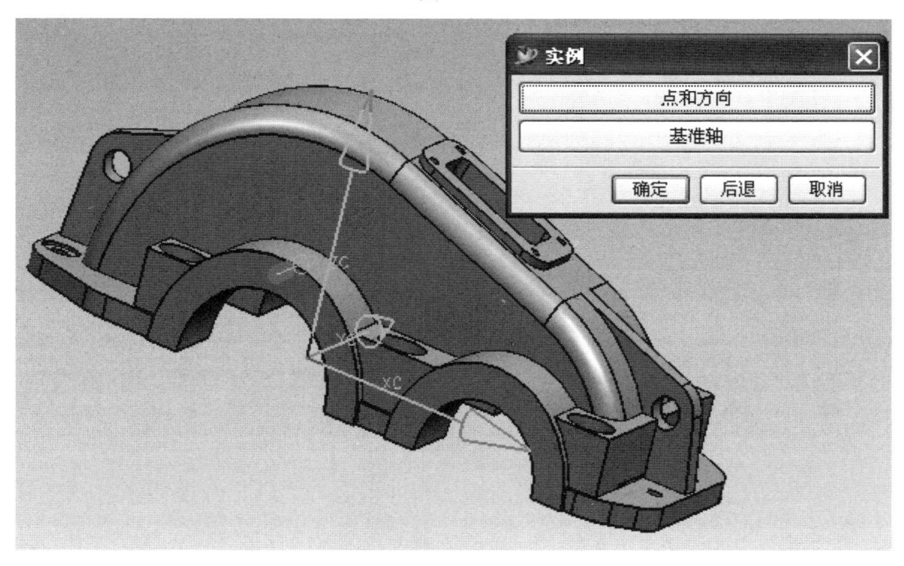

图 6-64

单击“实例特征”图标，选择“环形阵列”，然后还是选择第一个简单孔和螺纹作为阵列对象，单击“确定”，在“数字”文本框输入2，在“角度”文本框中输入300，单击“确定”；选择基准轴YC作为旋转轴，再选择“创建引用”，完成第三个螺孔，如图6-65所示。

单击“实例特征”图标，在实例对话框中单击“镜像特征”，弹出镜像特征对话框，如图6-66所示。

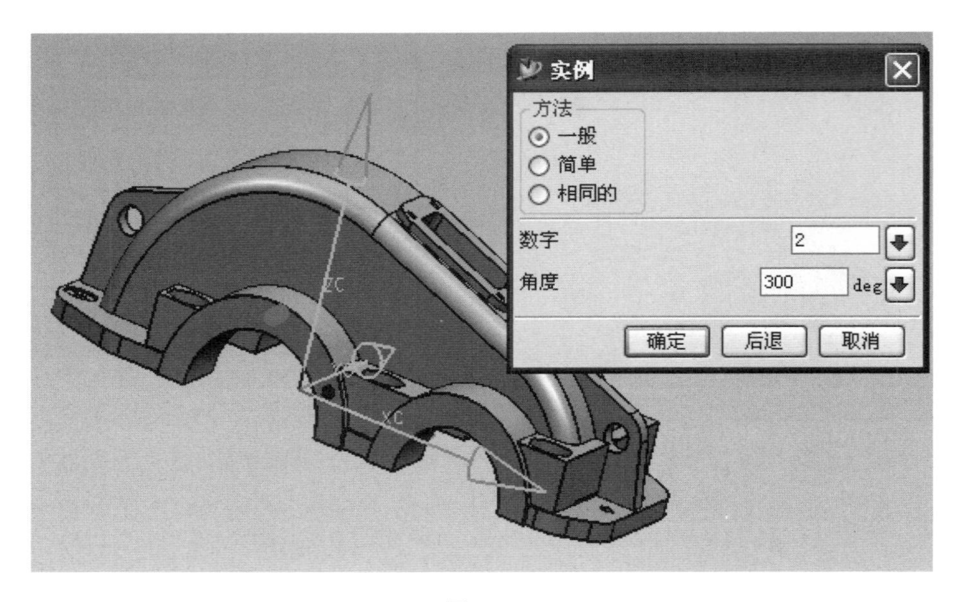

图 6-65

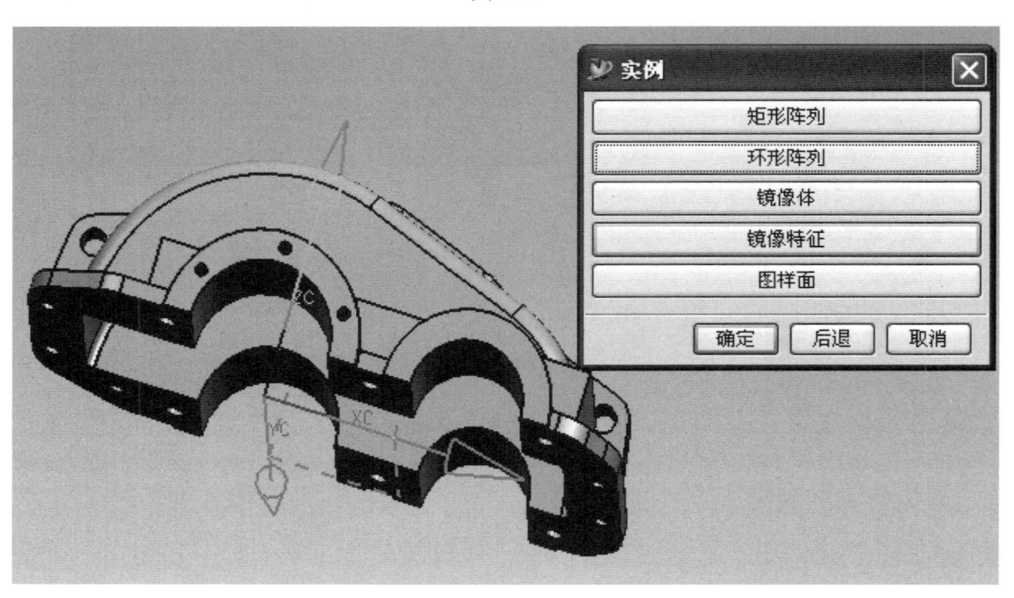

图 6-66

在选择步骤中单击“要镜像的特征”图标，然后在下方的“部件中的特征”列表中选择前表面的三个螺孔，单击“添加”按钮；再单击选择步骤中“镜像平面”图标，在绘图区域选择基准平面 ZOX 作为镜像平面，单击“应用”，完成另一个侧面的三个螺孔，如图 6-67、图 6-68 所示。

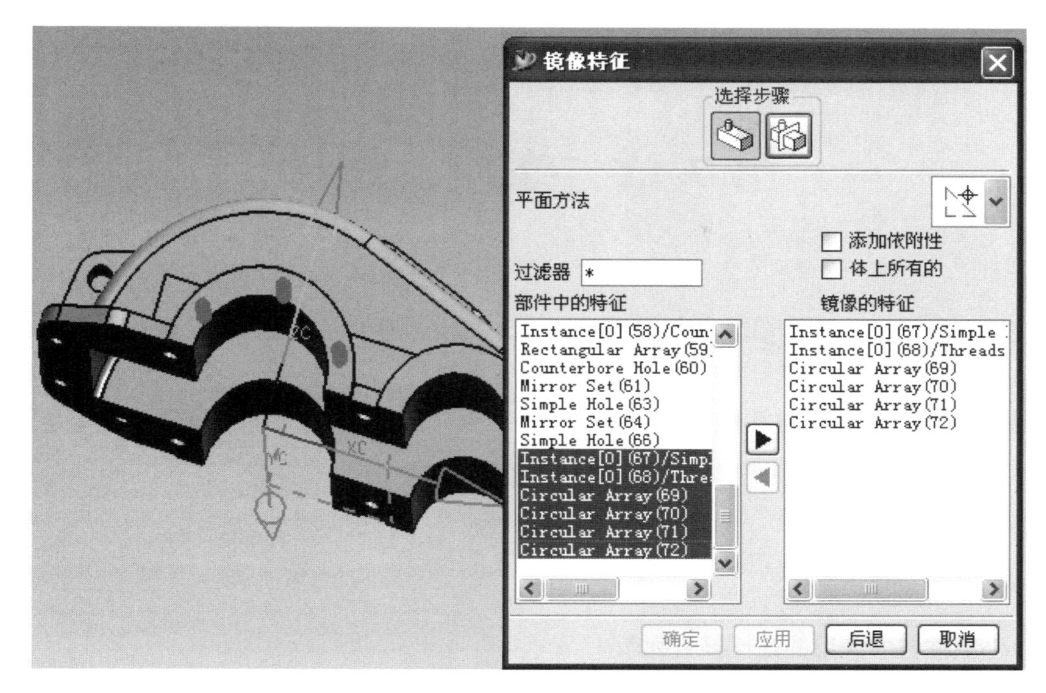

图 6-67

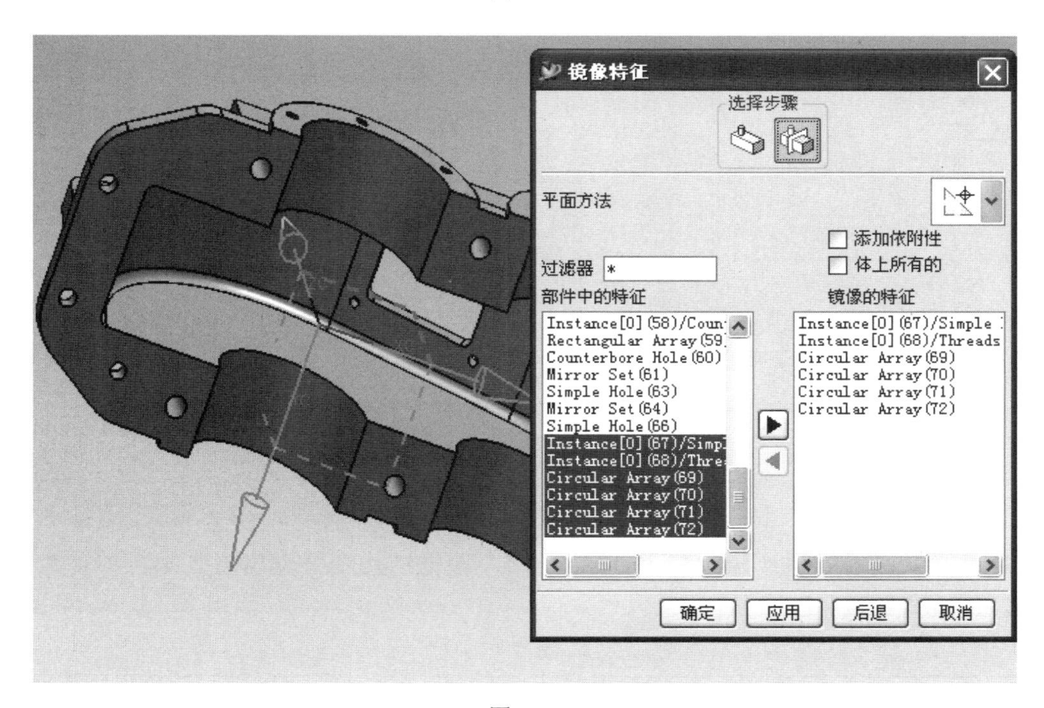

图 6-68

（23）创建机盖高速轴承座两侧的紧固螺孔。这个过程和步骤（22）类似，请参考步骤（22）。

第 7 章　螺栓、螺母

在各种机械中广泛使用螺栓、螺母等零件。在减速器中也使用六角头螺栓、六角螺母完成最后的紧固装配。

为了便于组织专业化生产，对这些零件的结构、尺寸实行了标准化。本章主要介绍六角头螺栓、六角螺母等的参数化建模方法。

7.1　螺栓

7.1.1　减速器中使用的螺栓参数列表

六角头螺栓结构由螺栓头、螺杆和螺杆上的螺纹组成，螺栓结构和参数如图 7-1 所示。

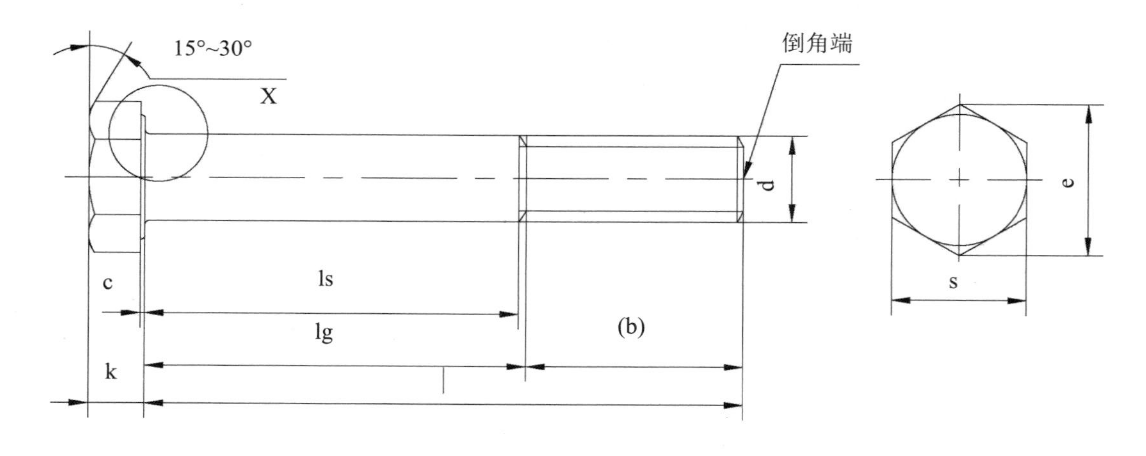

图 7-1

减速器中使用的螺栓为 M8X30、M12X85，根据结构图整理出这些螺栓的参数如表 7-1 所示。

表 7-1

螺栓规格	d_s / mm	k / mm	l / mm	e / mm	b / mm	alpha / (°)
M8X30	8	5.3	30	14.38	20	15 ～ 30
M12X85	12	7.5	85	20.03	10	15 ～ 30

7.1.2　螺栓的参数化建模

由结构示意图可以看出，可以采用拉伸的方法创建螺栓头，然后采用圆台特征创建螺杆，最后选择“螺纹”命令创建螺纹。

本书以表 7-1 中的螺栓 M12X85 为例，螺栓的参数化建模具体步骤如下所述。

（1）启动 UG NX 4，新建文件 ScrewModule.prt，单击“起始”图标，单击“建模”图标，然后进入“建模”状态。

（2）创建工作坐标系，单击“成形特征”工具条中创建“基准 CSYS”图标，单击“绝对坐标”图标，在（0，0，0）点定义一个新的工作坐标系。

（3）单击“工具”菜单，单击“表达式”，进入“表达式”对话框，依次创建螺栓的参数，如图 7-2 所示。

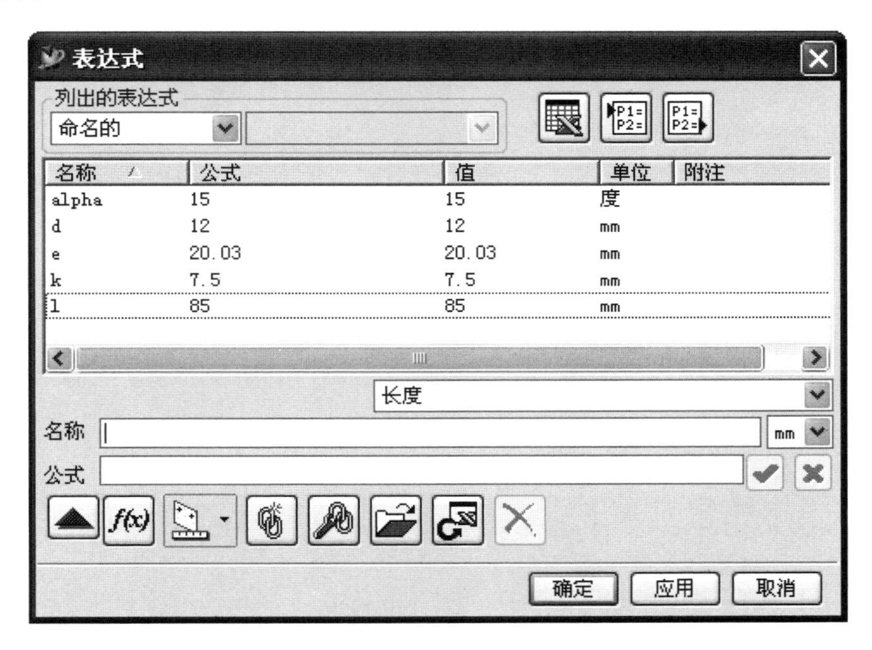

图 7-2

（4）绘制螺栓头草图轮廓。

①在绘图区域选择基准平面 XOY 作为草图平面，然后单击“草图”图标，进入草图绘制状态；单击“轮廓曲线”工具，绘制六条直线，得到螺栓头的六边形截面轮廓，如图 7-3 所示。

②单击“约束”图标，在绘图区域依次选择原点（0，0）和上方的水平线，弹出约束条件工具条（选择原点的时候不要选中基准轴，移动鼠标选中原点），如图 7-4 所示。

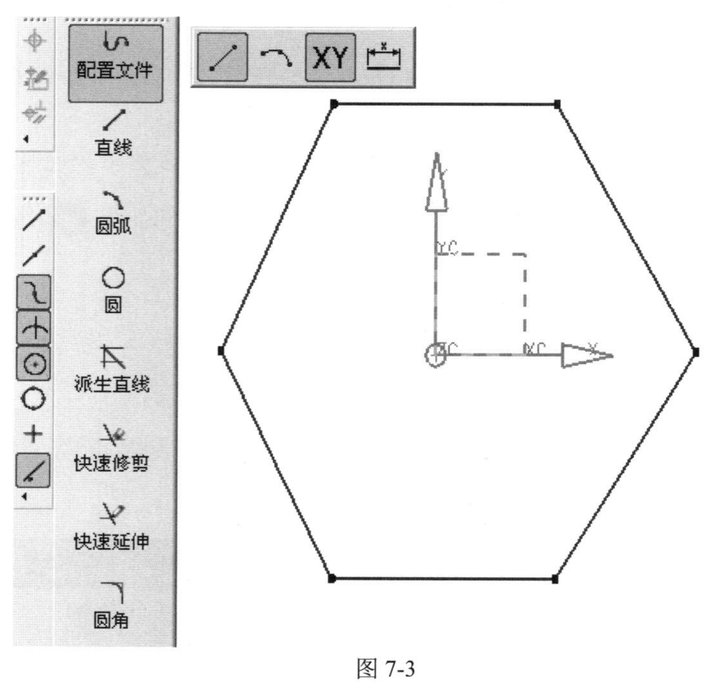

图 7-3

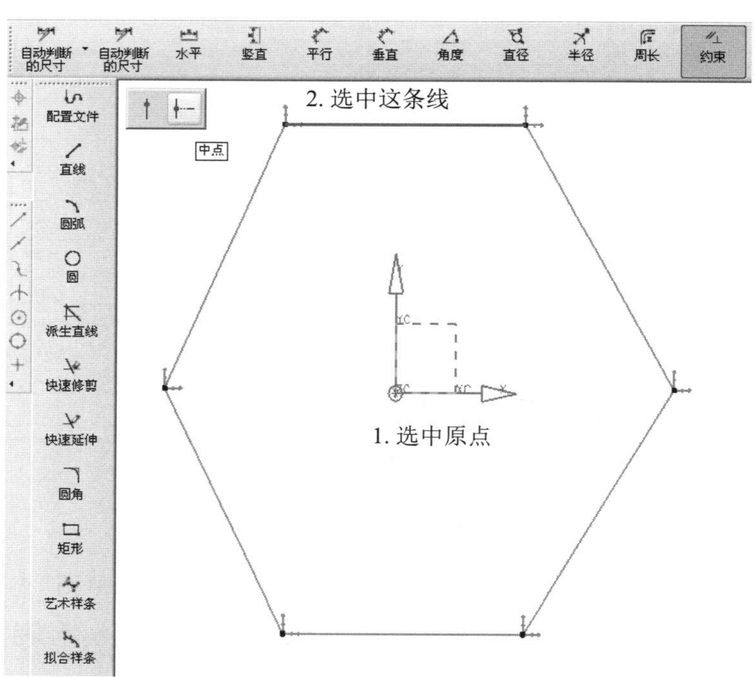

图 7-4

单击选择“中心”约束，让原点刚好在这条直线的中垂线上。

③单击“约束”图标，在绘图区域依次选择原点（0，0）和下方的水平线，弹出约束条件工具条（选择原点的时候不要选中基准轴，移动鼠标选中原点），如图

7-5 所示。

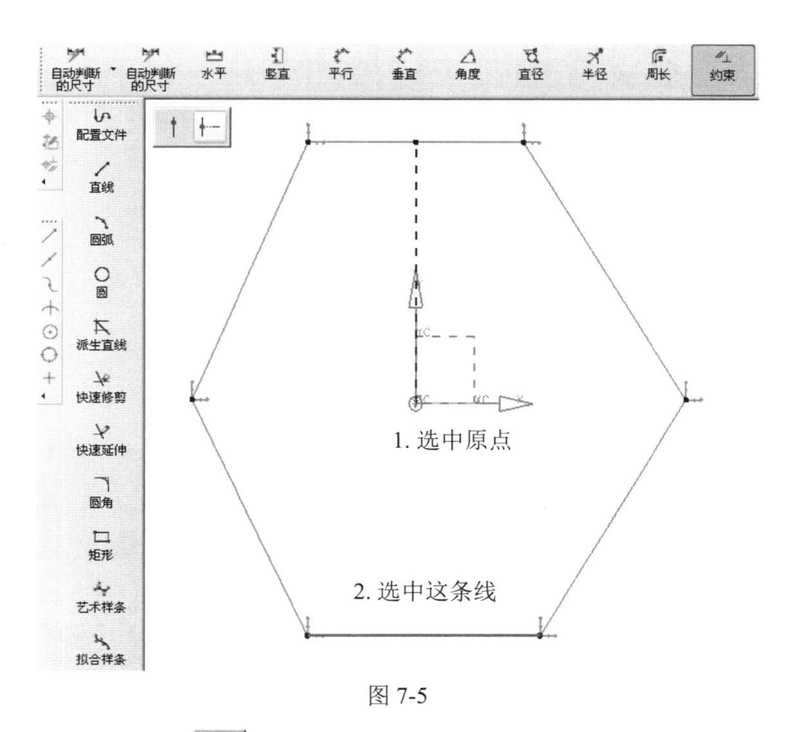

图 7-5

单击选择“中心”约束 ，让原点刚好在这条直线的中垂线上。

④单击“约束” 图标，在绘图区域依次选择六条直线，弹出约束条件工具条，如图 7-6 所示。

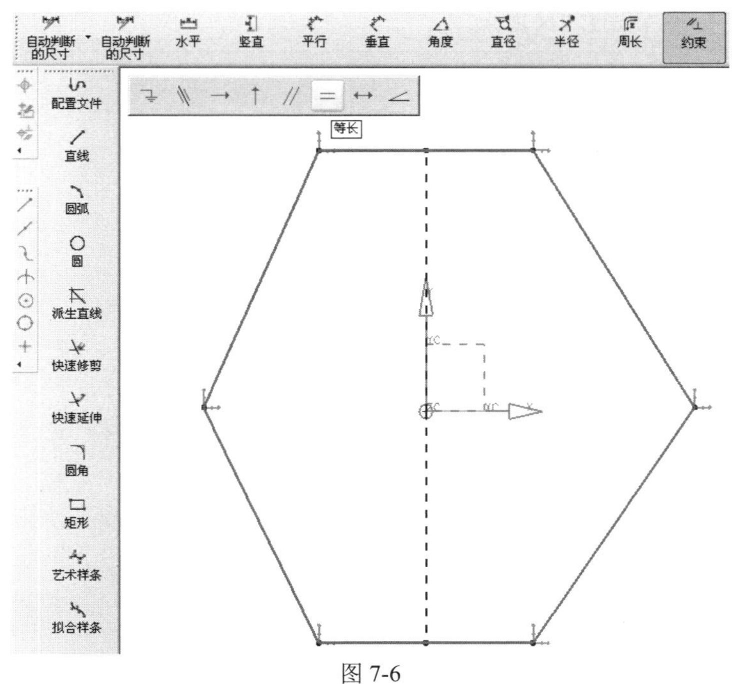

图 7-6

单击“等长” 约束，让六条直线长度相等。

⑤单击“角度” 图标，在绘图区域依次选择右边的两条斜直线，单击鼠标左键，弹出角度输入框，输入 120，输入“Enter”；完成两条斜直线夹角的约束，如图 7-7 所示。

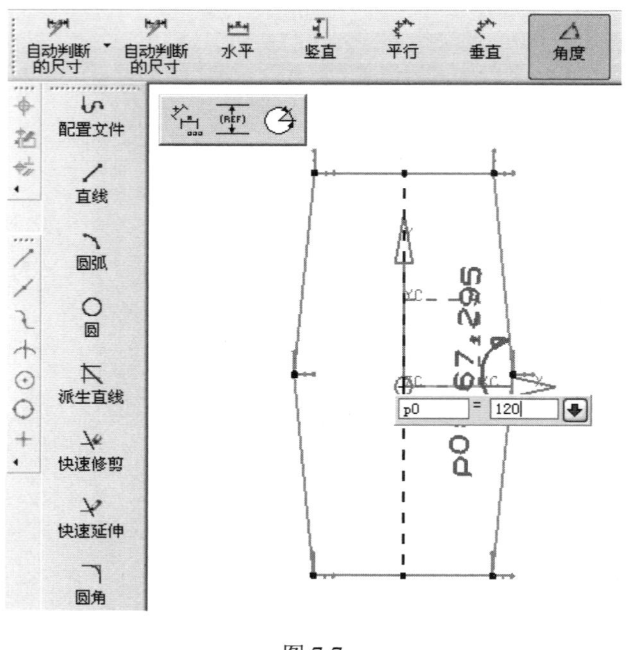

图 7-7

⑥单击“约束” 图标，在绘图区域依次选择 XC 轴和右边斜直线的最右方的端点，弹出约束条件工具条，如图 7-8 所示。

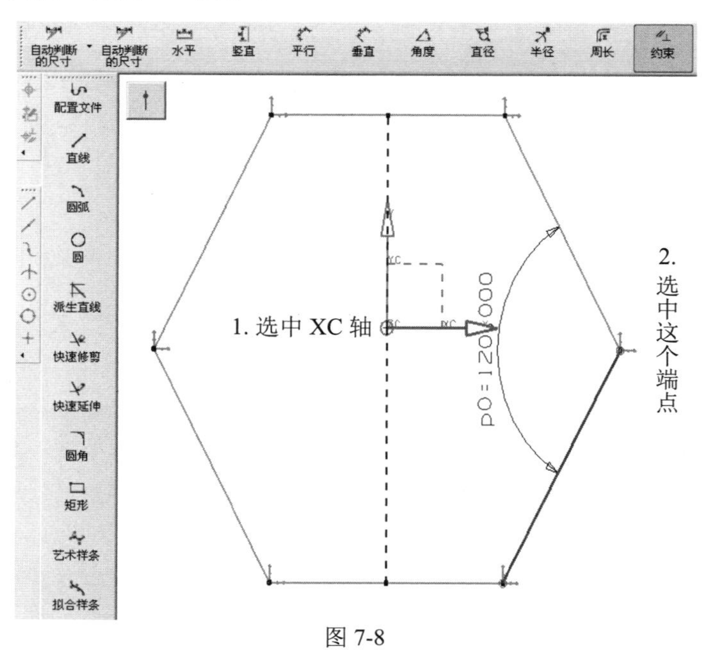

图 7-8

单击“点在曲线上” 约束，让最右方的端点在 XC 轴上。

⑦单击“自动判断的尺寸” 图标，在绘图区域选择最左边的端点和最右边的端点，单击鼠标左键；在弹出的尺寸输入框中输入 e，输入“Enter”；完成六角头对顶端点的尺寸约束，如图 7-9 所示。

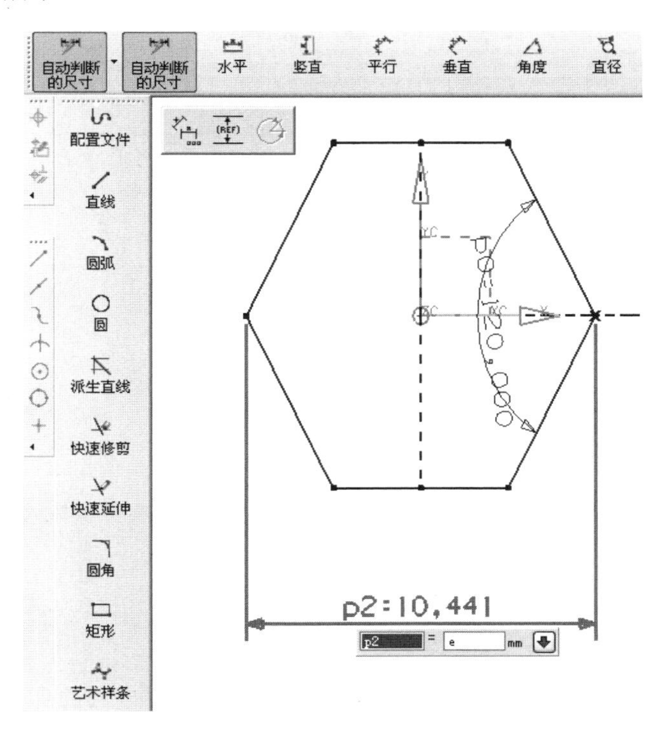

图 7-9

⑧单击“圆” 图标，在绘图区域单击原点（0，0）为圆心，移动鼠标到任意直线附近，当出现圆环与直线相内切的时候，单击鼠标左键，完成内切圆的绘制，如图 7-10 所示。

⑨单击“完成草图” 。

（5）创建螺栓头。单击“拉伸” 工具条，配置对象选择方案为“已连接的曲线”，然后选择螺栓头的正六边形轮廓曲线，方向选择为“-ZC” 图标，“起始”文本框输入 0，“结束”文本框输入 k，“布尔运算”选择为“创建” ，单击“确定”，完成螺栓头的基本形体，如图 7-11 所示。

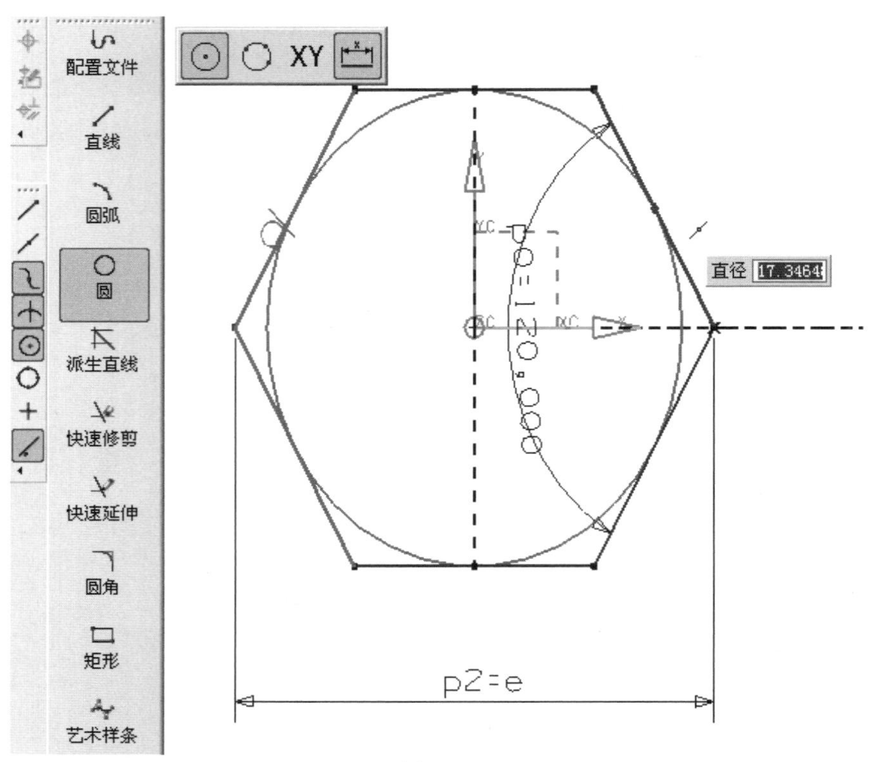
配置文件
直线
圆弧
圆
派生直线
快速修剪
快速延伸
圆角
矩形
艺术样条
XY
直径 17.3464
p2=e

图 7-10

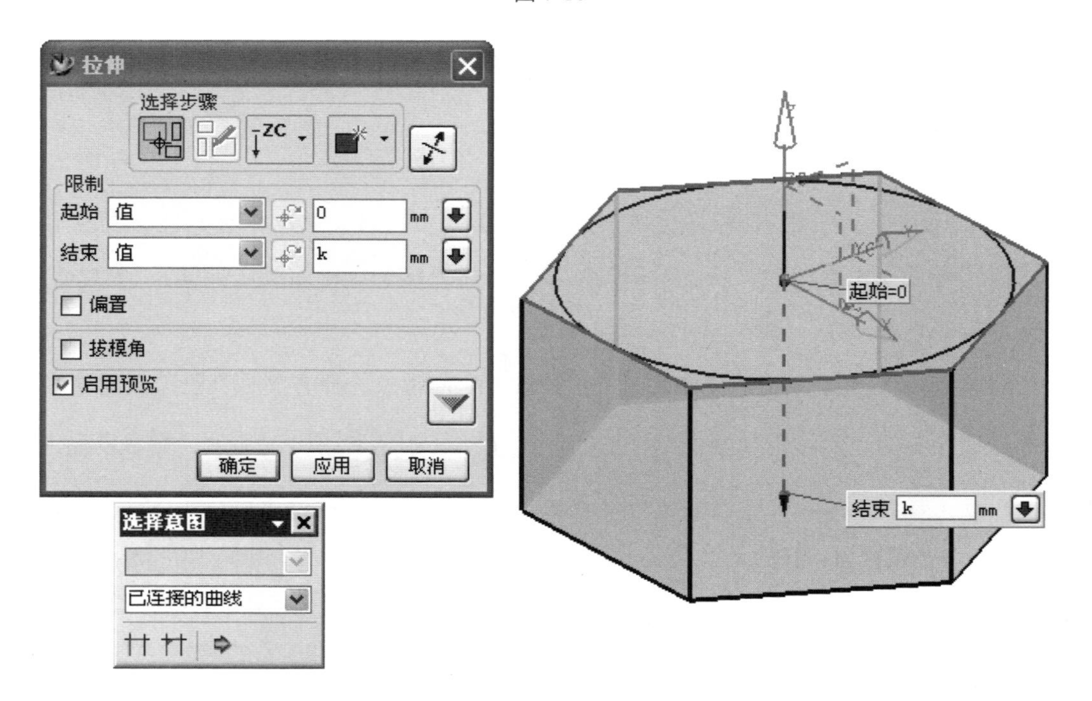
拉伸
选择步骤
ZC
限制
起始 值 0 mm
结束 值 k mm
偏置
拔模角
启用预览
确定 应用 取消
选择意图
已连接的曲线
起始=0
结束 k mm

图 7-11

（6）创建六角螺帽头。单击“拉伸” 工具条，配置对象选择方案为“单个曲线”，然后选择六边形的内切圆，方向选择为“ZC” 图标，“起始”文本框输入 -k，“结束”文本框输入 0，启用“拔模角”，在“角度”文本框中输入 alpha-90，“布尔运算”选择为“求交” ，单击“确定”，完成六角螺帽头，如图 7-12 所示。

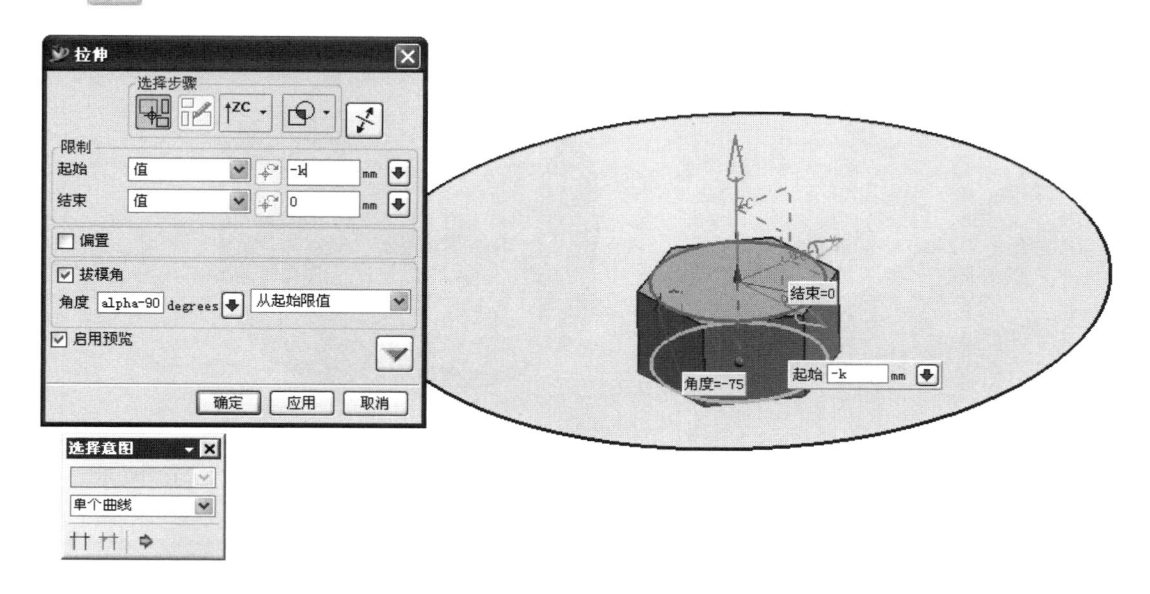

图 7-12

（7）创建螺杆。单击“圆柱” 图标，在弹出的对话框中单击“直径和高度”按钮，在弹出的矢量构造器中选择“ZC” 方向为轴中心线，如图 7-13 所示。

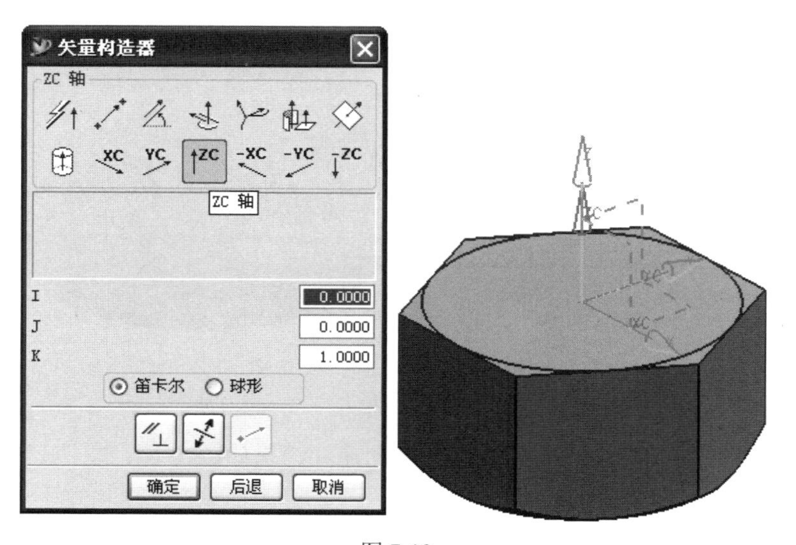

图 7-13

然后在“直径”文本框中输入轴段直径 d，在“高度”文本框中输入 l，如图 7-14 所示。

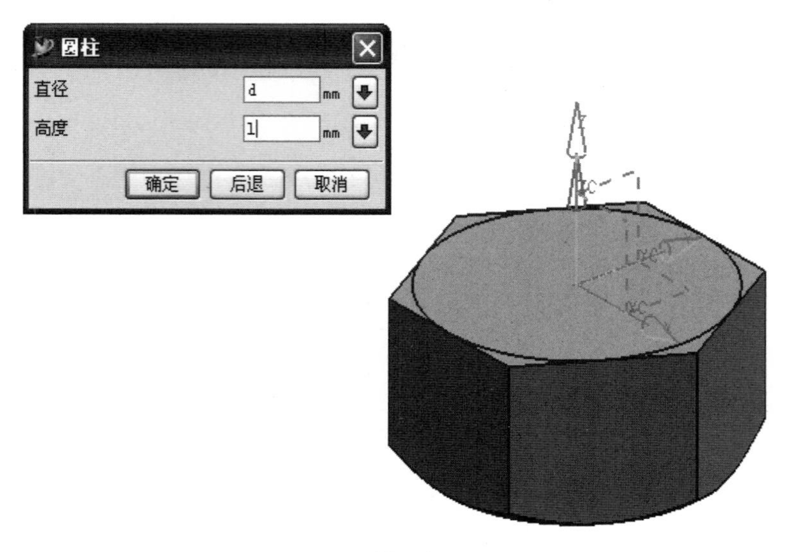

图 7-14

然后在点构造器中设置定位基点为（0，0，0），单击“确定”，如图 7-15 所示。

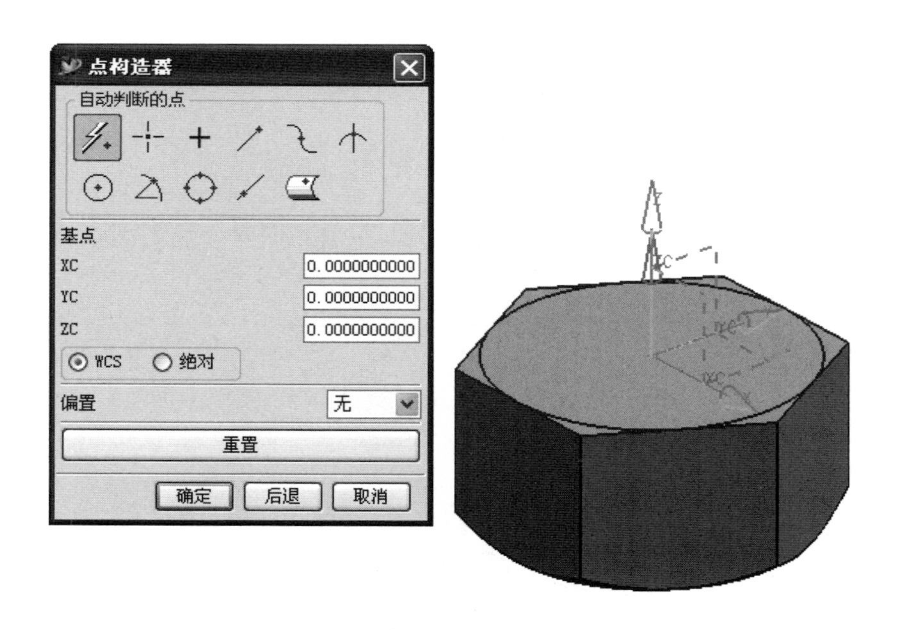

图 7-15

布尔操作单击“求和”，完成螺杆的创建，结果如图 7-16、图 7-17 所示。

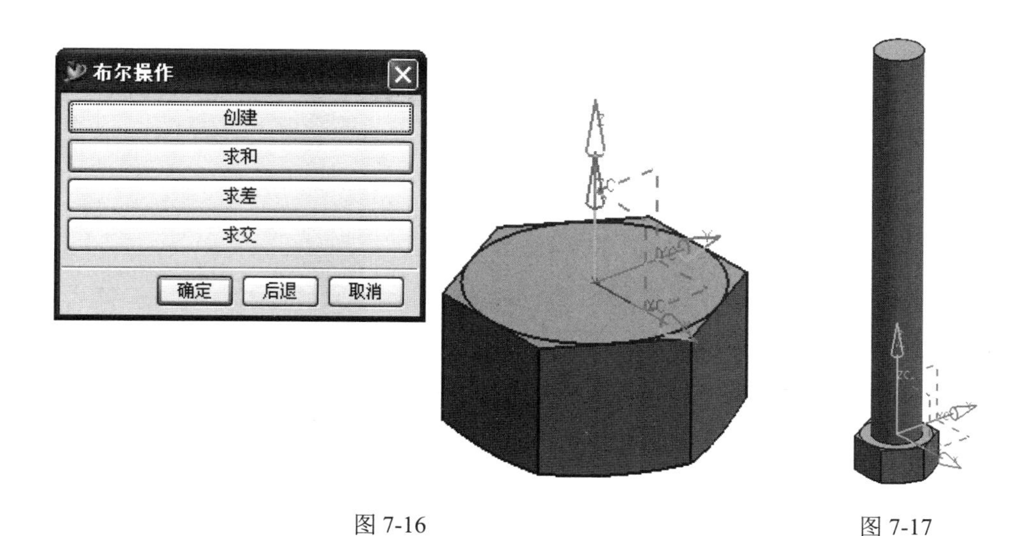

图 7-16

图 7-17

（8）创建螺纹。单击“螺纹” 图标或者选择下拉菜单【插入 → 设计特征 → 螺纹】，弹出螺纹对话框，在螺纹对话框中选择螺纹类型为“详细的”，然后在绘图区域选择直径为 12 的螺杆的圆柱面，长度输入 10，其他采用默认的参数设置，单击“应用”，完成螺纹的创建（螺纹为非参数化建模），如图 7-18 所示。

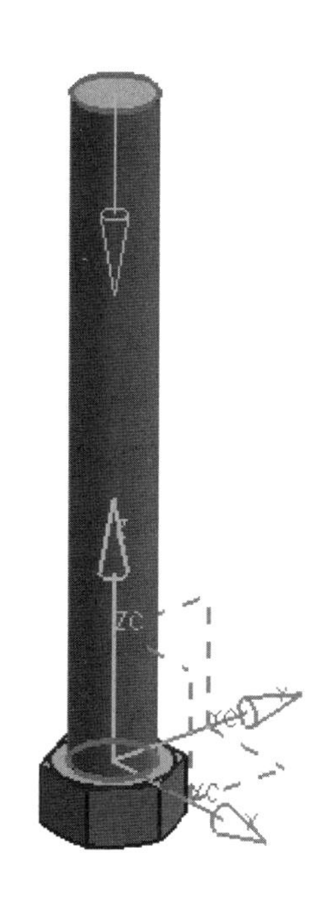

图 7-18

（9）保存文件，完成螺栓的参数化建模，如图 7-19 所示。

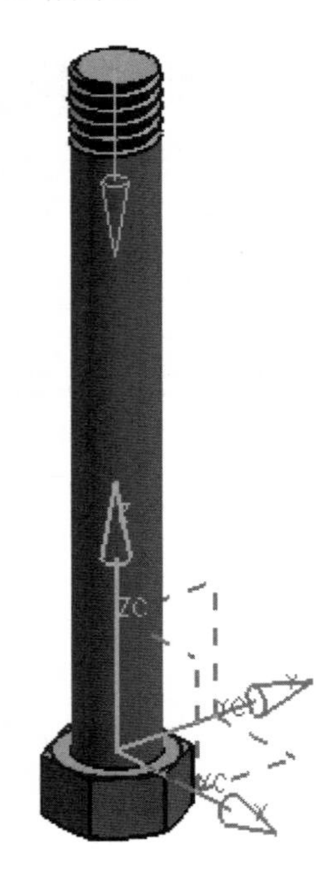

图 7-19

7.1.3 减速器中使用的螺栓建模

上节中以 M12X85 为例完成了螺栓的参数化建模，这里 M8X30 的螺栓的建模过程和上节中的步骤相似，留给读者自己完成。

7.2 螺母

7.2.1 减速器中使用的螺母参数

六角螺母的结构类似于带螺孔的螺栓头，它的结构和参数如图 7-20 所示。

减速器中使用的螺母为 M12，根据结构图整理出螺母的参数如表 7-2 所示。

表 7-2

螺母规格	*d* / mm	*k* / mm	*e* / mm	alpha / (°)
M12	12	10.8	20.03	15 ～ 30

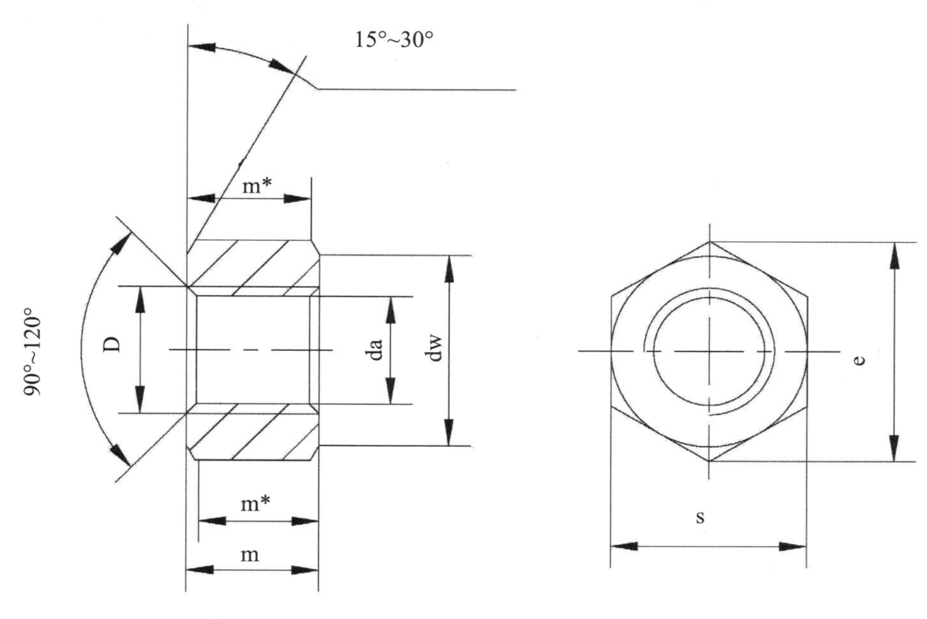

图 7-20

7.2.2　螺母的参数化建模

由结构示意图看出，可以采用拉伸的方法创建螺母，然后采用圆台特征创建通孔，最后选择“螺纹”命令在通孔上创建螺纹。

本书以表 7-2 中的螺母 M12 为例，螺母的参数化建模具体步骤如下所述。

（1）启动 UG NX 4，新建文件 ScrewNutModule.prt，单击“起始”图标，单击“建模”图标，然后进入“建模”状态。

（2）创建工作坐标系，单击“成形特征”工具条中创建“基准 CSYS”图标，单击“绝对坐标”图标，在（0，0，0）点定义一个新的工作坐标系。

（3）单击“工具”菜单，单击“表达式”，进入“表达式”对话框，依次创建螺母的参数，如图 7-21 所示。

（4）绘制螺母草图轮廓。

①在绘图区域选择基准平面 XOY 作为草图平面，然后单击“草图”图标，进入草图绘制状态；单击“轮廓曲线”工具，绘制六条直线，得到螺母的六边形截面轮廓，如图 7-22 所示。

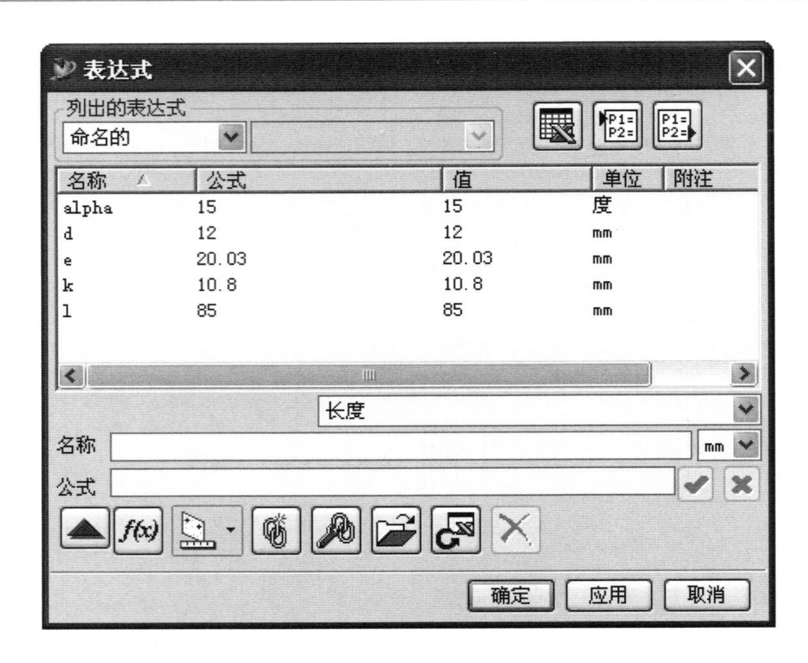

图 7-21

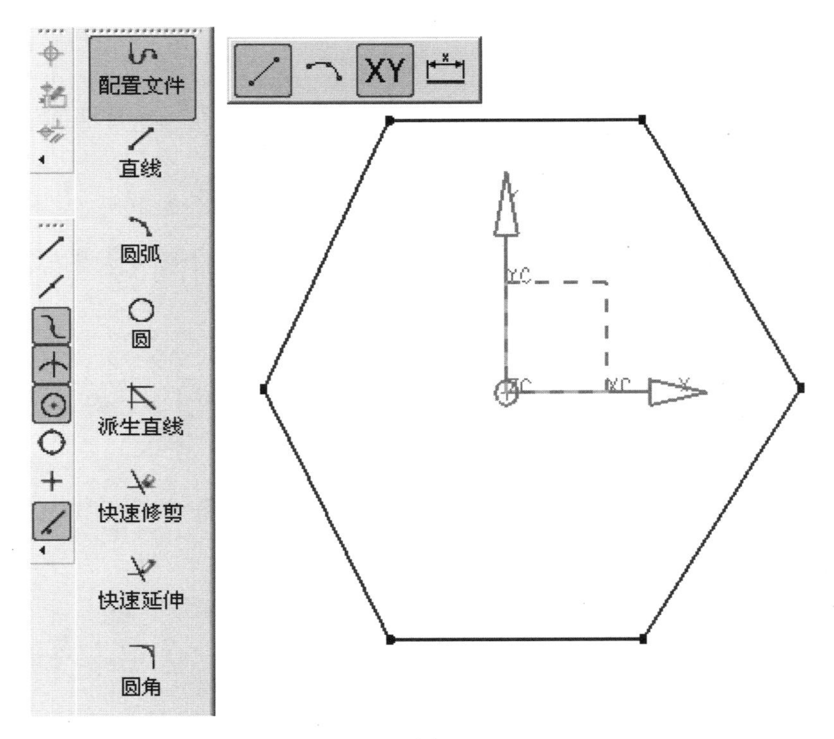

图 7-22

②单击“约束”图标，在绘图区域依次选择原点（0，0）和上方的水平线，弹出约束条件工具条（选择原点的时候不要选中基准轴，移动鼠标选中原点），如图 7-23 所示。

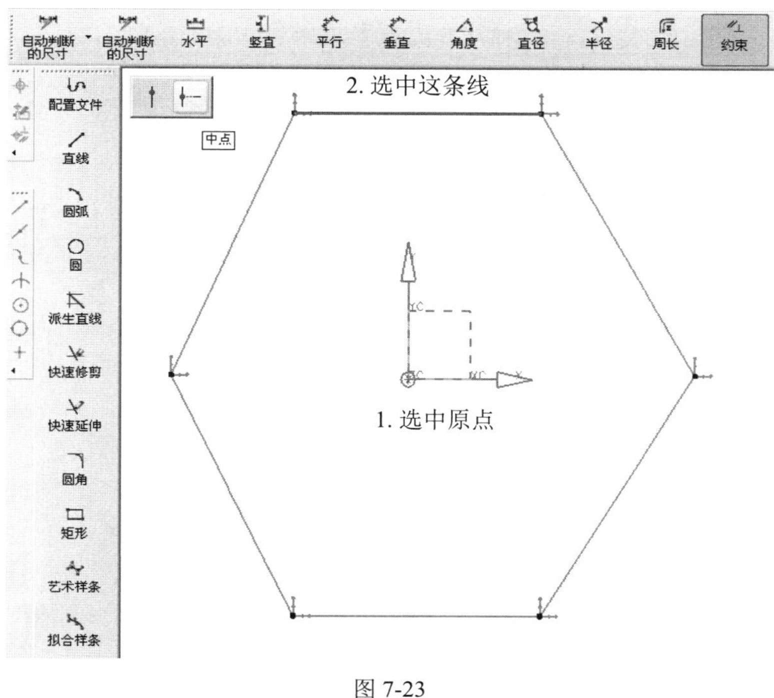

图 7-23

单击选择“中心”约束 ，让原点刚好在这条直线的中垂线上。

③单击“约束” 图标，在绘图区域依次选择原点（0，0）和下方的水平线，弹出约束条件工具条（选择原点的时候不要选中基准轴，移动鼠标选中原点），如图 7-24 所示。

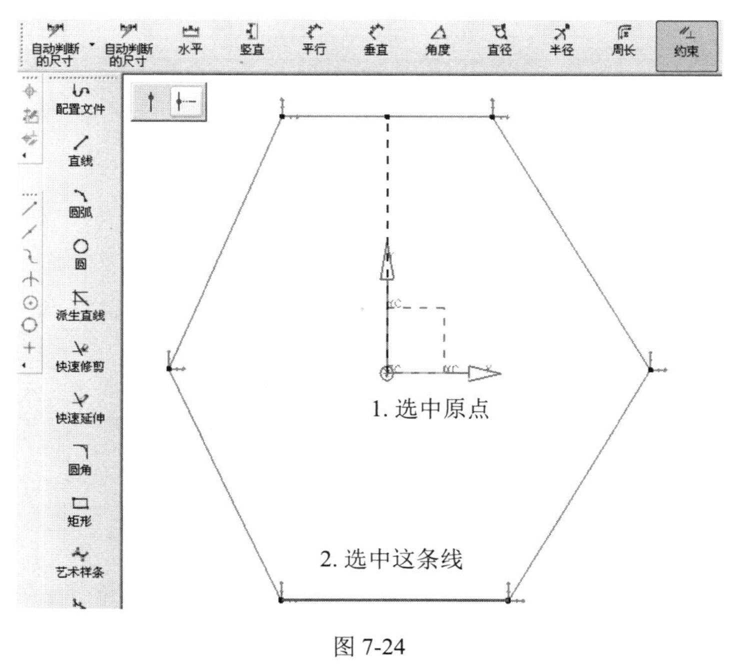

图 7-24

单击选择“中心”约束，让原点刚好在这条直线的中垂线上。

④单击“约束”图标，在绘图区域依次选择六条直线，弹出约束条件工具条，如图 7-25 所示。

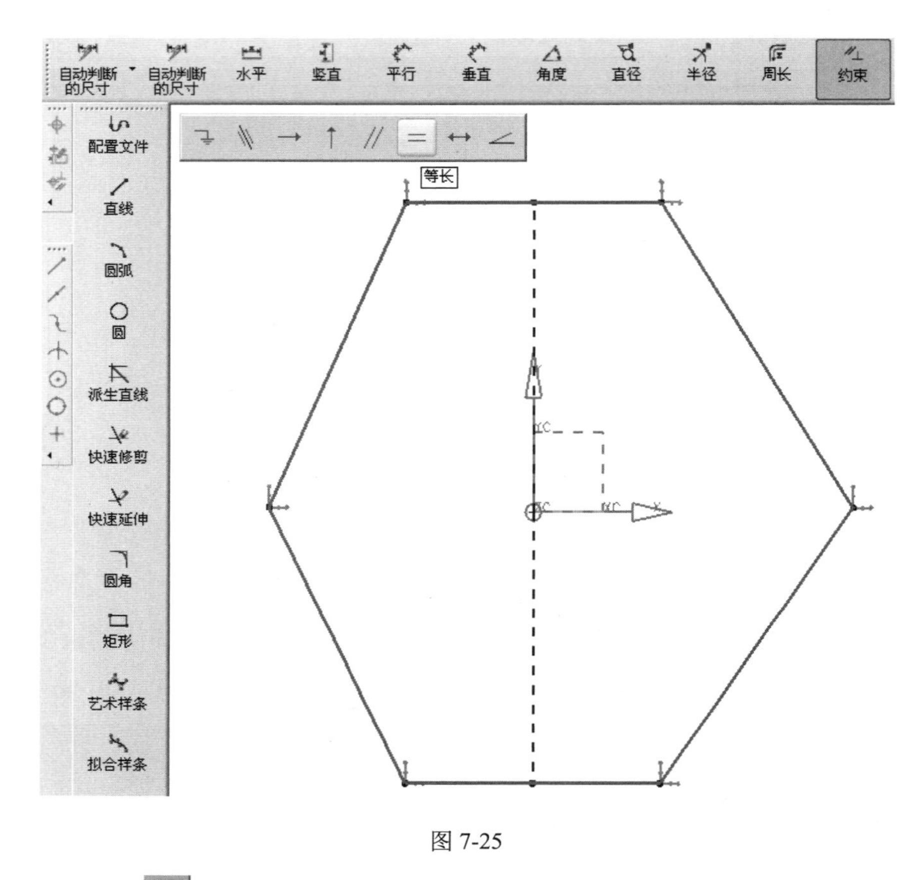

图 7-25

单击“等长”约束，让六条直线长度相等。

⑤单击“角度”图标，在绘图区域依次选择右边的两条斜直线，单击鼠标左键，弹出角度输入框，输入 120，输入“Enter”；完成两条斜直线夹角的约束，如图 7-26 所示。

⑥单击“约束”图标，在绘图区域依次选择 XC 轴和右边斜直线的最右方的端点，弹出约束条件工具条，如图 7-27 所示。

单击“点在曲线上”约束，让最右方的端点在 XC 轴上。

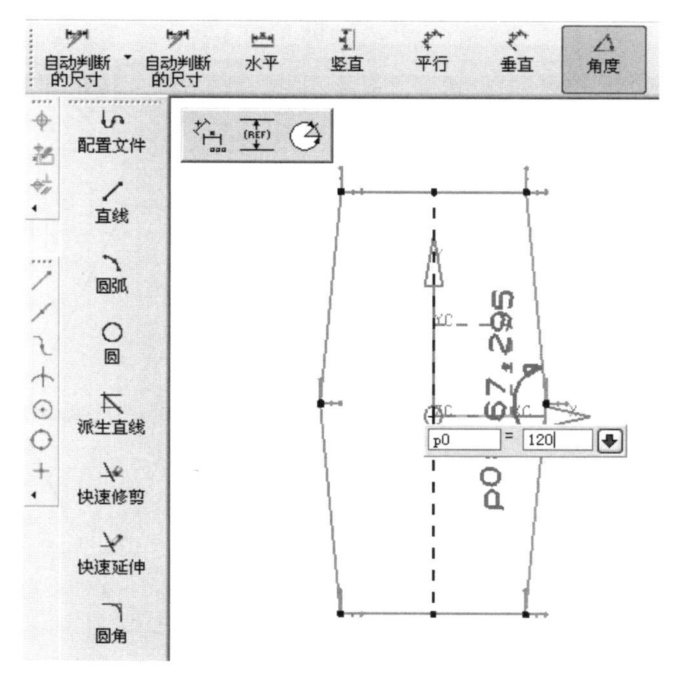

图 7-26

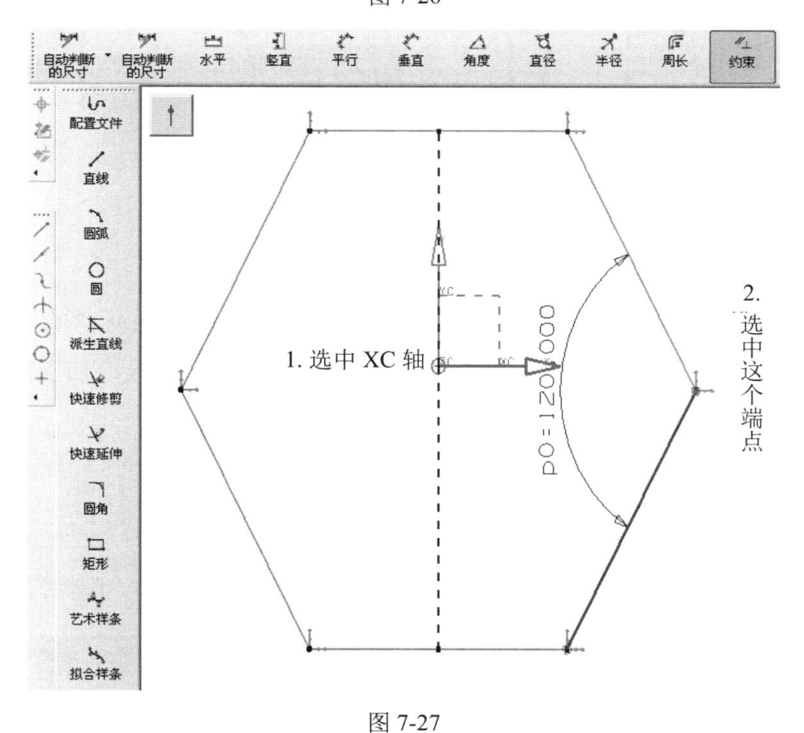

图 7-27

⑦单击“自动判断的尺寸”图标，在绘图区域选择最左边的端点和最右边的端点，

单击鼠标左键；在弹出的尺寸输入框中输入 e，输入“Enter”；完成六角头对顶端点的尺寸约束，如图 7-28 所示。

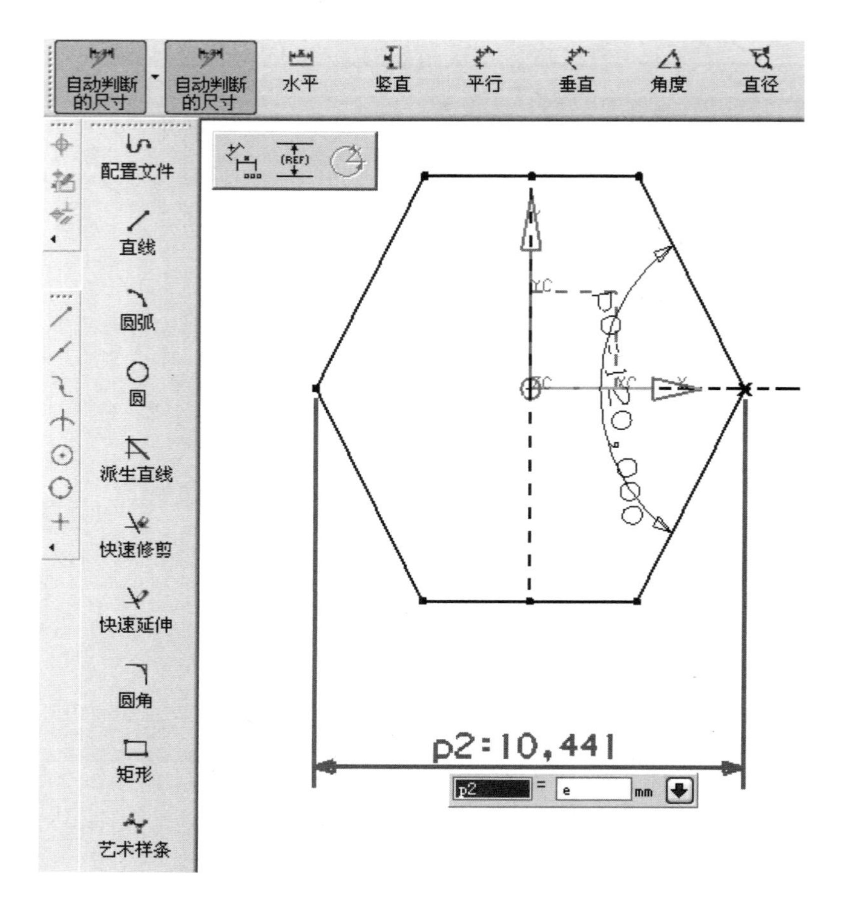

图 7-28

⑧单击“圆” 图标，在绘图区域单击原点（0，0）为圆心，移动鼠标到任意直线附近，当出现圆环与直线相内切的时候，单击鼠标左键；完成内切圆的绘制，如图 7-29 所示。

⑨单击“完成草图” 。

（5）创建螺母。单击“拉伸” 工具条，配置对象选择方案为“已连接的曲线”，然后选择螺母头的正六边形轮廓曲线，方向选择为“-ZC” 图标，“起始”文本框输入 0，“结束”文本框输入 k，“布尔运算”选择为“创建” ，单击“确定”，完成螺母头的基本形体，如图 7-30 所示。

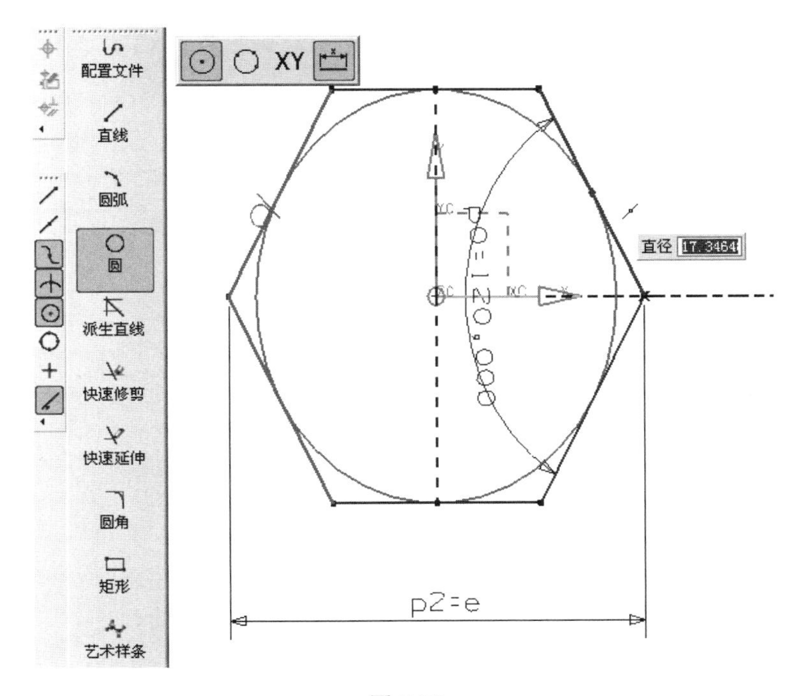

图 7-29

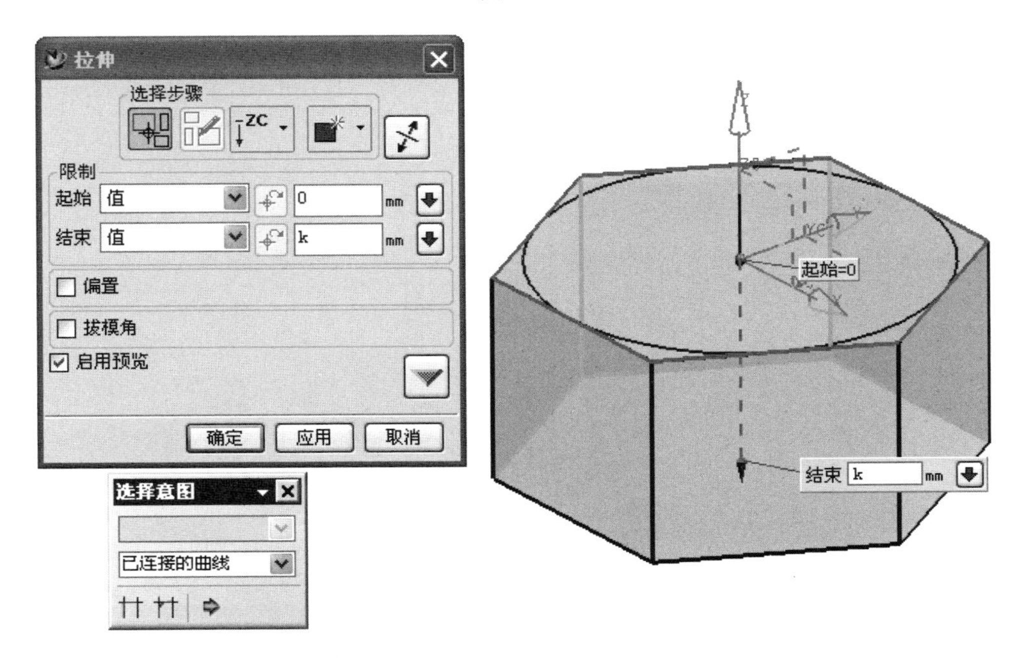

图 7-30

（6）创建六角螺帽头。单击“拉伸”工具条，配置对象选择方案为“单个曲线”，然后选择六边形的内切圆，方向选择为“ZC”图标，“起始”文本框输入 -k，“结束”文本框输入 0，启用“拔模角”，在“角度”文本框中输入 alpha-90，“布尔运算”选择为“求交”[求交图标]，单击“确定”，完成底面上的六角螺帽头，如图 7-31 所示。

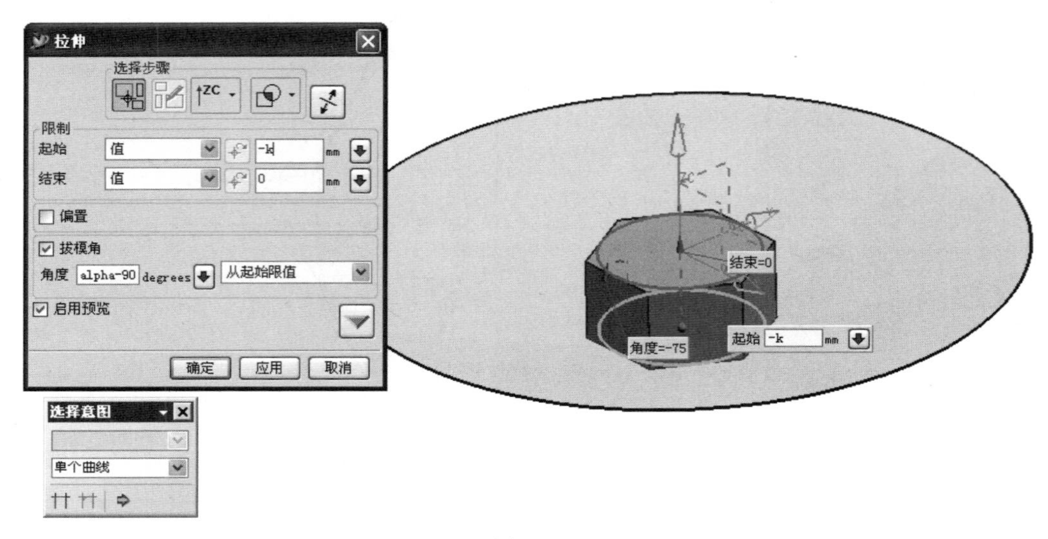

图 7-31

单击“拉伸”[拉伸图标]工具条，配置对象选择方案为“单个曲线”，然后选择六边形的内切圆，方向选择为“-ZC”[-ZC图标]图标，“起始”文本框输入 0，“结束”文本框输入 k，启用“拔模角”，在“角度”文本框中输入 alpha-90，“布尔运算”选择为“求交”[求交图标]，单击“确定”，完成顶面上的六角螺帽头，如图 7-32 所示。

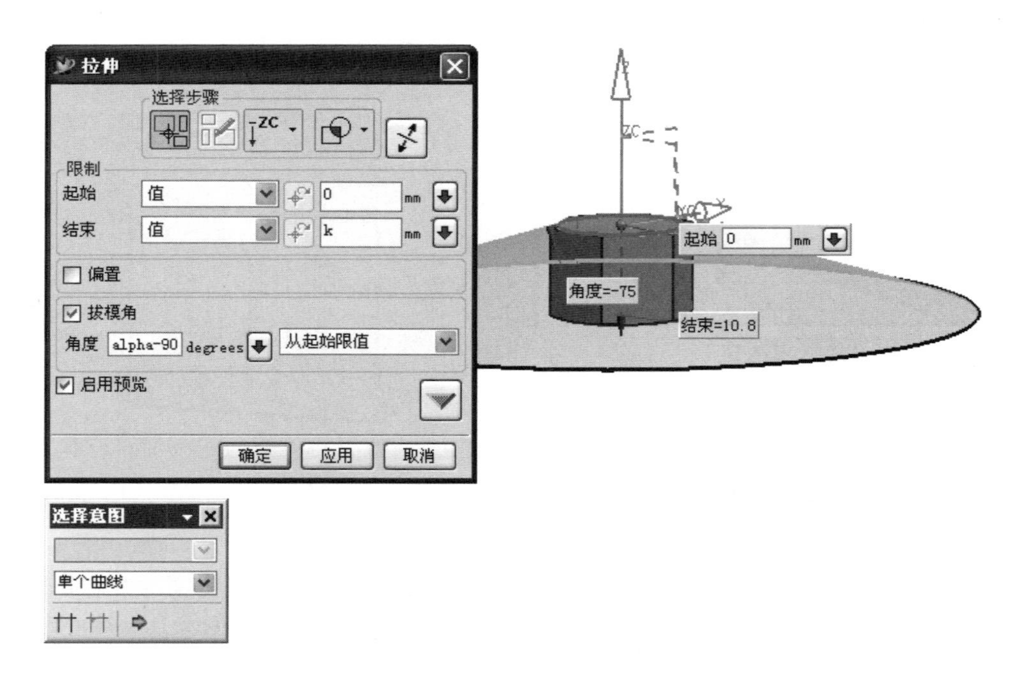

图 7-32

（7）创建光孔。单击“圆柱”图标，在弹出的对话框中单击“直径和高度”按钮，在弹出的矢量构造器中选择“-ZC”为轴中心线，如图7-33所示。

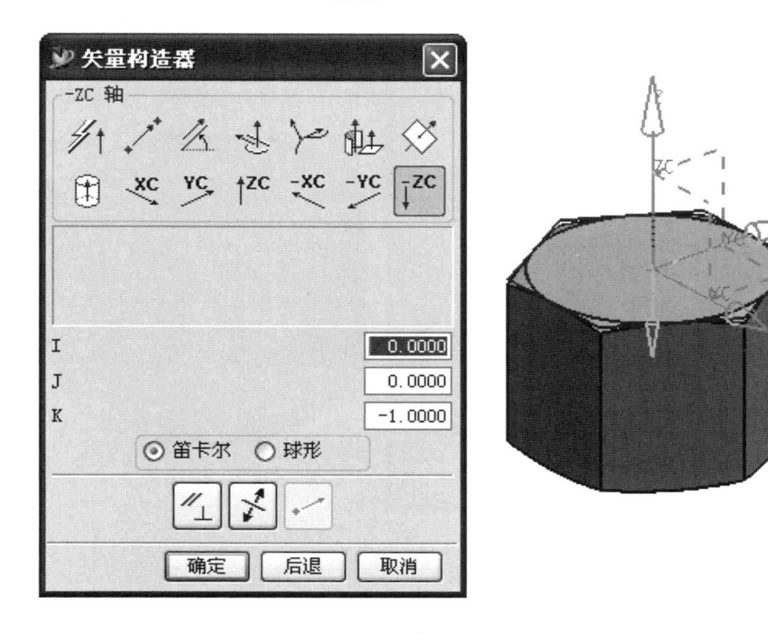

图 7-33

然后在“直径”文本框中输入轴段直径10，在“高度”文本框中输入k，如图7-34所示。

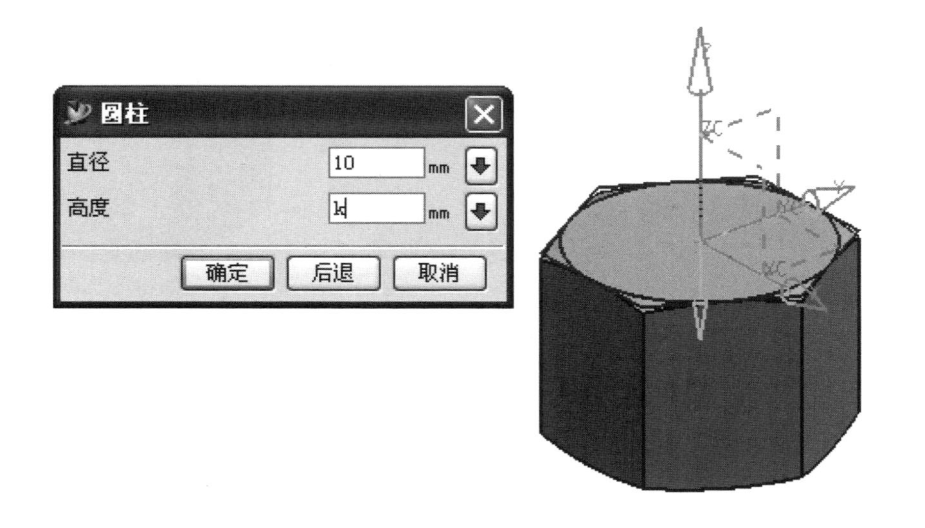

图 7-34

然后在点构造器中设置定位基点在（0，0，0），单击“确定”，如图7-35所示。

布尔操作单击“求差”，完成光孔的创建，结果如图7-36、图7-37所示。

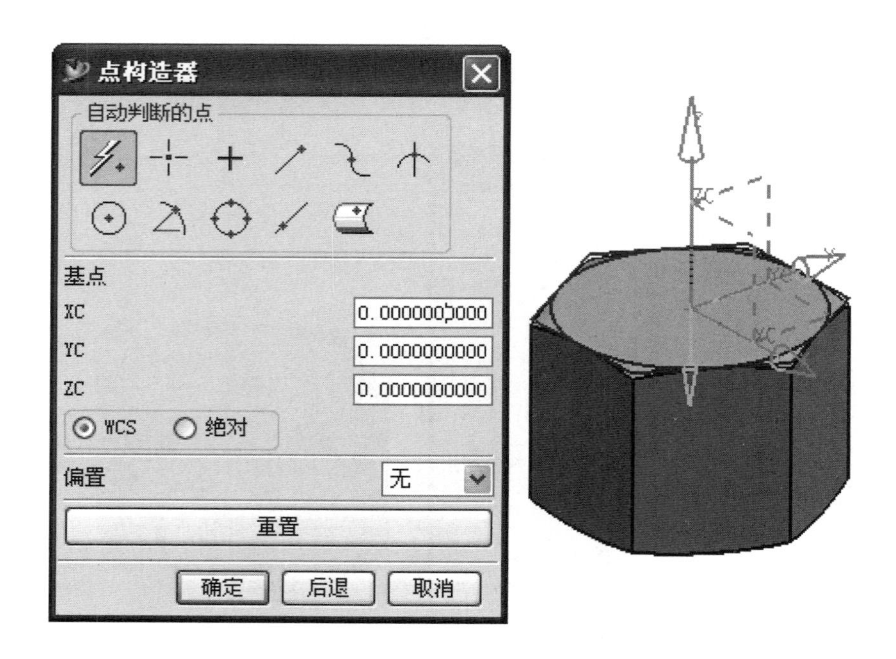

图 7-35

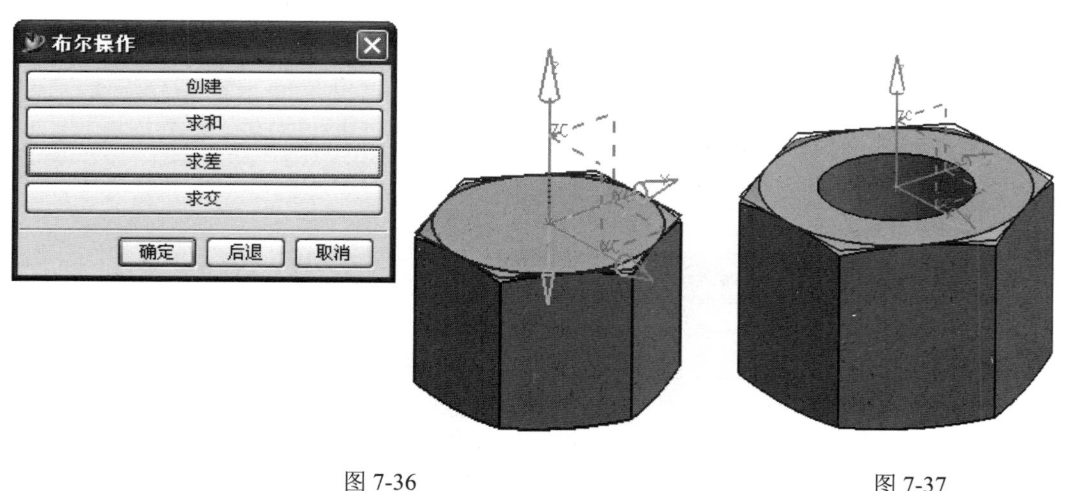

图 7-36　　　　图 7-37

（8）创建螺纹。单击“螺纹”图标或者选择下拉菜单【插入 → 设计特征 → 螺纹】，弹出螺纹对话框，在螺纹对话框中选择螺纹类型为“详细的”，然后在绘图区域选择直径为 10 光孔的圆柱面，在长度文本框中输入 15，其他采用默认的参数设置，单击“应用”，完成螺纹的创建（螺纹为非参数化建模），如图 7-38 所示。

（9）保存文件，完成螺母的参数化建模，如图 7-39 所示。

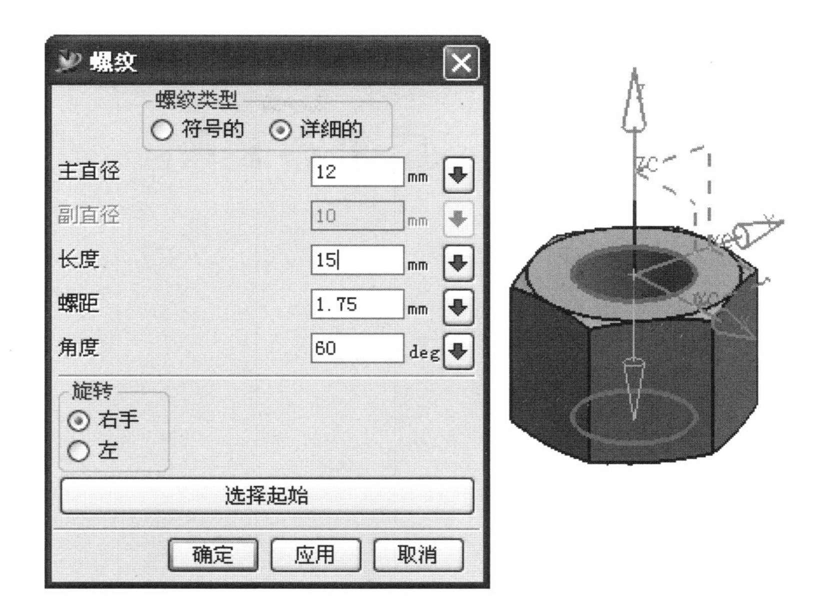
螺纹
螺纹类型
符号的
详细的
主直径
12
mm
副直径
10
mm
长度
15
mm
螺距
1.75
mm
角度
60
deg
旋转
右手
左
选择起始
确定
应用
取消

图 7-38

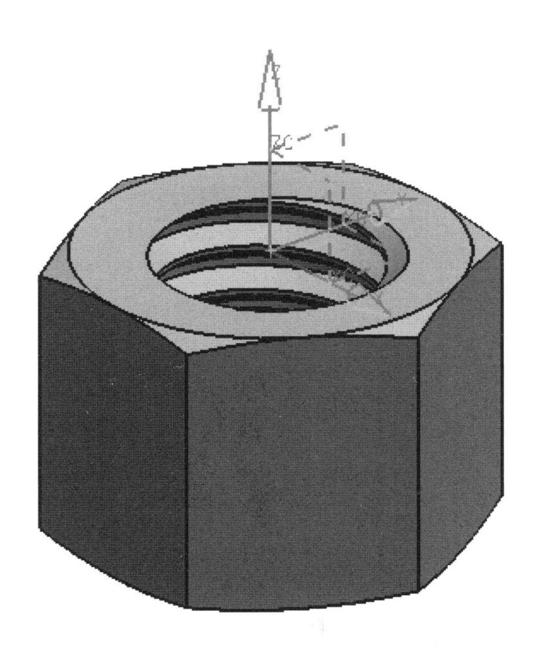

图 7-39

第 8 章　减速器装配

8.1　减速器装配图

减速器装配图如图 8-1 所示。

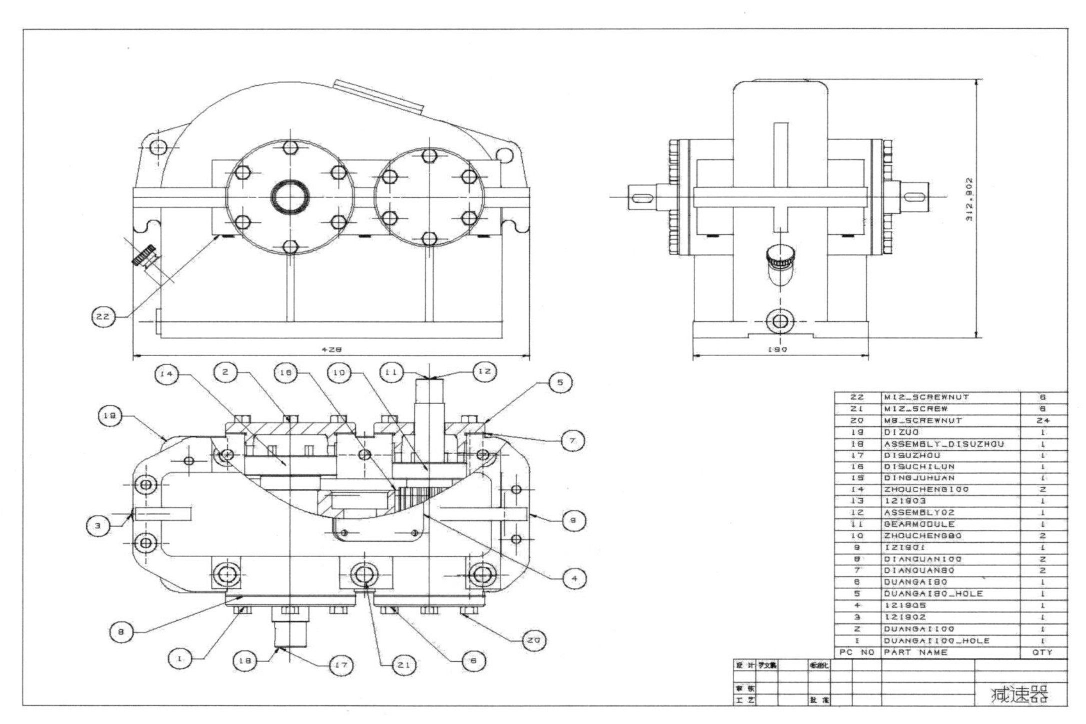

图 8-1

8.2　低速轴装配

本节将介绍单级减速器低速轴系统的装配。低速轴系统主要由六个零部件装配而成，其中基础零件为低速轴，平键、大齿轮、定距环和两个深沟球轴承为配合零件。为了把低速轴系统固定安装在减速器底座与机盖之间的圆柱孔里面，在两侧还各有一个密封圈和一个端盖。

在装配过程中，首先在空白装配体中导入低速轴作为基础零件，然后在轴上按照配对条件依次安装平键、大齿轮、定距环、轴承等，其中轴承要在低速轴的两端各自安装一个，完成后的最终装配结果如图 8-2 所示。

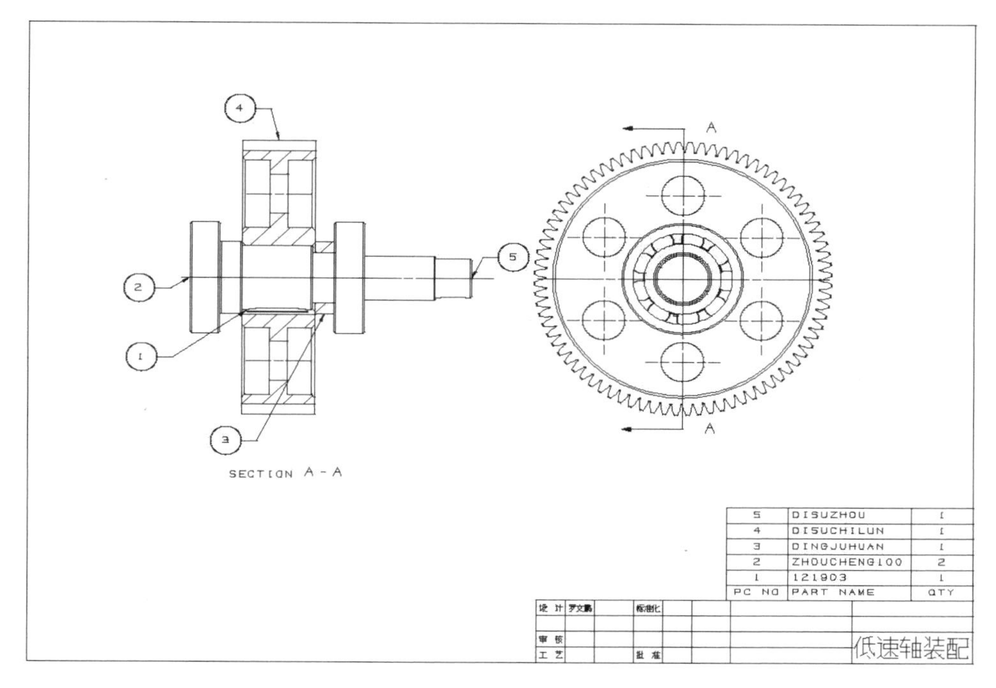

图 8-2

8.2.1 导入基础零件 —— 低速轴

新建一个名称为“Assembly_DiSuZhou”的空白装配部件，然后将基础零件（低速轴）导入装配部件中，具体操作步骤如下。

（1）启动 UG NX 4 软件，单击“新建文件”，在打开的“新部件文件”对话框中，选择减速器文件存盘位置，输入文件名称“Assembly_DiSuZhou”，单位选择“毫米”，完成后单击“确定”按钮。

（2）单击菜单“起始”，单击“装配”，装配工具条出现，进入装配模式。

（3）单击“添加现有的组件”图标，弹出“选择部件”对话框。单击“选择部件文件”按钮，弹出“选择部件”对话框。在减速器文件目录中选择文件“DiSuZhou”，并在对话框右侧生成零件预览，如图 8-3 所示。

（4）单击“确定”按钮，系统弹出“添加现有部件”对话框。在该对话框中，保持默认的组件名称“DiSuZhou”不变。在“引用集”下拉列表中选择“Model”选项，系统默认只加载零部件实体模型。在“定位”下拉列表中选择“绝对的”选项，系统将按照绝对定位方式确定部件在装配中的位置。在“层选项”下拉列表中选择“原先的”选项，系统将保持部件原来的层位置。系统同时按照对话框中的设置在“组件预览”区域生成部件的预览，效果如图 8-4 所示。

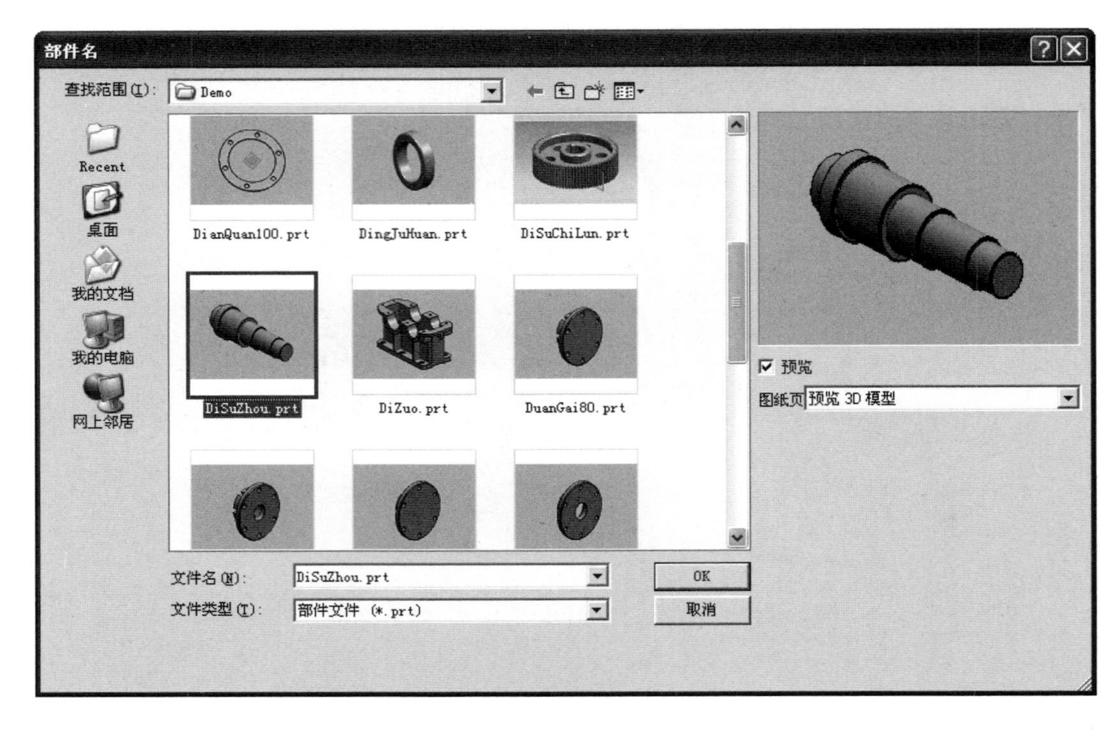

图 8-3

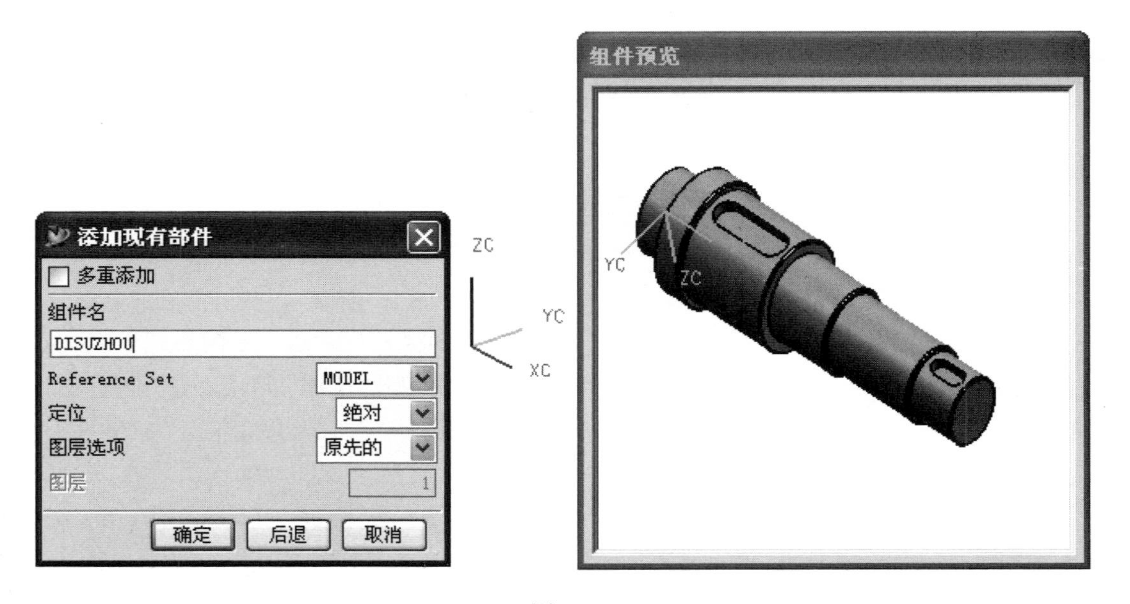

图 8-4

（5）单击“确定”按钮，弹出“点构造器”对话框，保持默认的（0，0，0）作为部件在装配中的目标位置。单击“确定”按钮，低速轴部件被导入装配体中，效果如图 8-5 所示。

图 8-5

（6）保存装配文件。

8.2.2　安装轴承

在低速轴的左端部直径为“45”的圆柱上安装一个轴承。在装配过程中，选择“配对”类型对轴向自由度进行约束，选择“中心对齐”类型对径向自由度进行约束，具体操作步骤如下所述。

（1）单击“添加现有的组件”图标，弹出“选择部件”对话框；再单击“选择部件文件”按钮，弹出“选择部件”对话框。在减速器文件目录中选择文件“ZhouCheng100”，并在对话框右侧生成零件预览。

（2）单击“确定”按钮，系统弹出“添加现有部件”对话框。在该对话框中，保持默认的组件名称“ZhouCheng100”不变。在“引用集”下拉列表中选择“Model”选项，系统默认只加载零部件实体模型。在“定位”下拉列表中选择“配对”选项，在“层选项”下拉列表中选择“原先的”选项，系统将保持部件原来的层位置。系统同时按照对话框中的设置在“组件预览”区域生成部件的预览，效果如图 8-6 所示。

（3）单击“确定”按钮，弹出“配对条件”对话框。

（4）在对话框的“配对类型”组合框中单击“中心约束”按钮图标。在组件预览区单击轴承的内孔面作为相配合的配合对象，然后在绘图区中单击低速轴最左端的圆柱面作为基础部件的配合对象，系统将使所选的两个对象的中心线对齐。

（5）在对话框的“配对类型”组合框中单击“配对约束”按钮图标。在组件预览区单击轴承的端面作为相配合的配合对象，然后在绘图区中单击低速轴第二个轴段的端面作为基础部件的配合对象，系统将使所选的两个对象共面而且法线方向相反。

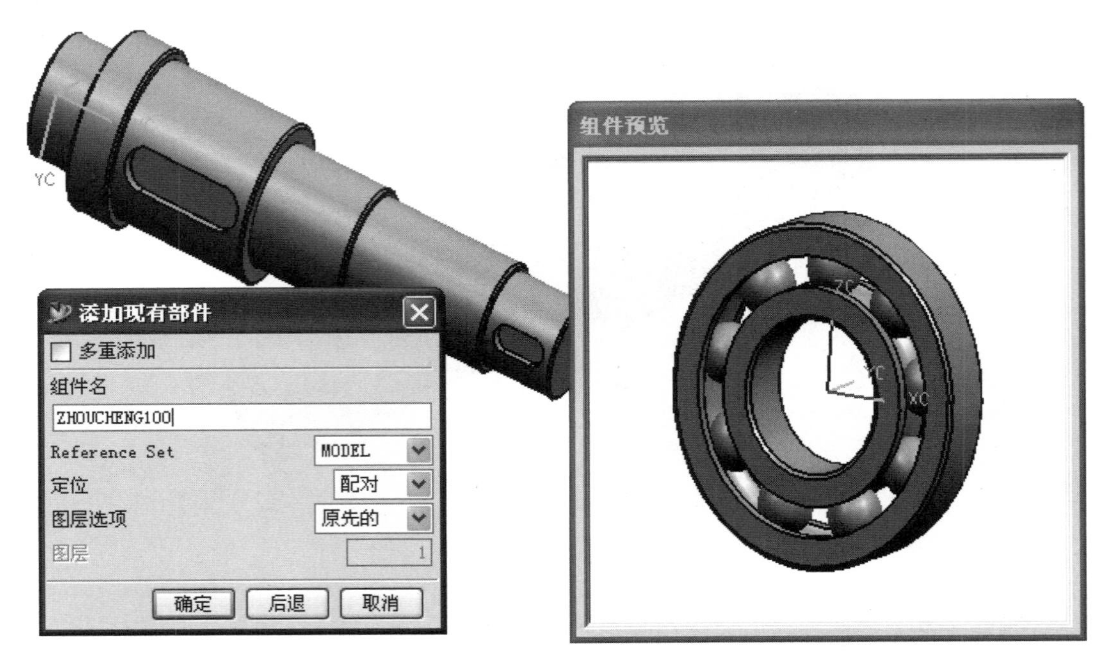

图 8-6

（6）单击对话框中的“应用”按钮，系统将按照配对条件把一个轴承安装在轴上，效果如图 8-7 至图 8-9 所示。

（7）单击“确定”按钮，返回到“选择部件”对话框。

（8）保存装配文件。

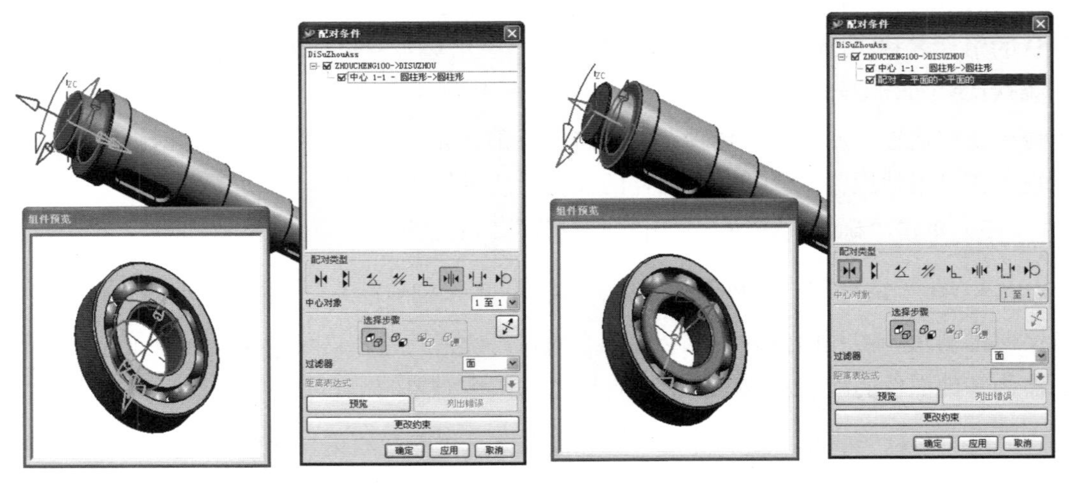

图 8-7　　　　图 8-8

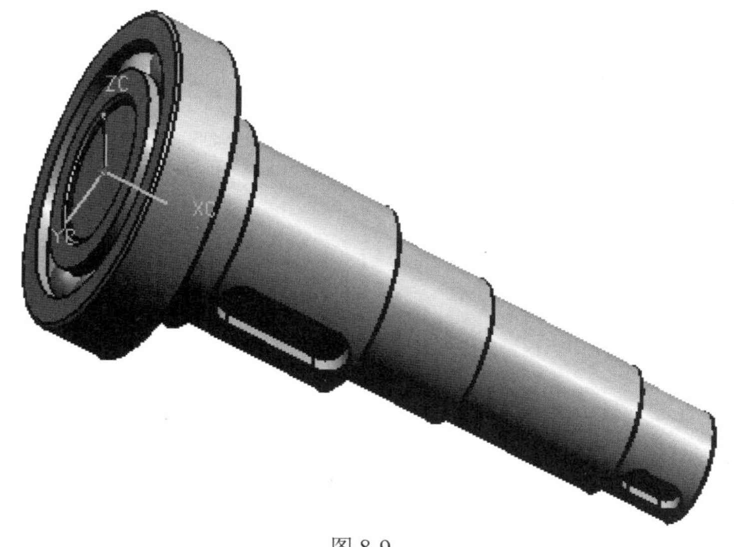

图 8-9

8.2.3 安装平键

在低速轴的中部键槽内安装平键。在装配过程中，选择“配对”类型对平键横向和垂直自由度进行约束，选择“中心对齐”类型对平键纵向自由度进行约束，具体操作步骤如下所述。

（1）单击“添加现有的组件”图标，弹出“选择部件”对话框；再单击“选择部件文件”按钮，弹出“选择部件”对话框。在减速器文件目录中选择文件“121903”，并在对话框右侧生成零件预览。

（2）单击“确定”按钮，系统弹出“添加现有部件”对话框。在该对话框中，保持默认的组件名称“121903”不变。在“引用集”下拉列表中选择“Model”选项，系统默认只加载零部件实体模型。在“定位”下拉列表中选择“配对”选项，在“层选项”下拉列表中选择“原先的”选项，系统将保持部件原来的层位置。系统同时按照对话框中的设置在“组件预览”区域生成部件的预览，效果如图 8-10 所示。

（3）单击“确定”按钮，弹出“配对条件”对话框。

（4）在对话框的“配对类型”组合框中单击“中心约束”按钮图标。在组件预览区单击平键左侧的半圆柱面作为相配合的配合对象，然后在绘图区中单击低速轴上键槽左端的圆柱面作为基础部件的配合对象，系统将使所选的两个对象的中心线对齐。

（5）在对话框的“配对类型”组合框中单击“配对约束”按钮图标。在组件预览区单击平键的底面作为相配合的配合对象，然后在绘图区中单击低速轴键槽的底面作为基础部件的配合对象，系统将使所选的两个对象共面而且法线方向相反。

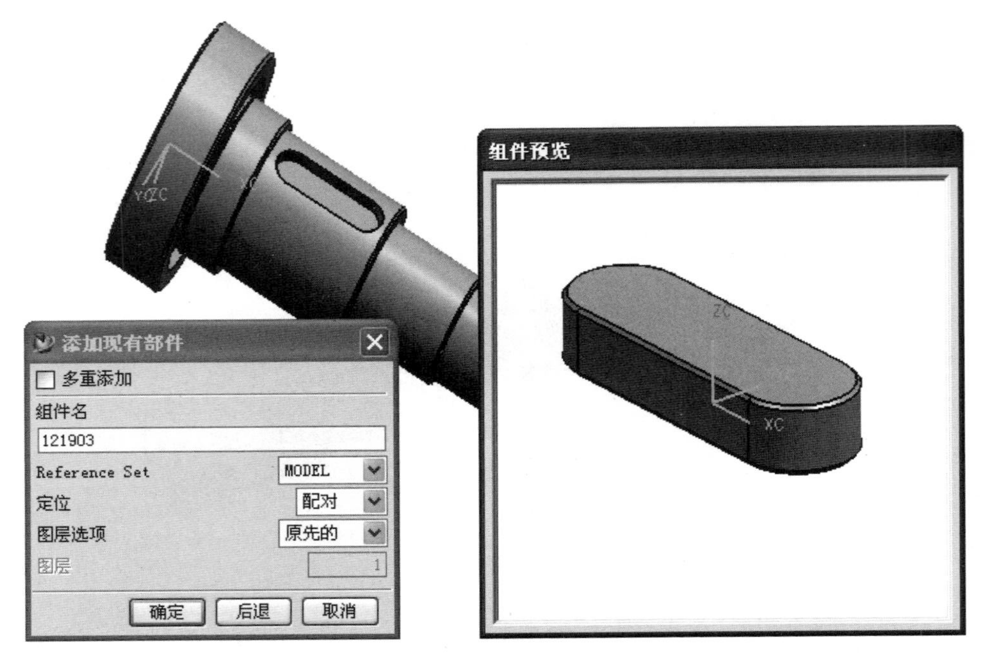

图 8-10

（6） 在对话框的“配对类型”组合框中单击“配对约束”按钮图标。在组件预览区单击平键的侧面作为相配合的配合对象，然后在绘图区中单击低速轴键槽相对应的侧面作为基础部件的配合对象，系统将使所选的两个对象共面而且法线方向相反。

注意：几个约束条件的选择配合对象过程中要注意零件方向的一致性，选择对象不方便的时候可以适当地翻转装配体和被装配零件。

（7）单击对话框中的“应用”按钮，系统将按照配对条件把平键安装在轴的键槽上面，效果如图 8-11 至图 8-14 所示。

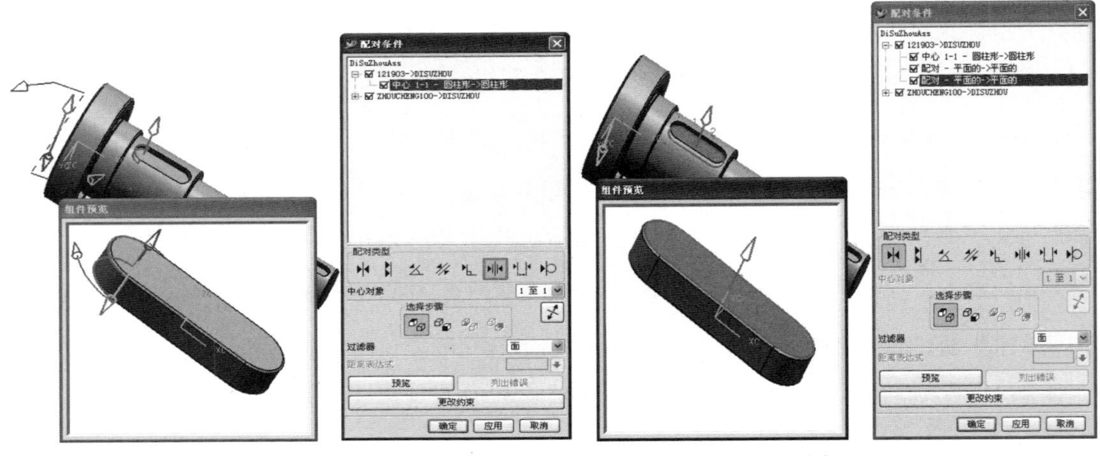

图 8-11　　　　图 8-12

图 8-13　　　　图 8-14

（8）单击“确定”按钮，返回到“选择部件”对话框。

（9）保存装配文件。

8.2.4　安装大齿轮

在低速轴的中部直径为 58 的圆柱上安装大齿轮。在装配过程中，选择“配对”类型对轴向自由度进行约束，选择“中心对齐”类型对径向自由度进行约束，具体操作步骤如下所述。

（1）单击“添加现有的组件”图标，弹出“选择部件”对话框；再单击“选择部件文件”按钮，弹出“选择部件”对话框。在减速器文件目录中选择文件“DiSuChiLun”，并在对话框右侧生成零件预览。

（2）单击“确定”按钮，系统弹出“添加现有部件”对话框。在该对话框中，保持默认的组件名称“DiSuChiLun”不变。在“引用集”下拉列表中选择“Model”选项，系统默认只加载零部件实体模型。在“定位”下拉列表中选择“配对”选项，在“层选项”下拉列表中选择“原先的”选项，系统将保持部件原来的层位置。系统同时按照对话框中的设置在“组件预览”区域生成部件的预览，效果如图 8-15 所示。

（3）单击“确定”按钮，弹出“配对条件”对话框。

（4）在对话框的“配对类型”组合框中单击“中心约束” 按钮图标。在组件预览区单击大齿轮的中心孔面作为相配合的配合对象，然后在绘图区中单击低速轴上直径为 58 的圆柱面作为基础部件的配合对象，系统将使所选的两个对象的中心线对齐。

（5）在对话框的“配对类型”组合框中单击“配对约束” 按钮图标。在组件预览区单击大齿轮对应的端面作为相配合的配合对象，然后在绘图区中单击低速轴的对应阶梯端面作为基础部件的配合对象，系统将使所选的两个对象共面而且法线方向相反。

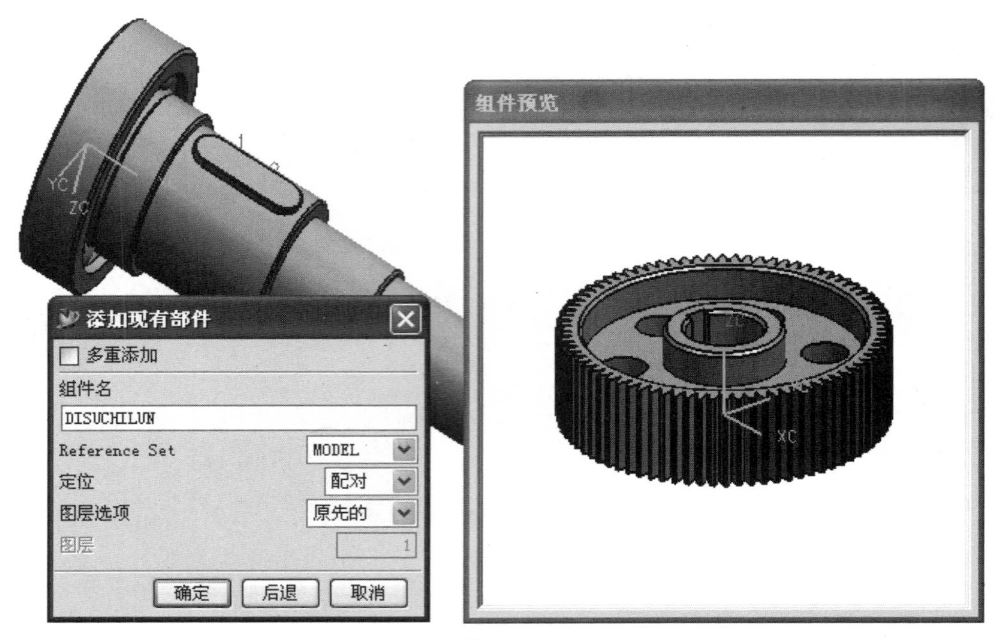

图 8-15

（6） 在对话框的“配对类型”组合框中单击“配对约束” 按钮图标。在组件预览区单击大齿轮的键槽的一个侧面作为相配合的配合对象，然后在绘图区中单击平键的对应侧面作为基础部件的配合对象，系统将使所选的两个对象共面而且法线方向相反。

注意：几个约束条件的选择配合对象过程中要注意零件方向的一致性，选择对象不方便的时候可以适当地翻转装配体和被装配零件。

（7）单击对话框中的“应用”按钮，系统将按照配对条件把大齿轮安装在轴上，效果如图 8-16 至图 8-19 所示。

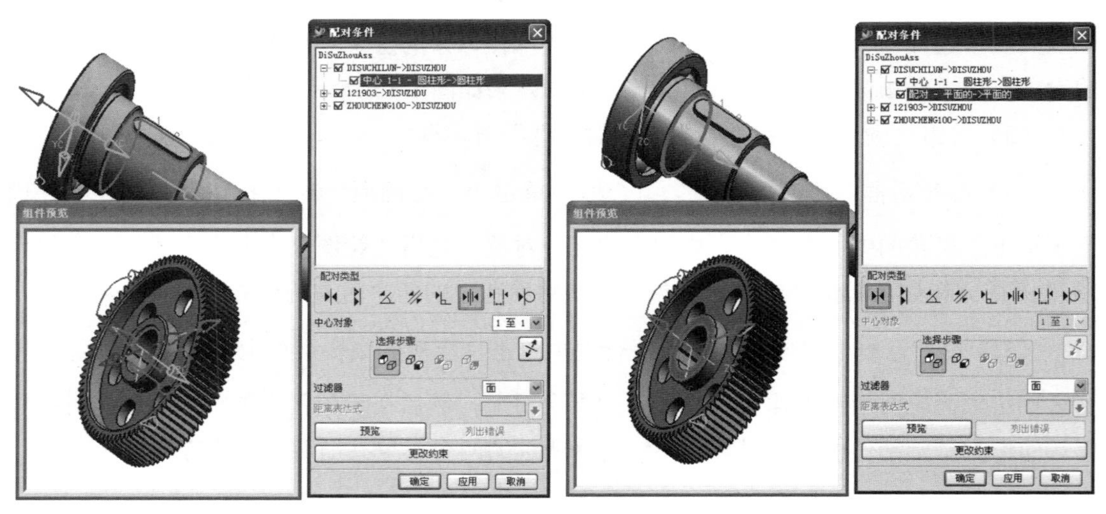

图 8-16　　　　图 8-17

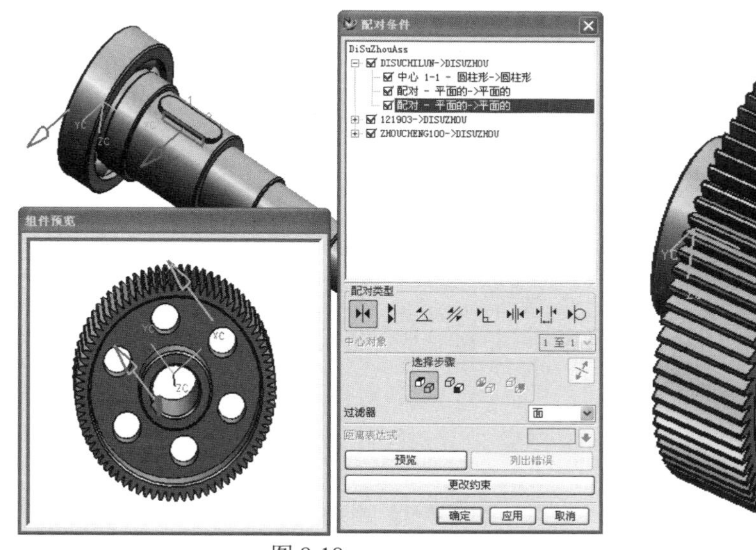

图 8-18

图 8-19

（8）单击“确定”按钮，返回到“选择部件”对话框。

（9）保存装配文件。

定距环、另一个轴承的安装过程和上述步骤基本相同，这里不再介绍，留给读者自己去练习完成。

8.3　高速轴装配

本节将介绍单级减速器高速轴系统的装配。高速轴系统主要由 3 个零部件装配而成，其中基础零件为齿轮轴，2 个完全相同的深沟球轴承为配合零件。为了把高速轴系统固定安装在减速器底座与机盖之间的圆柱孔里面，在两侧还各有 1 个密封圈和 1 个端盖。

在装配过程中，首先在空白装配体中导入齿轮轴作为基础零件，然后在齿轮轴的两端各自安装一个轴承，完成后的最终装配结果如图 8-20 所示。

8.3.1　导入基础零件 —— 齿轮轴

新建一个名称为“Assembly02”的空白装配部件，然后将基础零件（齿轮轴）导入装配部件中，具体操作步骤如下所述。

（1）启动 UG NX 4 软件，单击“新建文件”，在打开的“新部件文件”对话框中，选择减速器文件存盘位置，输入文件名称“Assembly_02”，单位选择“毫米”，完成后单击“确定”按钮。

（2）单击菜单“起始”，单击“装配”，装配工具条出现，进入装配模式。

（3）单击“添加现有的组件”图标，弹出“选择部件”对话框；再单击“选择部件文件”按钮，弹出“选择部件”对话框。在减速器文件目录中选择文件“GearModule”的齿轮轴，并在对话框右侧生成零件预览，如图 8-21 所示。

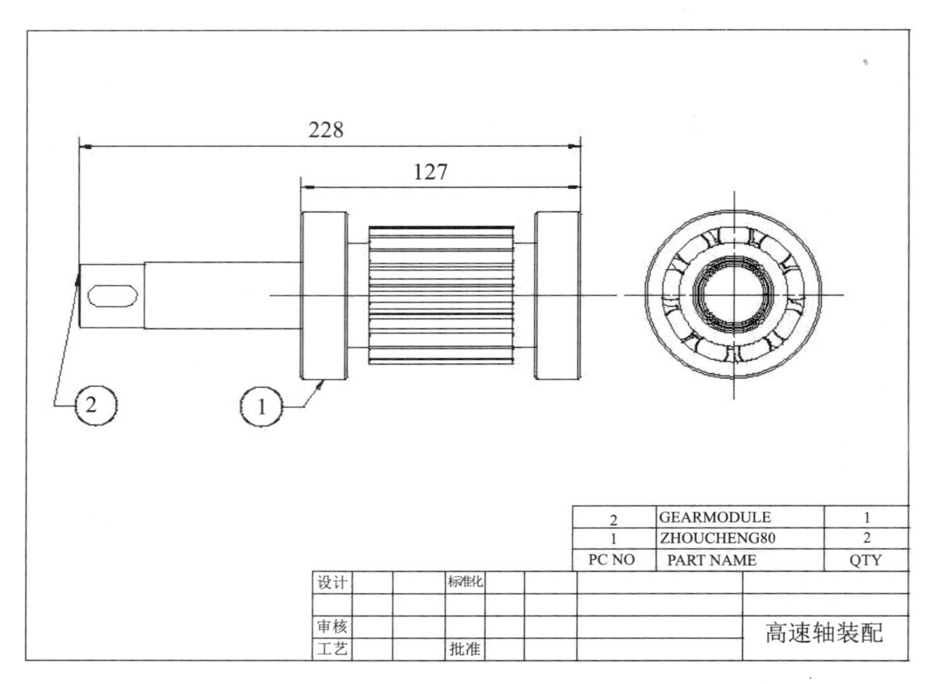

图 8-20

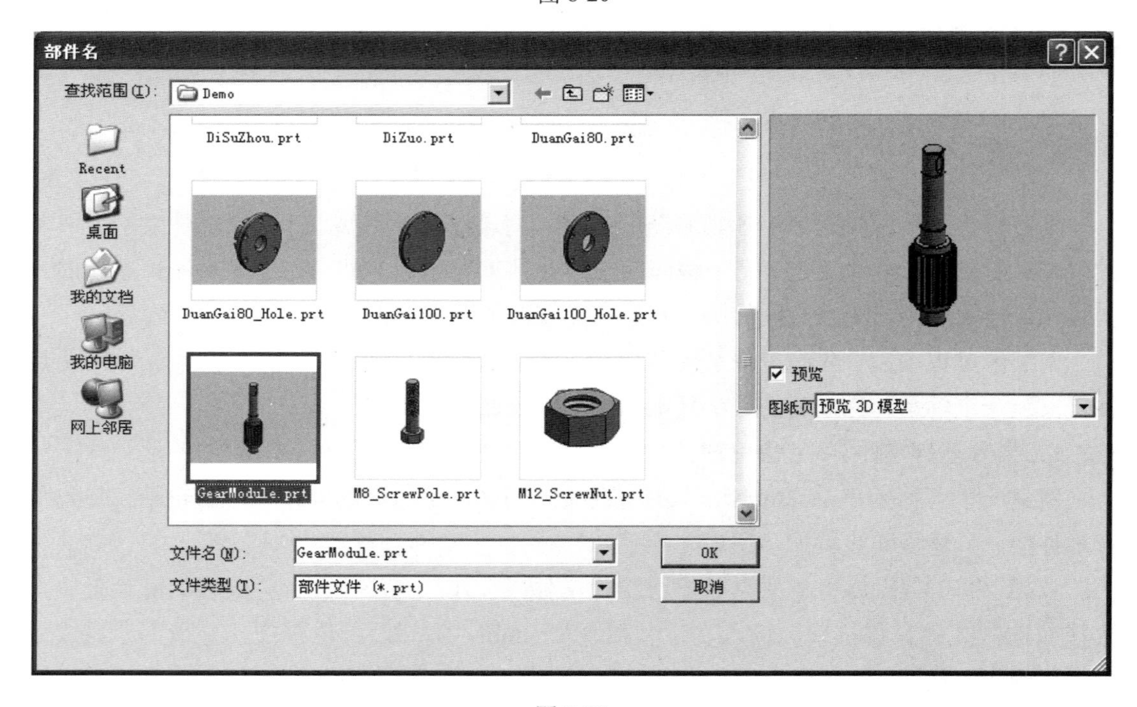

图 8-21

（4）单击“确定”按钮，系统弹出“添加现有部件”对话框。在该对话框中，保持默认的组件名称“GearModule”不变。在“引用集”下拉列表中选择“Model”选项，系统默认只加载零部件实体模型。在“定位”下拉列表中选择“绝对的”选项，系统将按照绝对定位方式确定部件在装配中的位置。在“层选项”下拉列表中选择“原先的”选项，系统将保持部件原来的层位置。系统同时按照对话框中的设置在“组件预览”区域生成部件的预览，效果如图 8-22 所示。

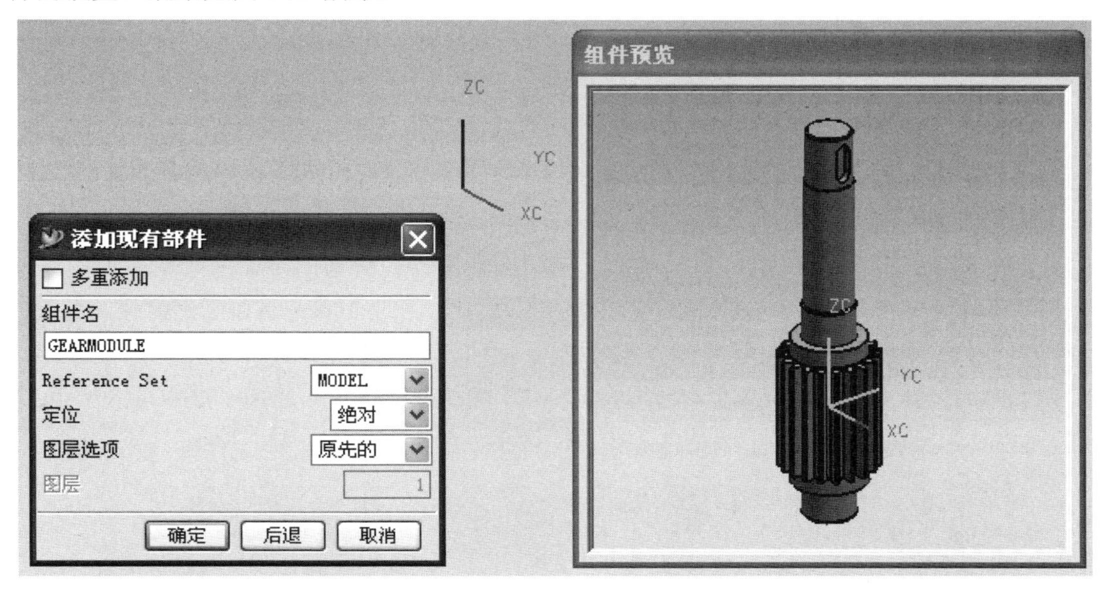

图 8-22

（5）单击“确定”按钮，弹出“点构造器”对话框，保持默认的（0，0，0）作为部件在装配中的目标位置。单击“确定”按钮，齿轮轴部件被导入装配体中，效果如图 8-23 所示。

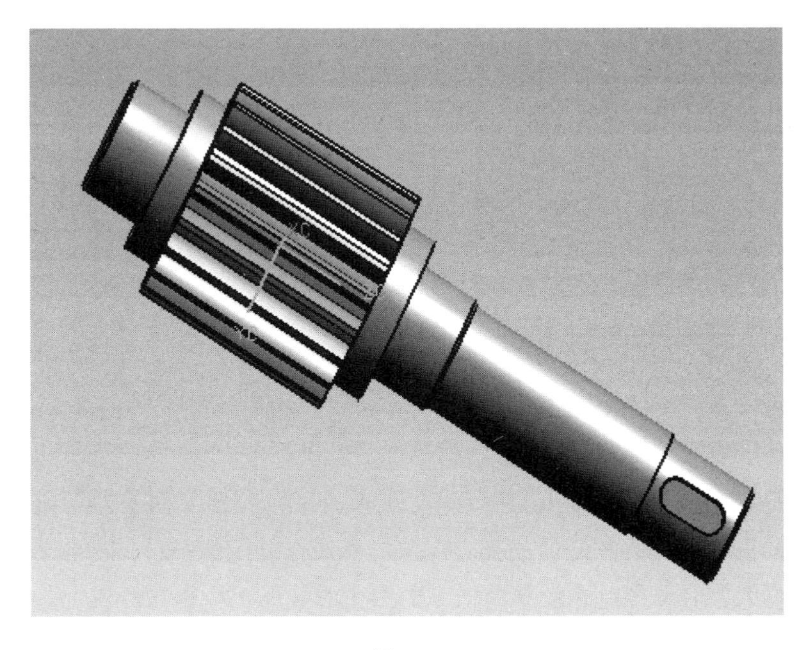

图 8-23

（6）保存装配文件。

8.3.2 安装轴承

在齿轮轴的左端部直径为“35”的圆柱上安装一个轴承。在装配过程中，选择“配对”类型对轴向自由度进行约束，选择“中心对齐”类型对径向自由度进行约束，具体操作步骤如下所述。

（1）单击“添加现有的组件”图标，弹出“选择部件”对话框。单击“选择部件文件”按钮，弹出“选择部件”对话框。在减速器文件目录中选择文件“ZhouCheng80”，并在对话框右侧生成零件预览。

（2）单击“确定”按钮，系统弹出“添加现有部件”对话框。在该对话框中，保持默认的组件名称“ZhouCheng80”不变。在“引用集”下拉列表中选择“Model”选项，系统默认只加载零部件实体模型。在“定位”下拉列表中选择“配对”选项，在“层选项”下拉列表中选择“原先的”选项，系统将保持部件原来的层位置。系统同时按照对话框中的设置在“组件预览”区域生成部件的预览，效果如图 8-24 所示。

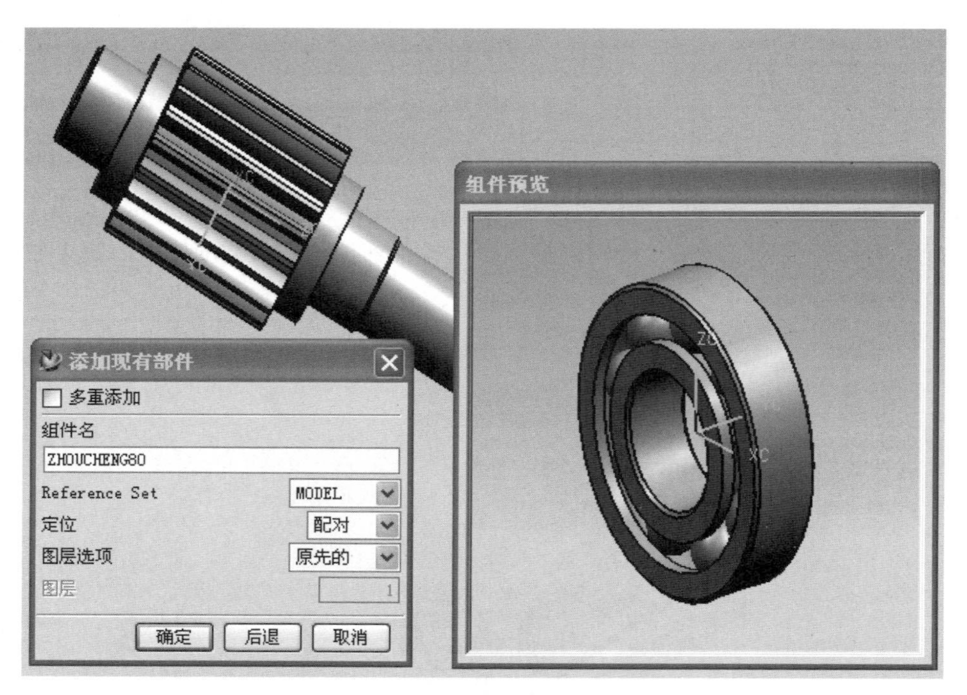

图 8-24

（3）单击“确定”按钮，弹出“配对条件”对话框。

（4）在对话框的“配对类型”组合框中单击“中心约束” 按钮图标。在组件预览区单击轴承的内孔面作为相配合的配合对象，然后在绘图区中单击齿轮轴最左端的圆柱面作为基础部件的配合对象，系统将使所选的两个对象的中心线对齐。

（5） 在对话框的“配对类型”组合框中单击“配对约束” 按钮图标。在组件预览区单击轴承的端面作为相配合的配合对象，然后在绘图区中单击齿轮轴第二个轴段的端面作为基础部件的配合对象，系统将使所选的两个对象共面而且法线方向相反。

注意：几个约束条件的选择配合对象过程中要注意零件方向的一致性，选择对象不方便的时候可以适当地翻转装配体和被装配零件。

（6）单击对话框中的“应用”按钮，系统将按照配对条件把一个轴承安装在齿轮轴上，效果如图 8-25 至图 8-27 所示。

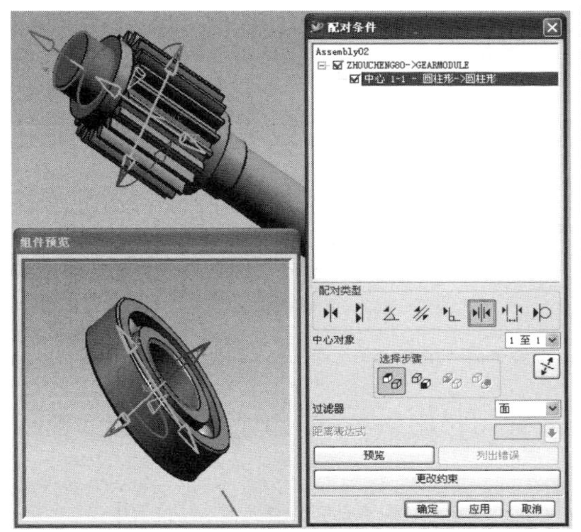

图 8-25

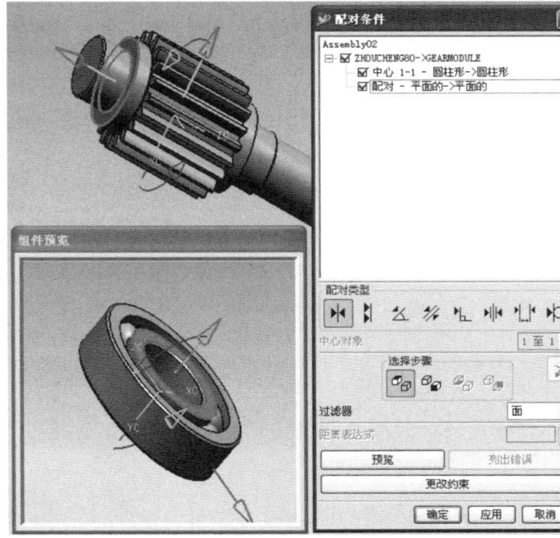

图 8-26

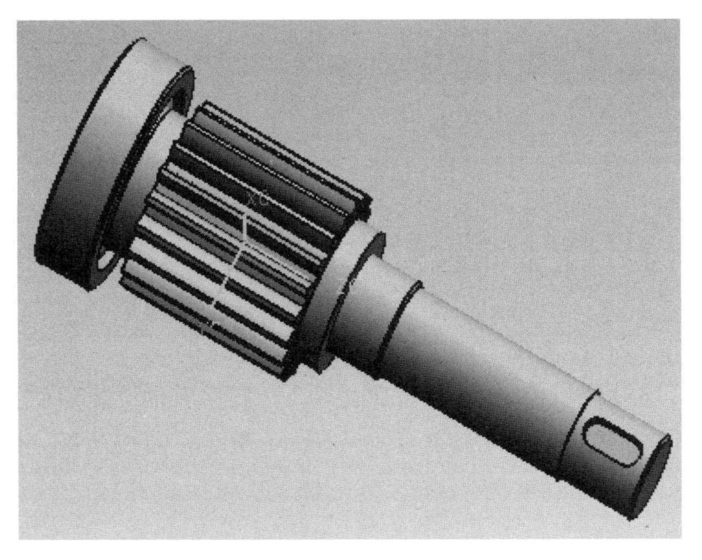

图 8-27

（7）单击“确定”按钮，返回到“选择部件”对话框。

（8）在齿轮轴的另一侧安装同样的轴承，结果如图 8-28 所示。

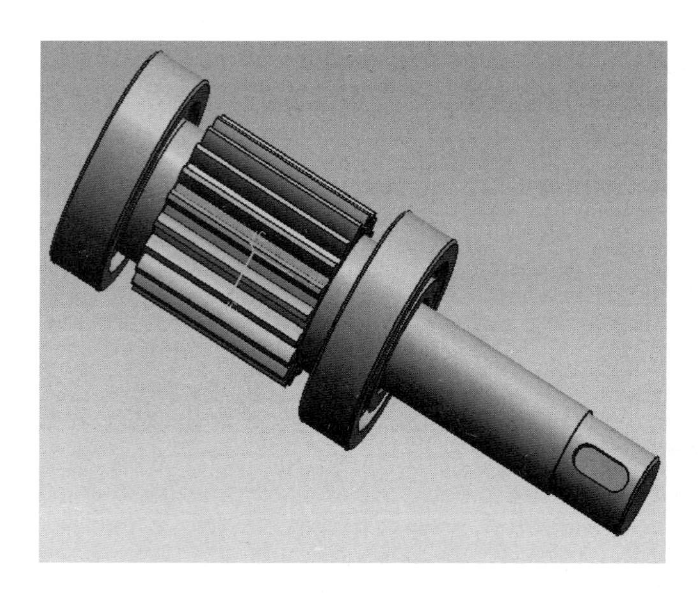

图 8-28

（9）保存装配文件。

8.4 在减速器底座上安装密封圈、轴承端盖和轴组件

本节介绍减速器的整体安装。主要介绍在减速器底座上安装密封圈、轴承端盖、高速轴组件和低速轴组件。

首先将减速器底座导入空白的装配体中，然后在底座侧面上安装密封圈、轴承端盖、高速轴组件和低速轴组件，最后再调整大齿轮和齿轮轴圆周方向和位置，使它们接触的轮齿相互啮合。

8.4.1 导入基础零件——减速器底座

新建一个名称为“Assembly01”的空白装配部件，然后将基础零件（减速器底座）导入装配部件中，具体操作步骤如下所述。

（1）启动 UG NX 4 软件，单击“新建文件”，在打开的“新部件文件”对话框中，选择减速器文件存盘位置，输入文件名称“Assembly01”，单位选择“毫米”，完成后单击“确定”按钮。

（2）单击菜单“起始”，单击“装配”，装配工具条出现，进入装配模式。

（3）单击“添加现有的组件”图标，弹出“选择部件”对话框；再单击“选择部件文件”按钮，弹出“选择部件”对话框。在减速器文件目录中选择文件“DiZuo”的减速器底座，并在对话框右侧生成零件预览，如图 8-29 所示。

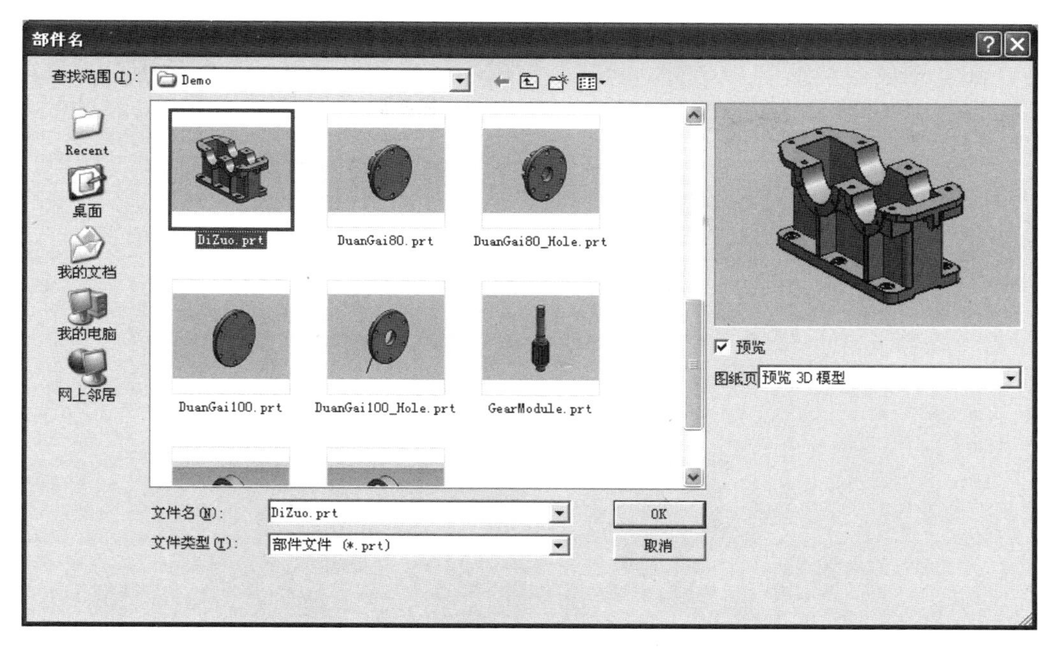

图 8-29

（4）单击“确定”按钮，系统弹出“添加现有部件”对话框。在该对话框中，保持默认的组件名称“DiZuo”不变。在“引用集”下拉列表中选择“Model”选项，系统默认只加载零部件实体模型。在“定位”下拉列表中选择“绝对的”选项，系统将按照绝对定位方式确定部件在装配中的位置。在“层选项”下拉列表中选择“原先的”选项，系统将保持部件原来的层位置。系统同时按照对话框中的设置在“组件预览”区域生成部件的预览，效果如图 8-30 所示。

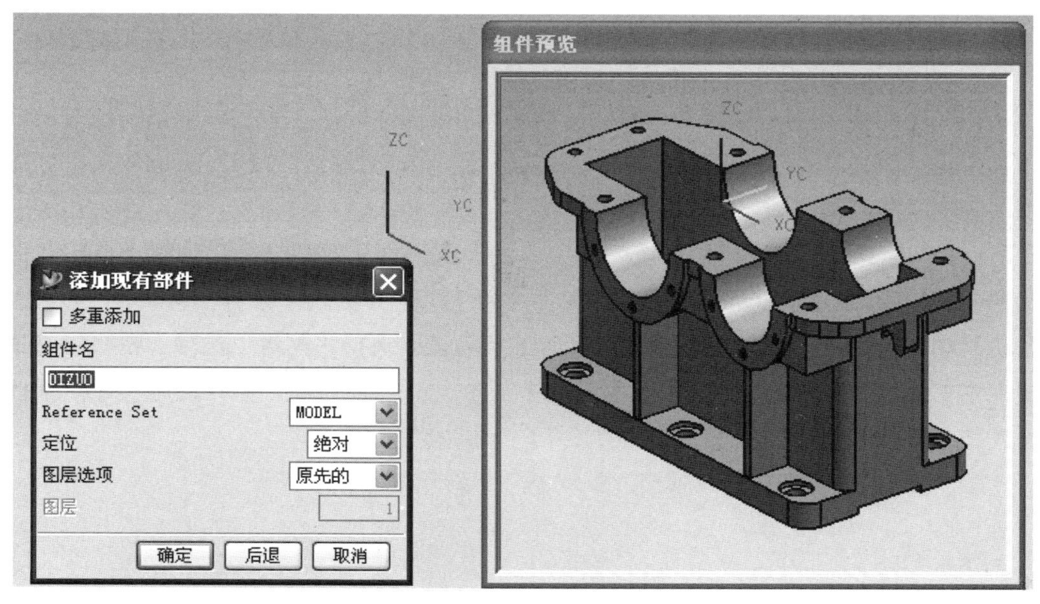

图 8-30

（5）单击“确定”按钮，弹出“点构造器”对话框，保持默认的（0，0，0）作为部件在装配中的目标位置，单击“确定”按钮，底座部件被导入装配体中，效果如图8-31所示。

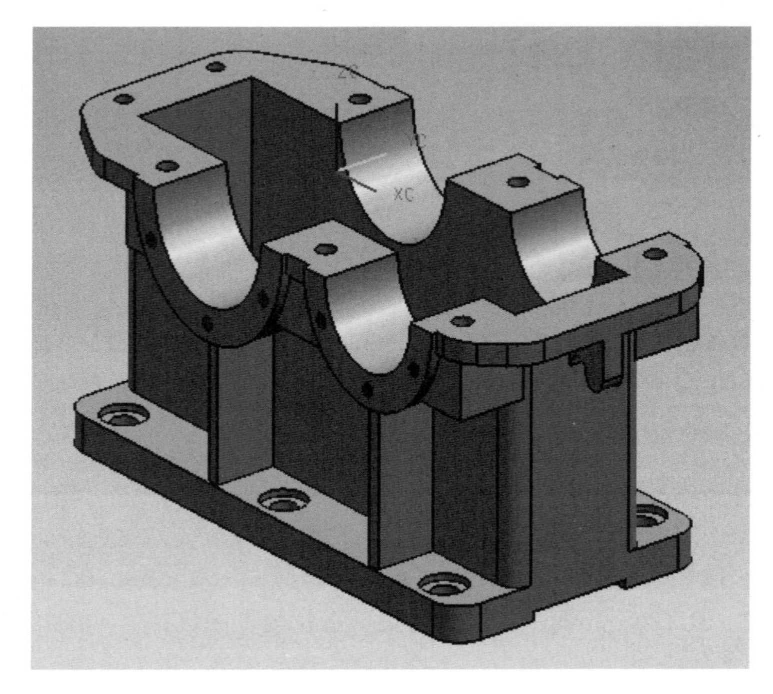

图 8-31

（6）保存装配文件。

8.4.2 安装高速轴组件

在底座的小轴承孔处安装高速轴组件。装配分为如下四个阶段。

8.4.2.1 在底座侧面安装高速轴系统的密封圈

（1）单击“添加现有的组件”图标，弹出“选择部件”对话框。单击“选择部件文件”按钮，弹出“选择部件”对话框。在减速器文件目录中选择文件“DianQuan80”，并在对话框右侧生成零件预览。

（2）单击“确定”按钮，系统弹出“添加现有部件”对话框。在该对话框中，保持默认的组件名称“DianQuan80”不变。在“引用集”下拉列表中选择“Model”选项，系统默认只加载零部件实体模型。在“定位”下拉列表中选择“配对”选项，在“层选项”下拉列表中选择“原先的”选项，系统将保持部件原来的层位置。系统同时按照对话框中的设置在“组件预览”区域生成部件的预览，效果如图8-32所示。

（3）单击“确定”按钮，弹出“配对条件”对话框。

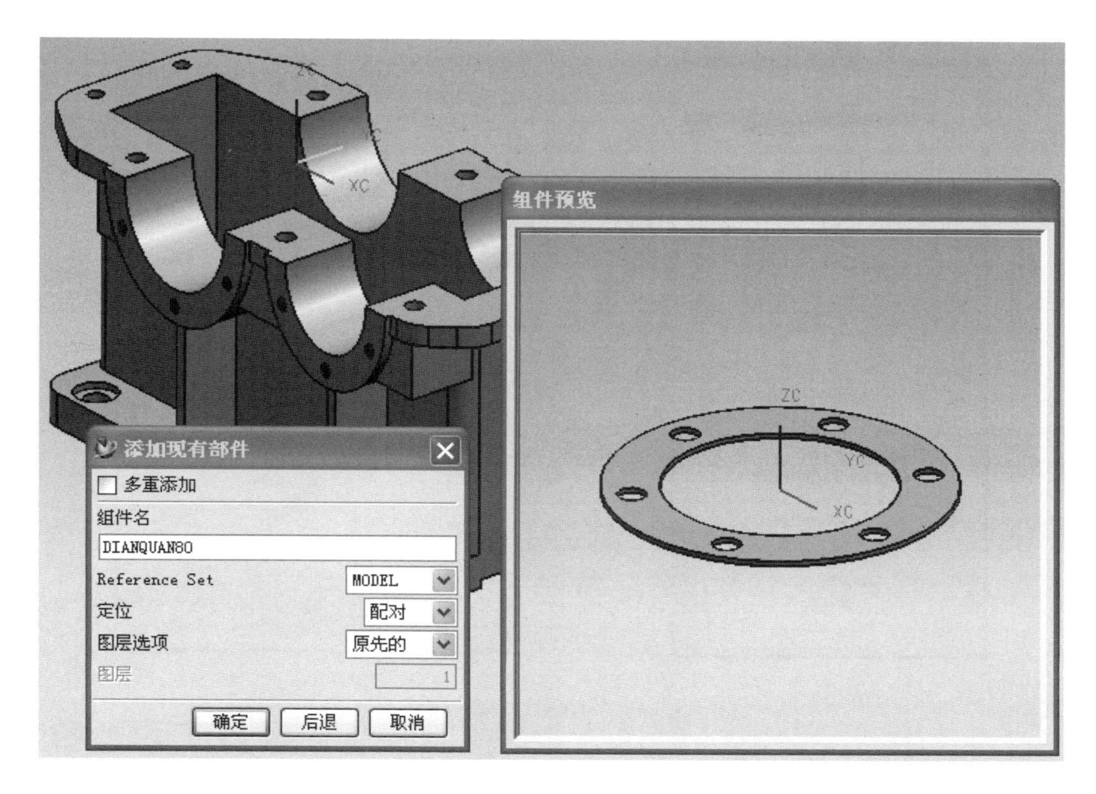

图 8-32

（4）在对话框的“配对类型”组合框中单击“中心约束”按钮图标。在组件预览区单击密封圈的内孔面作为相配合的配合对象，然后在绘图区中单击底座小轴承孔的圆柱面作为基础部件的配合对象，系统将使所选的两个对象的中心线对齐。

（5）在对话框的“配对类型”组合框中单击“配对约束”按钮图标。在组件预览区单击密封圈的端面作为相配合的配合对象，然后在绘图区中单击底座小轴承孔的端面作为基础部件的配合对象，系统将使所选的两个对象共面而且法线方向相反。

（6）在对话框的“配对类型”组合框中单击“对齐约束”按钮图标。在组件预览区单击密封圈的均布小孔的内孔面作为相配合的配合对象，然后在绘图区中单击底座小轴承孔端面上的小孔面作为基础部件的配合对象，系统将使所选的两个对象轴向一致。

注意：几个约束条件的选择配合对象过程中要注意零件方向的一致性，选择对象不方便的时候可以适当地翻转装配体和被装配零件。

（7）单击对话框中的“应用”按钮，系统将按照配对条件把一个密封圈安装在底座上，效果如图 8-33 所至图 8-36 所示。

（8）单击“确定”按钮，返回到“选择部件”对话框。

（9）保存装配文件。

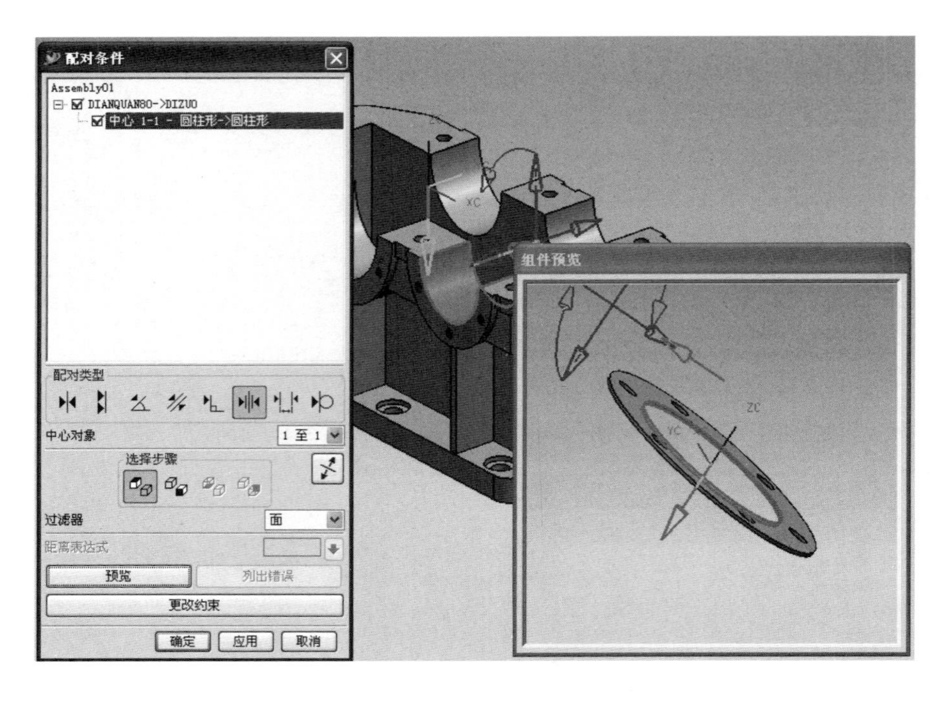
配对条件
Assembly01
DIANQUAN80->DIZUO
中心 1-1 - 圆柱形->圆柱形
配对类型
中心对象
1 至 1
选择步骤
过滤器
面
距离表达式
预览
列出错误
更改约束
确定
应用
取消
组件预览

图 8-33

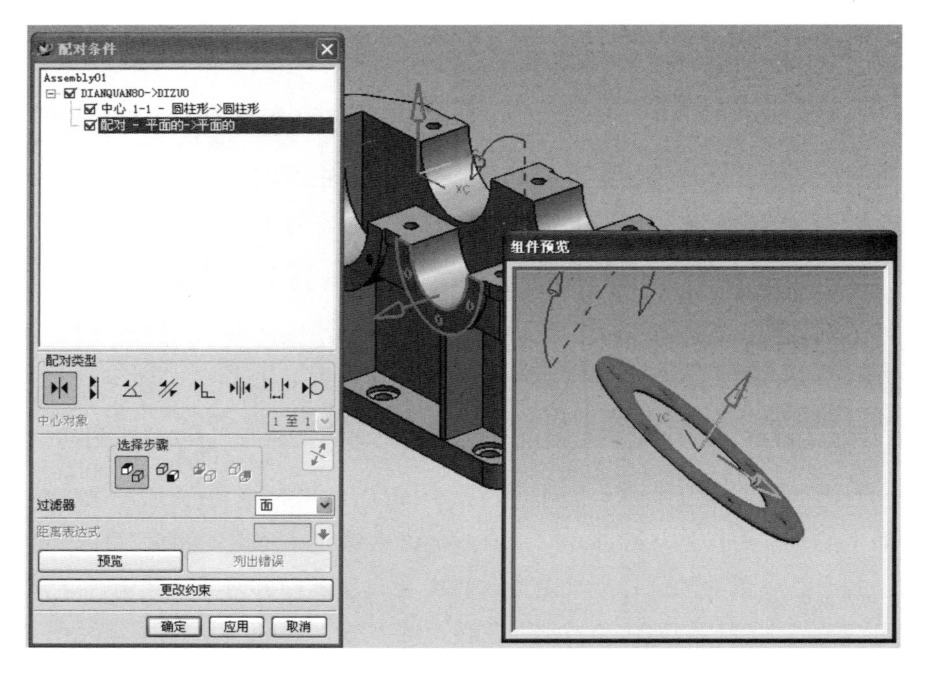
配对条件
Assembly01
DIANQUAN80->DIZUO
中心 1-1 - 圆柱形->圆柱形
配对 - 平面的->平面的
配对类型
中心对象
1 至 1
选择步骤
过滤器
面
距离表达式
预览
列出错误
更改约束
确定
应用
取消
组件预览

图 8-34

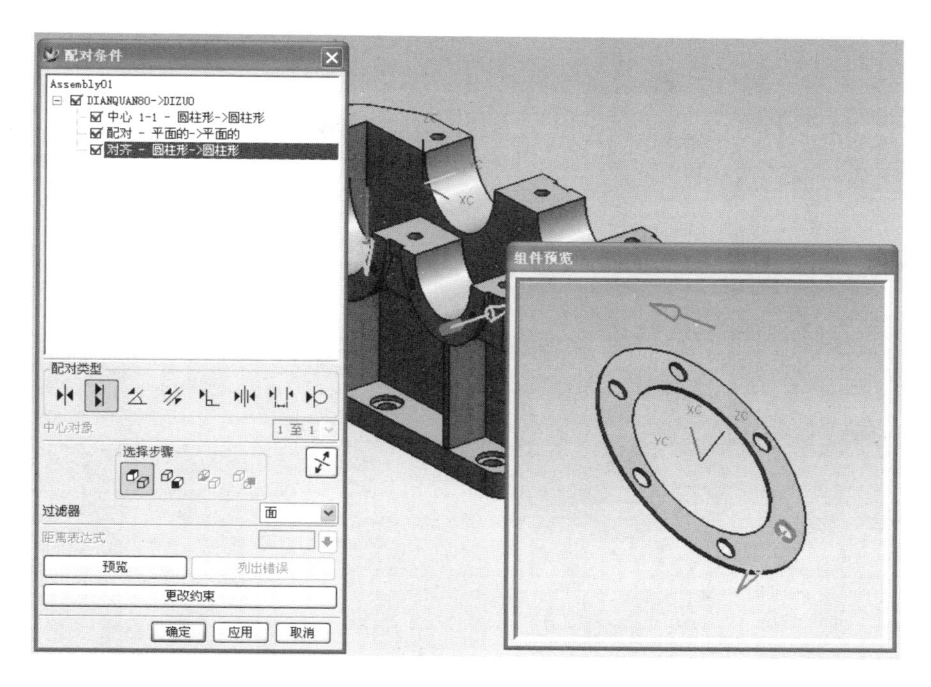

图 8-35

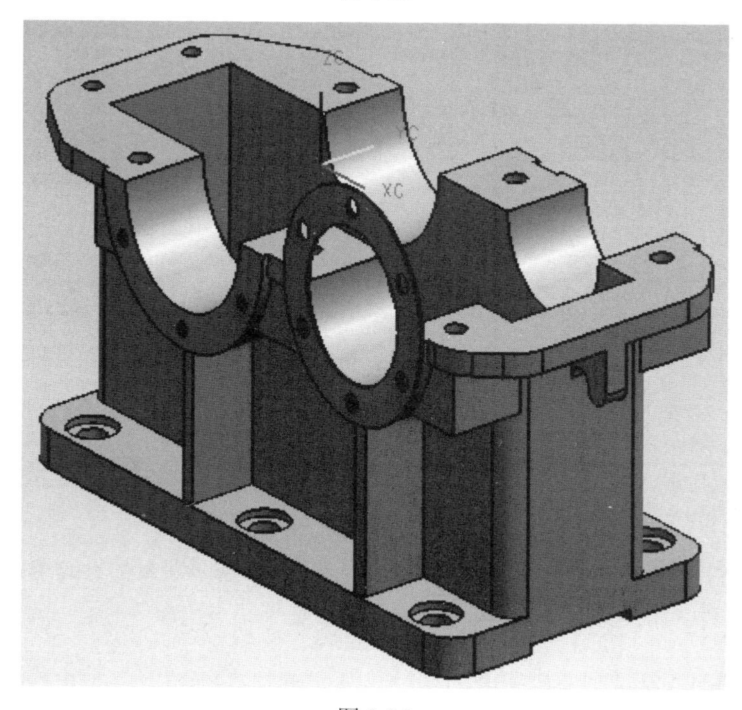

图 8-36

8.4.2.2　在底座侧面安装高速轴系统的无孔端盖

（1）单击“添加现有的组件”图标，弹出“选择部件”对话框；再单击“选择部件文件”按钮，弹出“选择部件”对话框。在减速器文件目录中选择文件“DuanGai80”，并在对话框右侧生成零件预览。

（2）单击“确定”按钮，系统弹出“添加现有部件”对话框。在该对话框中，保持默认的组件名称“DuanGai80”不变。在“引用集”下拉列表中选择“Model”选项，系统默认只加载零部件实体模型。在“定位”下拉列表中选择“配对”选项，在“层选项”下拉列表中选择“原先的”选项，系统将保持部件原来的层位置。系统同时按照对话框中的设置在“组件预览”区域生成部件的预览，效果如图 8-37 所示。

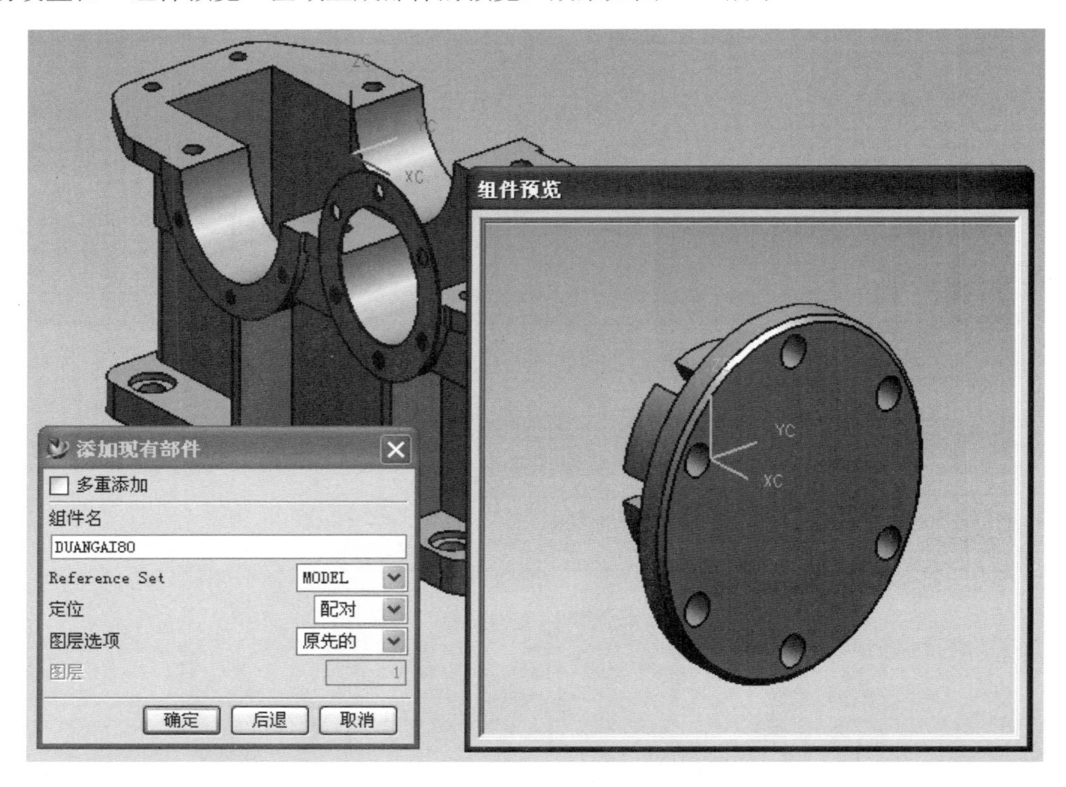

图 8-37

（3）单击“确定”按钮，弹出“配对条件”对话框。

（4）在对话框的“配对类型”组合框中单击“中心约束”按钮图标。在组件预览区单击端盖上直径为 80 的圆柱面作为相配合的配合对象，然后在绘图区中单击底座小轴承孔的圆柱面作为基础部件的配合对象，系统将使所选的两个对象的中心线对齐。

（5）在对话框的“配对类型”组合框中单击“配对约束”按钮图标。在组件预览区单击端盖内侧的端面作为相配合的配合对象，然后在绘图区中单击密封圈的外端面作为基础部件的配合对象，系统将使所选的两个对象共面而且法线方向相反。

（6）在对话框的“配对类型”组合框中单击“对齐约束”按钮图标。在组件预览区单击端盖的均布小孔的内孔面作为相配合的配合对象，然后在绘图区中单击底座小轴承孔端面上的小孔面作为基础部件的配合对象，系统将使所选的两个对象轴向一致。

注意：几个约束条件的选择配合对象过程中要注意零件方向的一致性，选择对象不方便的时候可以适当地翻转装配体和被装配零件。

（7）单击对话框中的“应用”按钮，系统将按照配对条件把一个端盖安装在底座上，效果如图 8-38 至如图 8-41 所示。

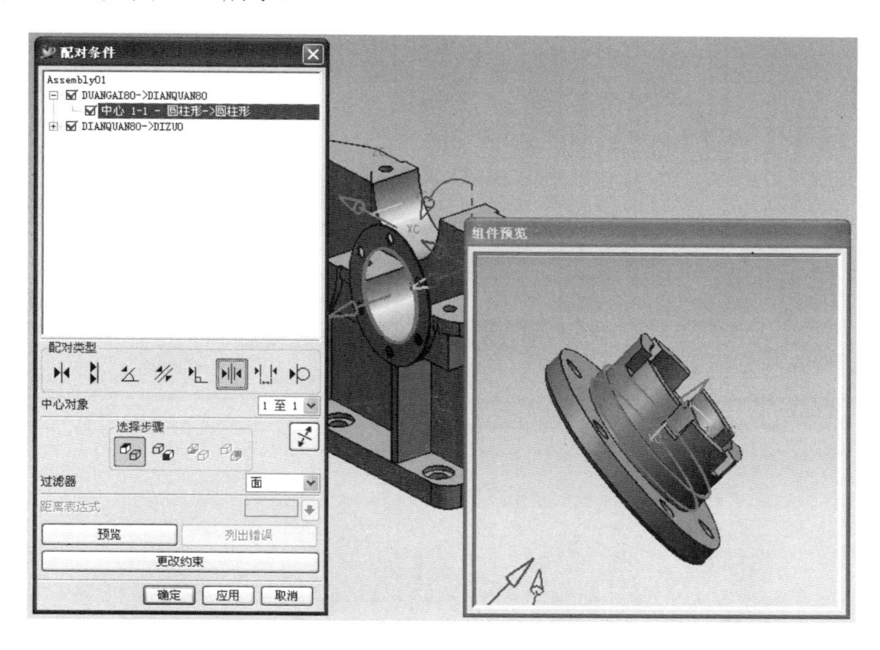

图 8-38

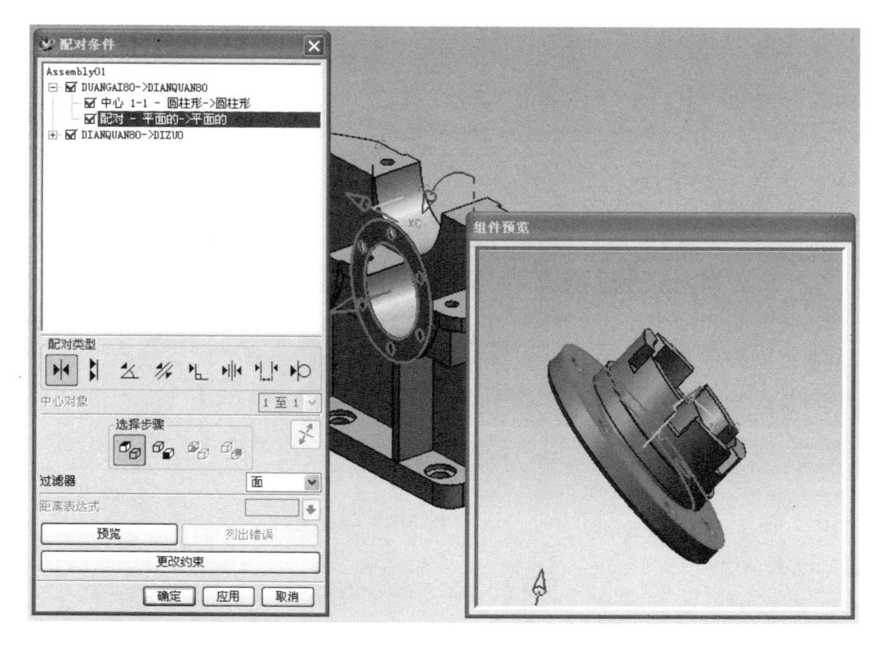

图 8-39

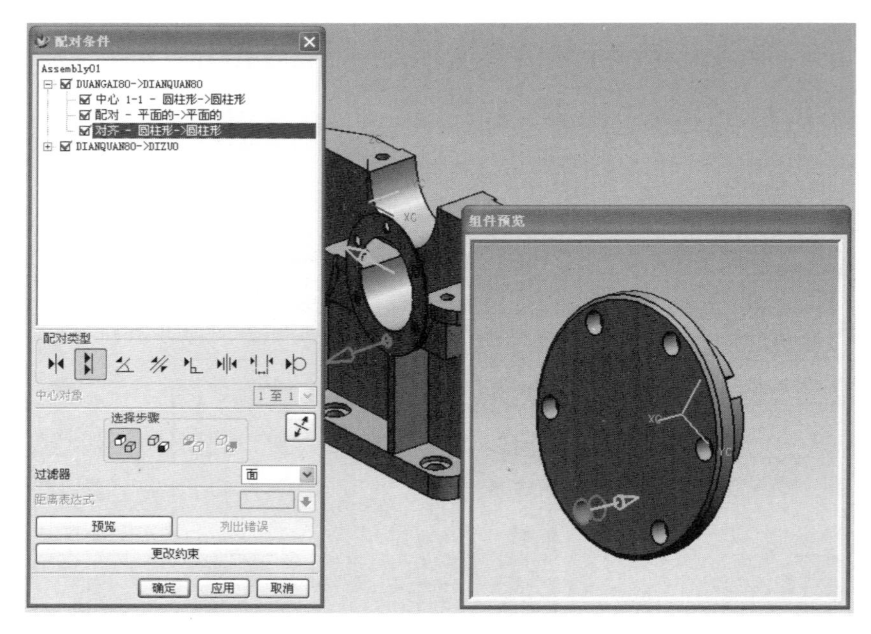

图 8-40

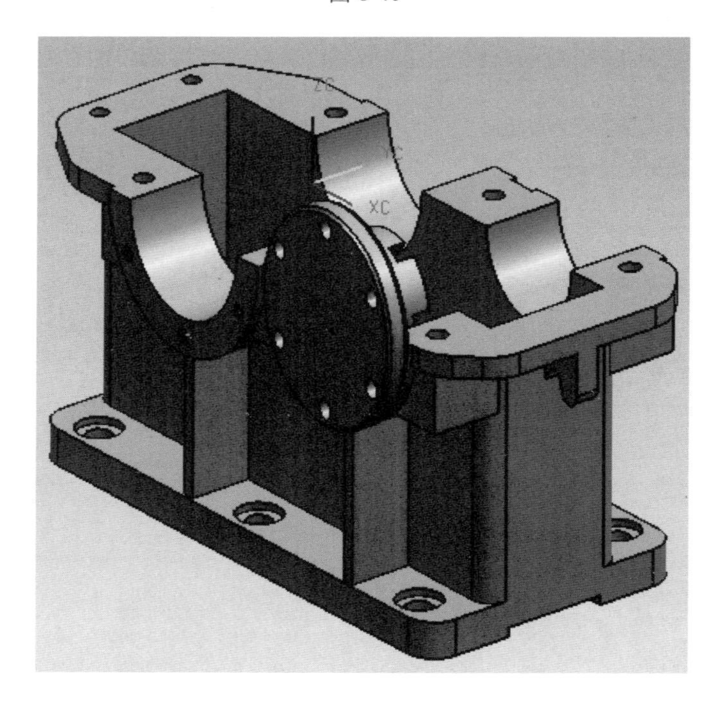

图 8-41

（8）单击“确定”按钮，返回到“选择部件”对话框。

（9）保存装配文件。

8.4.2.3　在底座安装高速轴组件

（1）单击“添加现有的组件”图标，弹出“选择部件”对话框；再单击“选择部件文件”按钮，弹出“选择部件”对话框。在减速器文件目录中选择文件“Assembly02”，并在对话框右侧生成零件预览。

（2）单击“确定”按钮，系统弹出“添加现有部件”对话框。在该对话框中，保持默认的组件名称“Assembly02”不变。在“引用集”下拉列表中选择“Model”选项，系统默认只加载零部件实体模型。在“定位”下拉列表中选择“配对”选项，在“层选项”下拉列表中选择“原先的”选项，系统将保持部件原来的层位置。系统同时按照对话框中的设置在“组件预览”区域生成部件的预览，效果如图 8-42 所示。

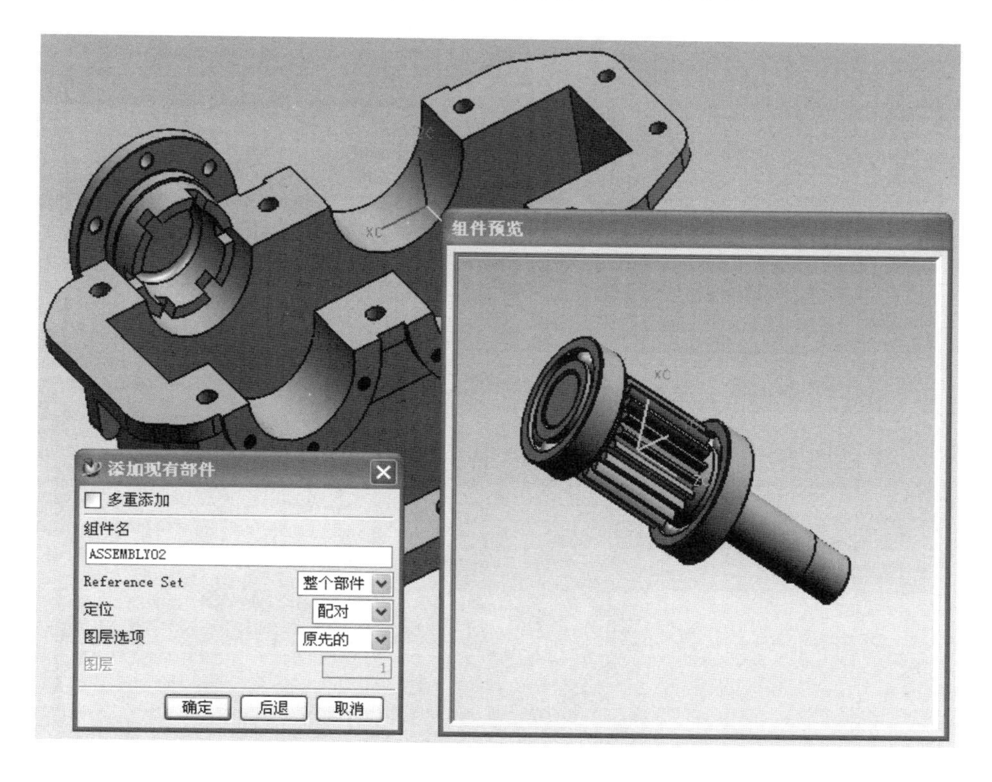

图 8-42

（3）单击“确定”按钮，弹出“配对条件”对话框。

（4）在对话框的“配对类型”组合框中单击“中心约束”按钮图标。在组件预览区单击左端轴承的圆柱面作为相配合的配合对象，然后在绘图区中单击底座小轴承孔的圆柱面作为基础部件的配合对象，系统将使所选的两个对象的中心线对齐。

（5）在对话框的“配对类型”组合框中单击“配对约束”按钮图标。在组件预览区单击左端轴承的端面作为相配合的配合对象，然后在绘图区中单击端盖的内部端面作为基础部件的配合对象，系统将使所选的两个对象共面而且法线方向相反。

注意：几个约束条件的选择配合对象过程中要注意零件方向的一致性，选择对象不方便的时候可以适当地翻转装配体和被装配零件。

（6）单击对话框中的“应用”按钮，系统将按照配对条件把高速轴组件安装在底座上，效果如图 8-43 至图 8-45 所示。

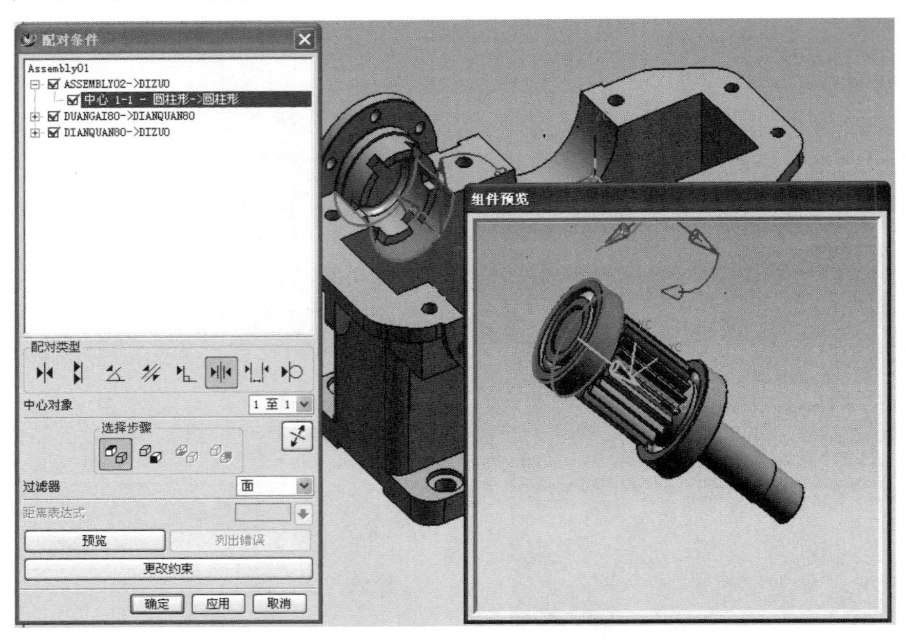

图 8-43

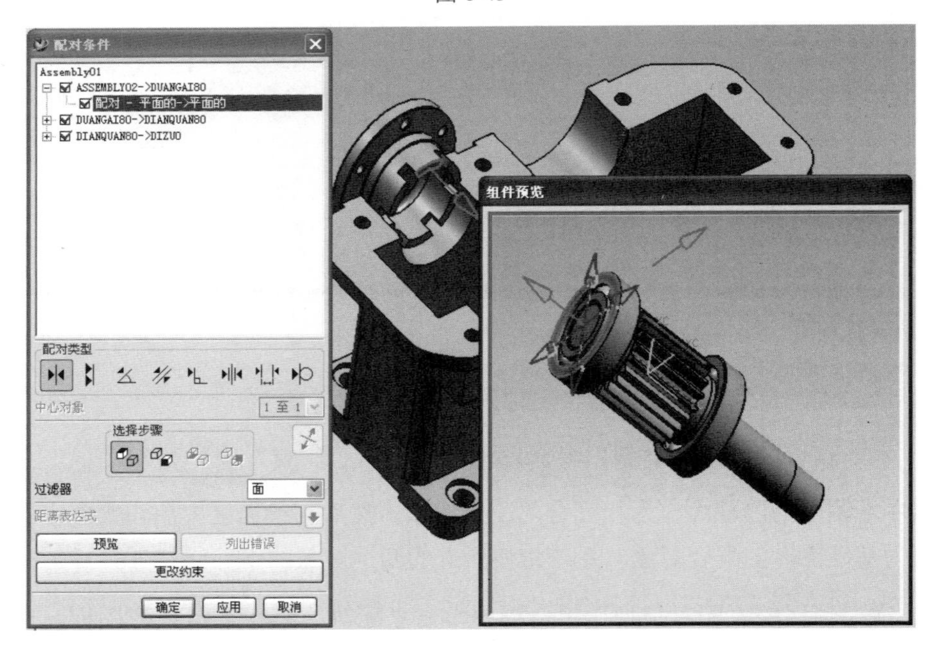

图 8-44

（7）单击“确定”按钮，返回到“选择部件”对话框。

（8）保存装配文件。

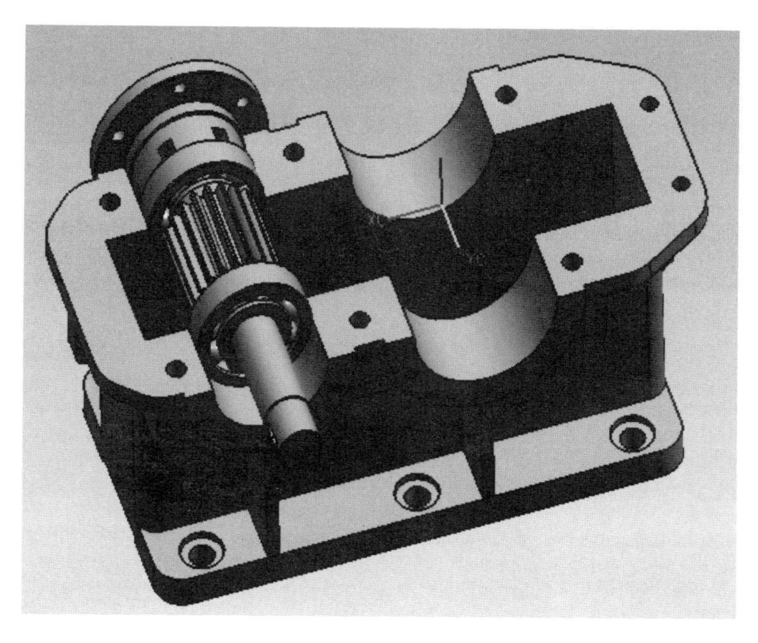

图 8-45

8.4.2.4　在底座另外的一侧安装另外一个密封圈和有孔端盖

参考上述步骤，完成底座另外一侧的密封圈和有孔端盖的装配，结果如图 8-46 所示。

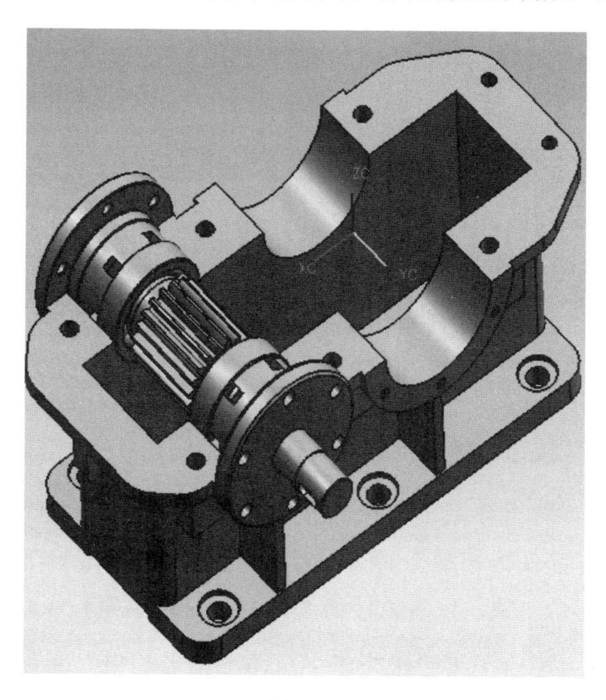

图 8-46

8.4.3　安装低速轴组件

在底座的大轴承孔处安装低速轴组件。装配分为如下四个阶段。

8.4.3.1　在底座侧面安装低速轴系统的密封圈

（1）单击“添加现有的组件”图标，弹出“选择部件”对话框；再单击“选择部件文件”按钮，弹出“选择部件”对话框。在减速器文件目录中选择文件“DianQuan100”，并在对话框右侧生成零件预览。

（2）单击“确定”按钮，系统弹出“添加现有部件”对话框。在该对话框中，保持默认的组件名称“DianQuan100”不变。在“引用集”下拉列表中选择“Model”选项，系统默认只加载零部件实体模型。在“定位”下拉列表中选择“配对”选项，在“层选项”下拉列表中选择“原先的”选项，系统将保持部件原来的层位置。系统同时按照对话框中的设置在“组件预览”区域生成部件的预览，效果如图 8-47 所示。

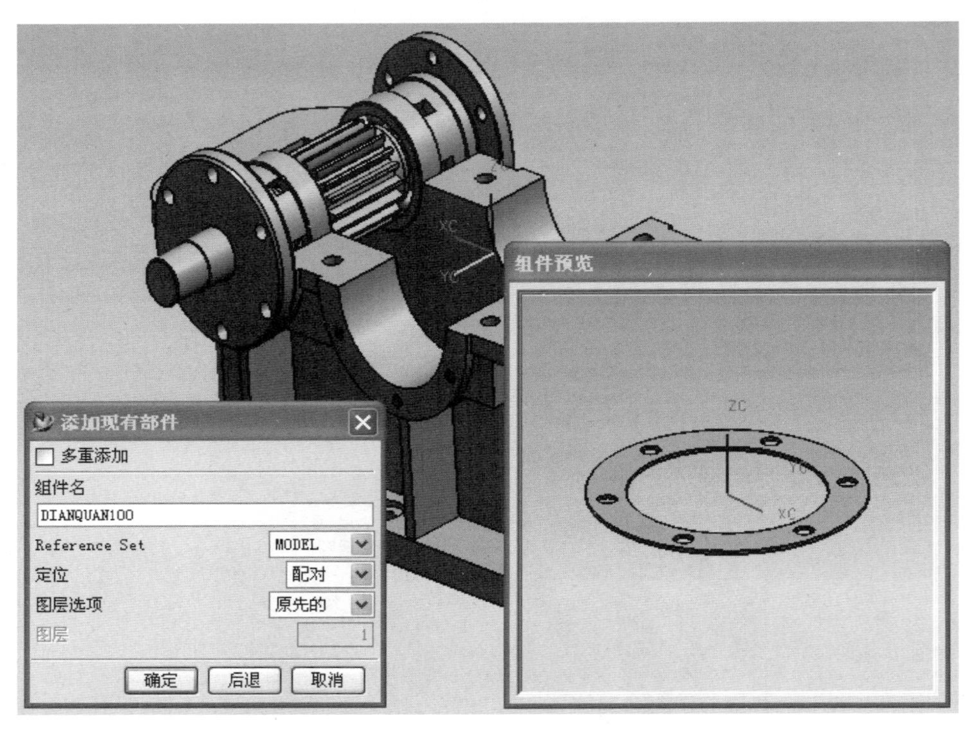

图 8-47

（3）单击“确定”按钮，弹出“配对条件”对话框。

（4）在对话框的“配对类型”组合框中单击“中心约束”按钮图标。在组件预览区单击密封圈的内孔面作为相配合的配合对象，然后在绘图区中单击底座大轴承孔的圆柱面作为基础部件的配合对象，系统将使所选的两个对象的中心线对齐。

（5）在对话框的“配对类型”组合框中单击“配对约束”按钮图标。在组件预览区单击密封圈的端面作为相配合的配合对象，然后在绘图区中单击底座大轴承孔的端面作为基础部件的配合对象，系统将使所选的两个对象共面而且法线方向相反。

（6）在对话框的“配对类型”组合框中单击“对齐约束” 按钮图标。在组件预览区单击密封圈的均布小孔的内孔面作为相配合的配合对象，然后在绘图区中单击底座大轴承孔端面上的小孔面作为基础部件的配合对象，系统将使所选的两个对象轴向一致。

注意：几个约束条件的选择配合对象过程中要注意零件方向的一致性，选择对象不方便的时候可以适当地翻转装配体和被装配零件。

（7）单击对话框中的“应用”按钮，系统将按照配对条件把一个密封圈安装在底座上，效果如图 8-48 至图 8-51 所示。

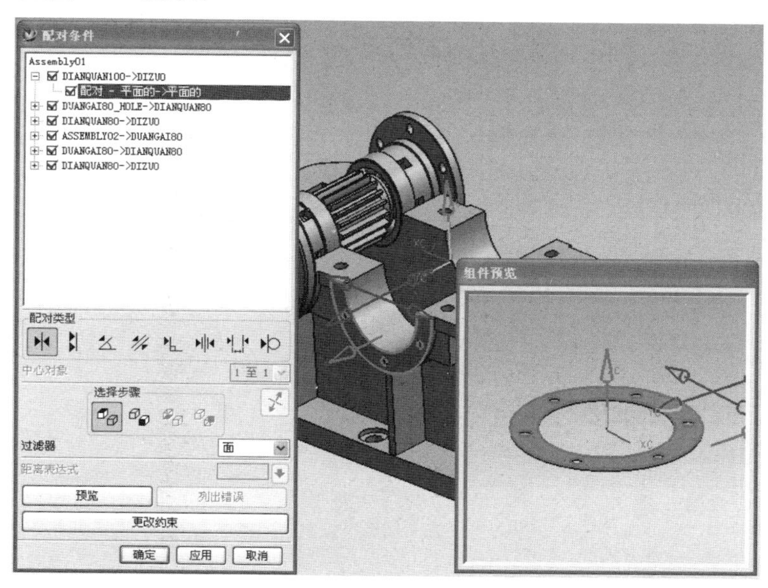

图 8-48

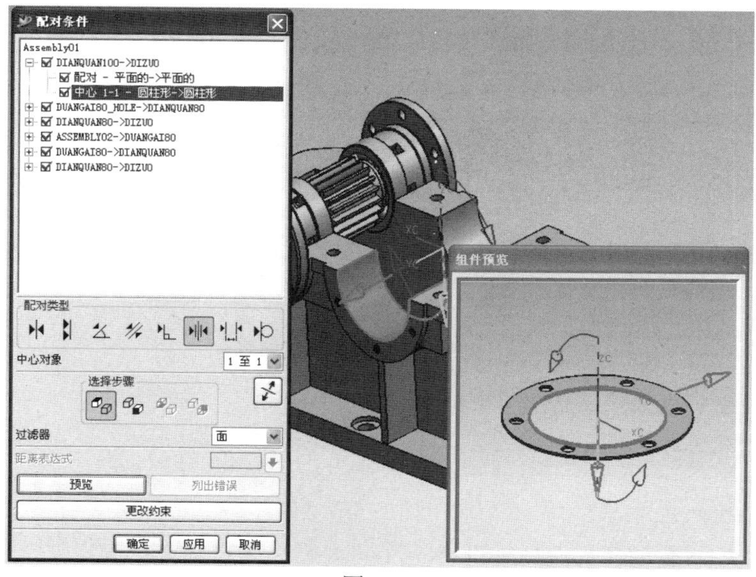

图 8-49

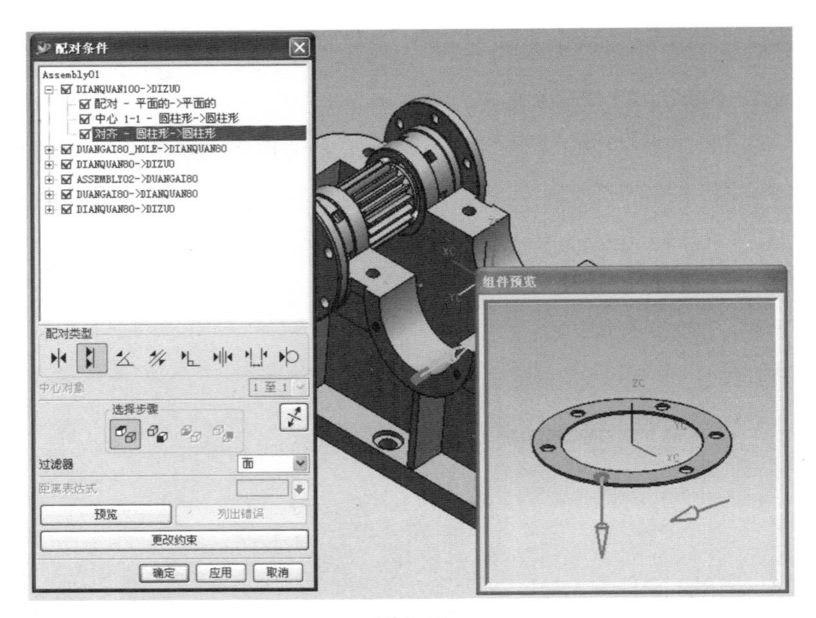

图 8-50

图 8-51

（8）单击“确定”按钮，返回到“选择部件”对话框。

（9）保存装配文件。

8.4.3.2　在底座侧面安装低速轴系统的无孔端盖

（1）单击“添加现有的组件”图标，弹出“选择部件”对话框；在单击“选择部件文件”按钮，弹出“选择部件”对话框。在减速器文件目录中选择文件“DuanGai100”，并在对话框右侧生成零件预览。

（2）单击“确定”按钮，系统弹出“添加现有部件”对话框。在该对话框中，保持默认的组件名称“DuanGai100”不变。在“引用集”下拉列表中选择“Model”选项，系统默认只加载零部件实体模型。在“定位”下拉列表中选择“配对”选项，在“层选项”下拉列表中选择“原先的”选项，系统将保持部件原来的层位置。系统同时按照对话框中的设置在“组件预览”区域生成部件的预览，效果如图 8-52 所示。

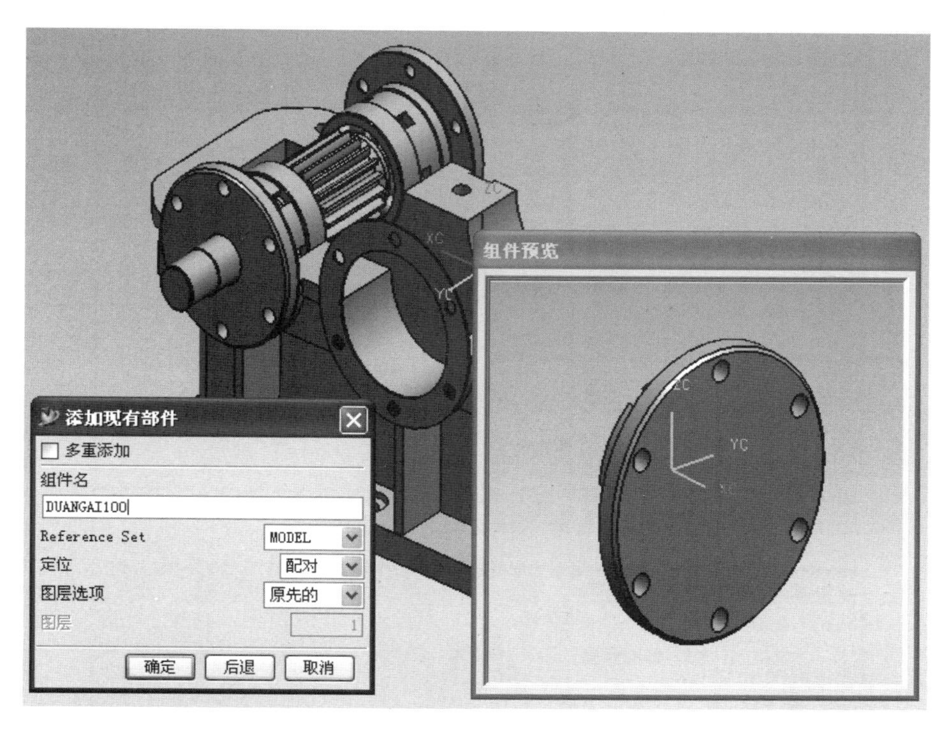

图 8-52

（3）单击“确定”按钮，弹出“配对条件”对话框。

（4）在对话框的“配对类型”组合框中单击“中心约束”按钮图标。在组件预览区单击端盖上直径为 100 的圆柱面作为相配合的配合对象，然后在绘图区中单击底座大轴承孔的圆柱面作为基础部件的配合对象，系统将使所选的两个对象的中心线对齐。

（5）在对话框的“配对类型”组合框中单击“配对约束”按钮图标。在组件预览区单击端盖内侧的端面作为相配合的配合对象，然后在绘图区中单击密封圈的外端面作为基础部件的配合对象，系统将使所选的两个对象共面而且法线方向相反。

（6）在对话框的“配对类型”组合框中单击“对齐约束”按钮图标。在组件预览区单击端盖的均布小孔的内孔面作为相配合的配合对象，然后在绘图区中单击底座大轴承孔端面上的小孔面作为基础部件的配合对象，系统将使所选的两个对象轴向一致。

注意：几个约束条件的选择配合对象过程中要注意零件方向的一致性，选择对象不方便的时候可以适当地翻转装配体和被装配零件。

（7）单击对话框中的“应用”按钮，系统将按照配对条件把一个端盖安装在底座上，效果如图 8-53 至图 8-56 所示。

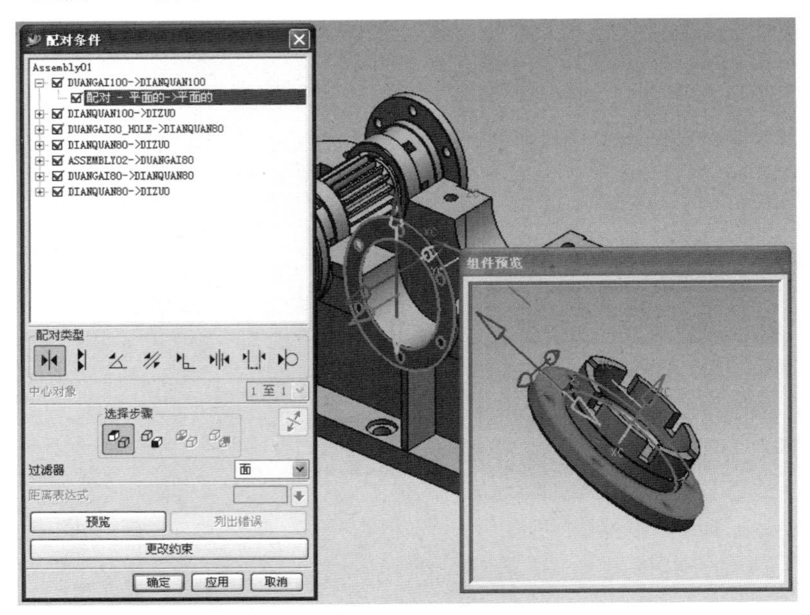

图 8-53

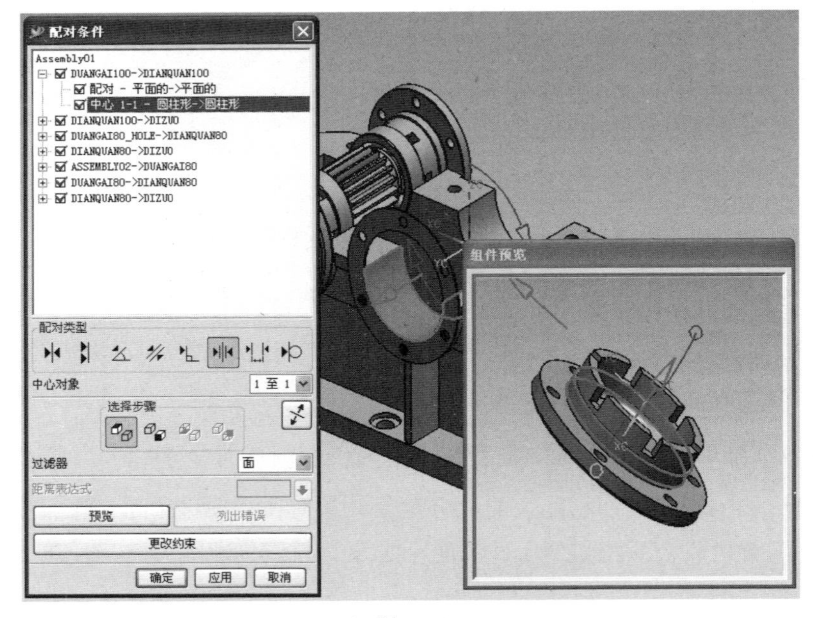

图 8-54

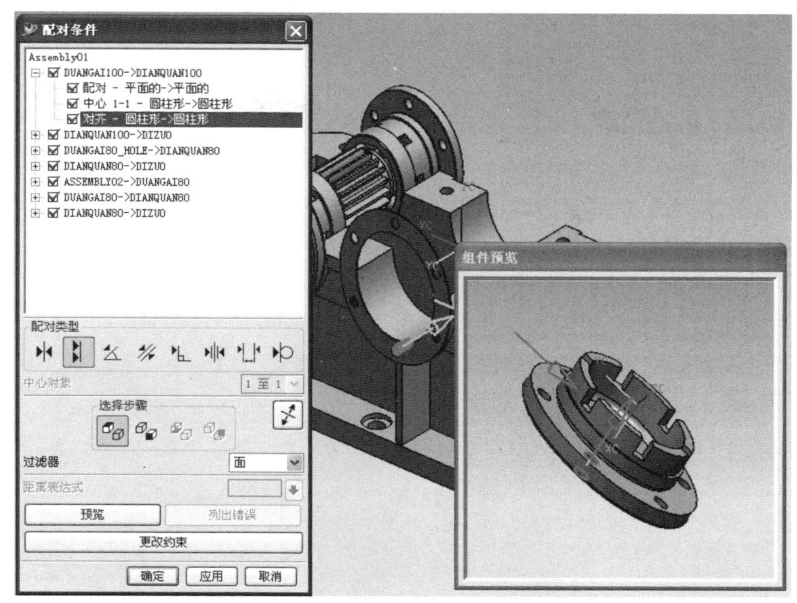

图 8-55

图 8-56

（8）单击“确定”按钮，返回到“选择部件”对话框。

（9）保存装配文件。

8.4.3.3　在底座安装低速轴组件

（1）单击“添加现有的组件”图标，弹出“选择部件”对话框；再单击“选择部件文件”按钮，弹出“选择部件”对话框。在减速器文件目录中选择文件“Assembly_DiSuZhou”，并在对话框右侧生成零件预览。

（2）单击“确定”按钮，系统弹出“添加现有部件”对话框。在该对话框中，保持默认的组件名称“Assembly_DiSuZhou”不变。在“引用集”下拉列表中选择“Model”选项，系统默认只加载零部件实体模型。在“定位”下拉列表中选择“配对”选项，在“层选项”下拉列表中选择“原先的”选项，系统将保持部件原来的层位置。系统同时按照对话框中的设置在“组件预览”区域生成部件的预览，效果如图 8-57 所示。

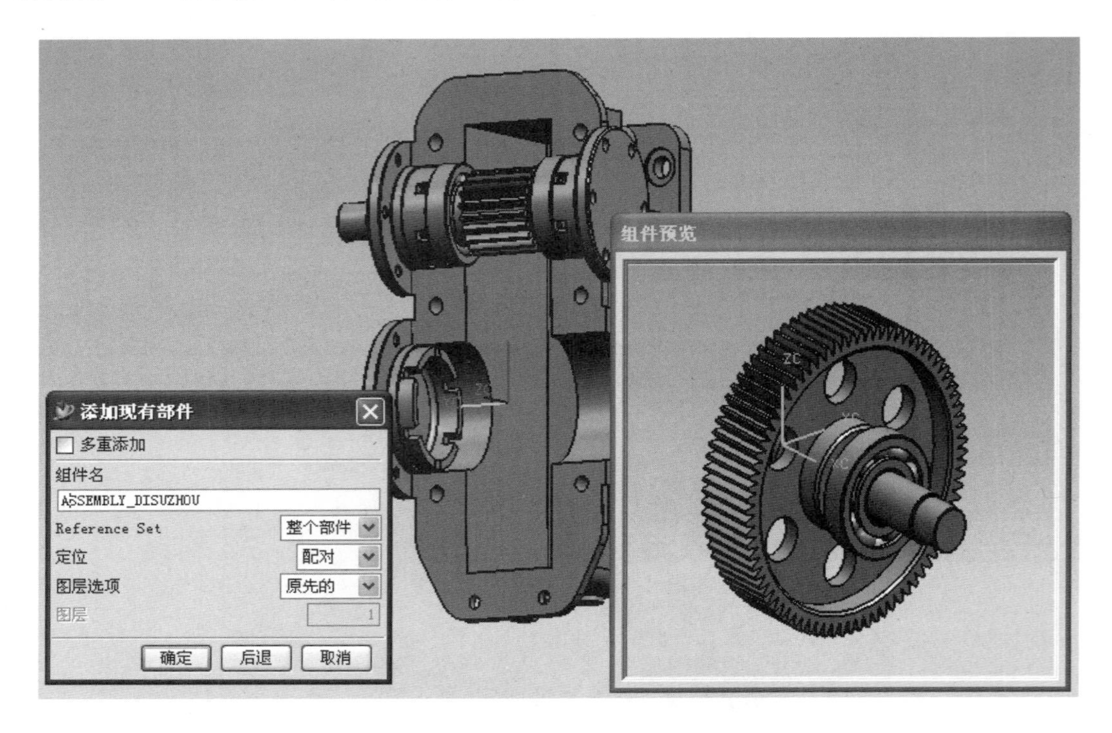

图 8-57

（3）单击“确定”按钮，弹出“配对条件”对话框。

（4）在对话框的“配对类型”组合框中单击“中心约束”按钮图标。在组件预览区单击左端轴承的圆柱面作为相配合的配合对象，然后在绘图区中单击底座大轴承孔的圆柱面作为基础部件的配合对象，系统将使所选的两个对象的中心线对齐。

（5）在对话框的“配对类型”组合框中单击“配对约束”按钮图标。在组件预览区单击左端轴承的端面作为相配合的配合对象，然后在绘图区中单击端盖的内部端面作为基础部件的配合对象，系统将使所选的两个对象共面而且法线方向相反。

注意：几个约束条件的选择配合对象过程中要注意零件方向的一致性，选择对象不方便的时候可以适当地翻转装配体和被装配零件。

（6）单击对话框中的“应用”按钮，系统将按照配对条件把低速轴组件安装在底座上，效果如图 8-58 至图 8-60 所示。

（7）单击“确定”按钮，返回到“选择部件”对话框。

（8）保存装配文件。

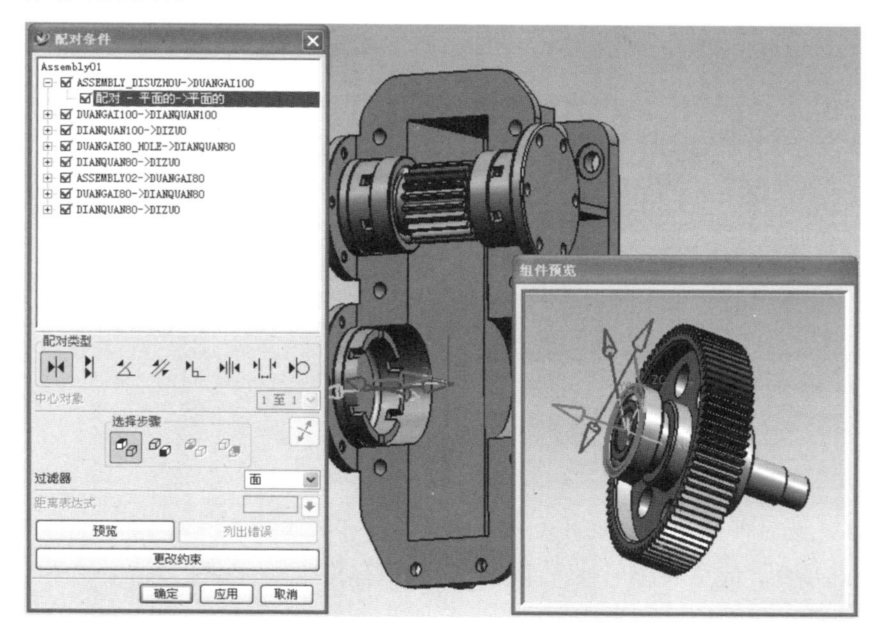

图 8-58

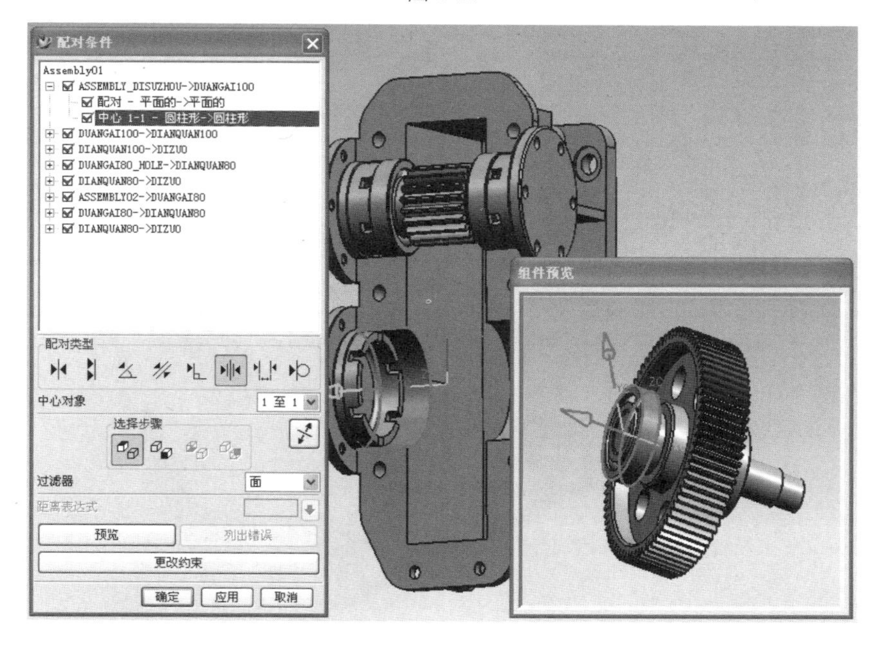

图 8-59

图 8-60

8.4.3.4　在底座另外的一侧安装另外一个密封圈和有孔端盖

参考上述步骤，完成底座另外一侧的密封圈和有孔端盖的装配，结果如图 8-61 所示。

图 8-61

8.4.4　调整大齿轮和齿轮轴的位置，让它们相互啮合

在前面两节中安装高速轴系统和低速轴系统部件的时候，并没有对低速大齿轮和高速齿轮轴的位置关系进行配合条件的设置，为了让低速大齿轮和高速齿轮轴相互接触的轮齿进入正确的啮合位置，需要调整低速大齿轮和高速齿轮轴的方向和位置。

由于低速轴系统和高速轴系统已经安装在底座的相应轴承座里面，低速大齿轮和高速齿轮轴的中心线已经确定，需要考虑让低速大齿轮和高速齿轮轴相互接触的轮齿进入正确的啮合位置，可以在相互接触的轮齿和齿槽上各做一个基准平面，然后对正这两个基准平面，就可以让低速大齿轮和高速齿轮轴相互接触的轮齿进入正确的啮合位置。

具体操作步骤如下所述。

8.4.4.1　在低速大齿轮的一个齿槽对称面上创建一个基准平面

（1）启动 UG NX 4 软件，单击“打开文件”，在“打开部件文件”对话框中，选择减速器文件存盘位置，选择文件名称“DaChiLun”，单击“确定”按钮，打开大齿轮的部件文件。

（2）隐藏大齿轮的实体，然后单击“基准平面”图标，单击“两直线”图标，在绘图区域选择齿槽的对称中心线以及 ZC 轴，单击“应用”，完成创建齿槽对称面上的基准平面，如图 8-62 所示。

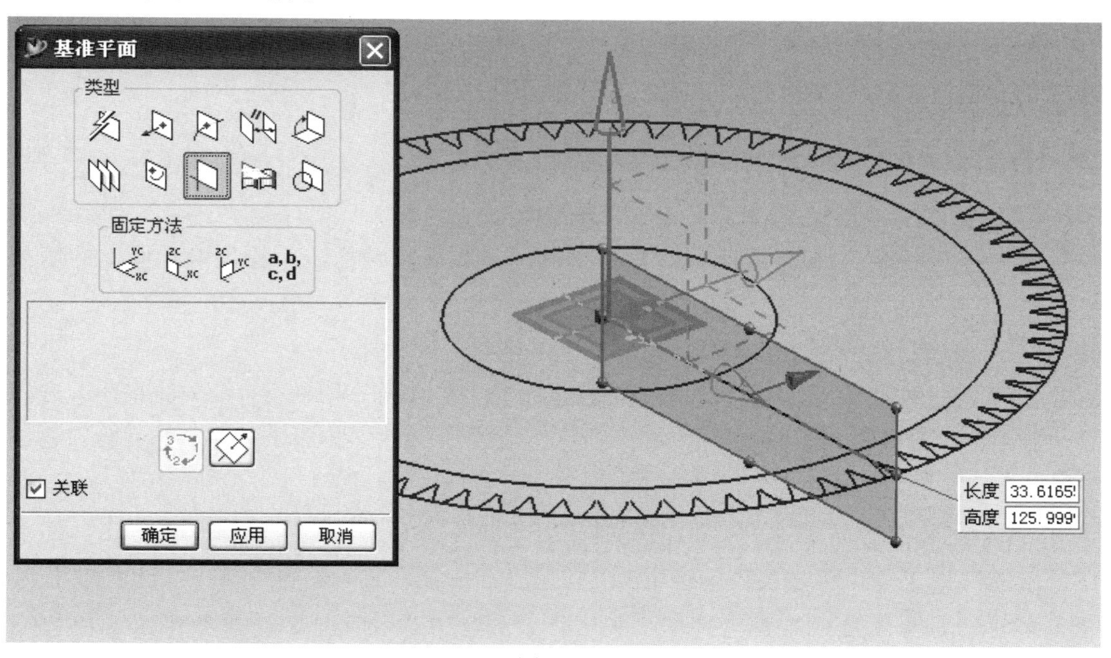

图 8-62

（3）取消隐藏大齿轮的实体，保存文件，完成低速大齿轮的一个齿槽对称面上的基准平面。

8.4.4.2　在高速齿轮轴的一个轮齿对称面上创建一个基准平面

（1）启动 UG NX 4 软件，单击“打开文件”，在“打开部件文件”对话框中，选择减速器文件存盘位置，选择文件名称“GearModule”，单击“确定”按钮，打开齿轮轴的部件文件。

（2）隐藏齿轮轴的实体，然后单击“基准平面”图标，在类型中单击“两直线”图标，在绘图区域选择轮齿的对称中心线以及 ZC 轴，单击“应用”，完成创建轮齿对称面上的基准平面，如图 8-63 所示。

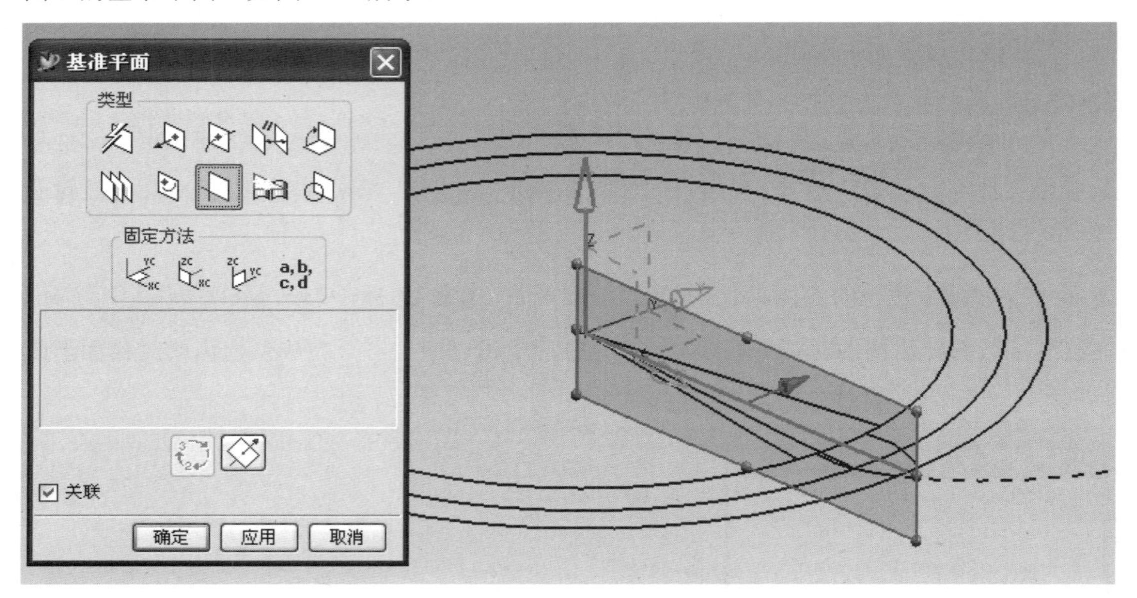

图 8-63

（3）取消隐藏齿轮轴的实体，保存文件，完成齿轮轴的一个轮齿对称面上的基准平面。

8.4.4.3　对正上述两个基准平面，完成大齿轮和齿轮轴的啮合

（1）启动 UG NX 4 软件，单击“打开文件”，在“打开部件文件”对话框中，选择减速器文件存盘位置，选择文件名称“Assembly01”，单击“确定”按钮，打开减速器装配文件。

（2）在装配导航器中的装配结构树找到 DaChiLun 部件，用鼠标右键单击，然后在弹出的快捷菜单中单击“替换引用集”，弹出下一级子菜单，然后单击“整个部件”，把大齿轮的引用集替换为整个部件，装配体将引用大齿轮部件的所有数据，如图 8-64 所示。

（3）在装配导航器中的装配结构树找到 GearModule 部件，用鼠标右键单击，然后在弹出的快捷菜单中单击“替换引用集”，弹出下一级子菜单，然后单击“整个部件”，把齿轮轴的引用集替换为整个部件，装配体将引用齿轮轴部件的所有数据，如图 8-65

所示。

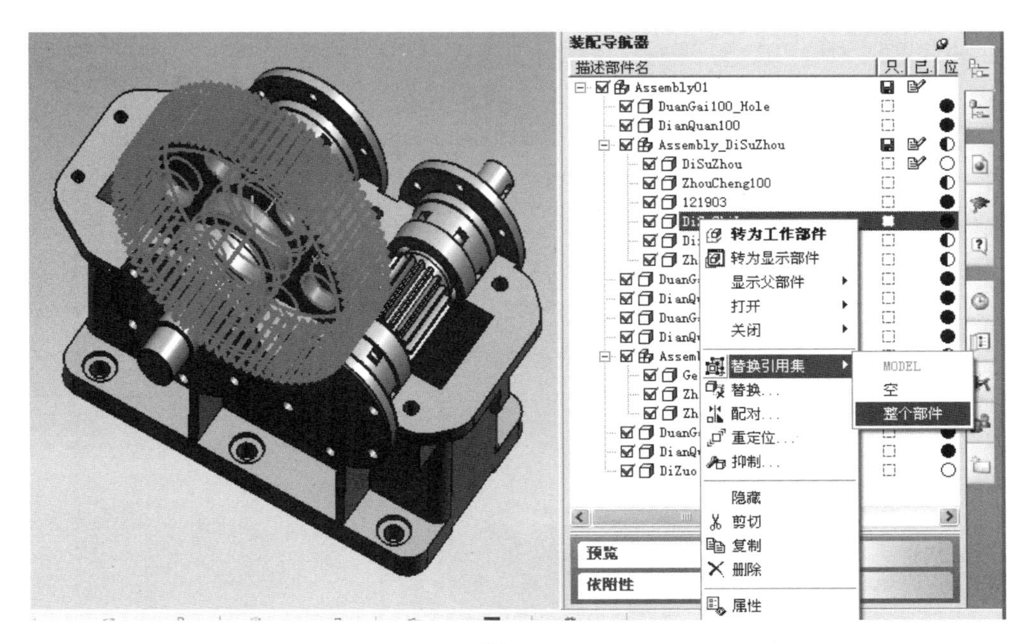

图 8-64

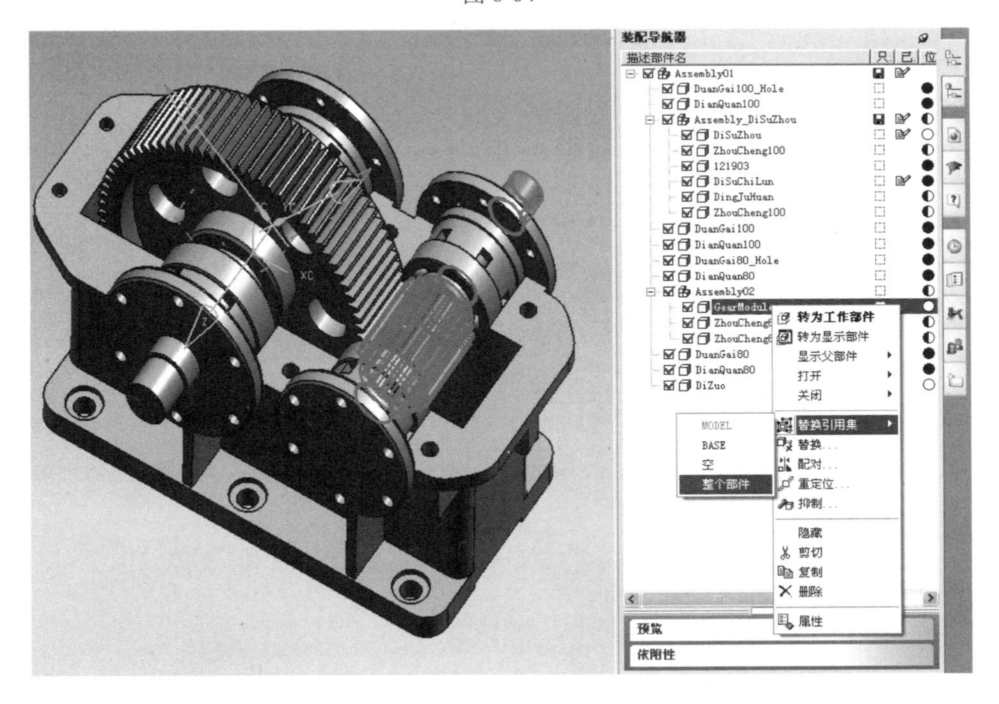

图 8-65

（4）单击装配工具条中的“配对组件”图标，弹出“配对组件”对话框。

（5）在过滤器中配置“基准平面”，然后在对话框的“配对类型”组合框中单击“对齐约束”按钮 [icon] 图标或者“配对约束”按钮 [icon] 图标。在绘图区域单击大齿轮齿槽的对称面上基准平面作为第一个配合对象，然后单击齿轮轴轮齿的对称面上基准平面作为第二个配合对象，系统将使所选的两个对象在轮齿啮合处共面，如图 8-66 所示。

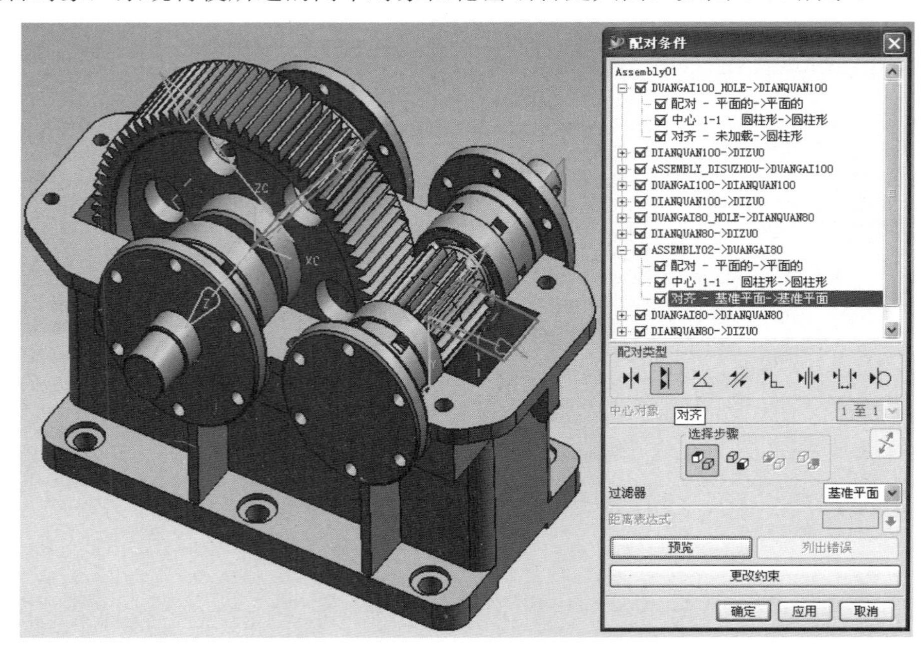

图 8-66

（6）单击“应用”，完成大齿轮和齿轮轴的啮合，结果如图 8-67 所示。

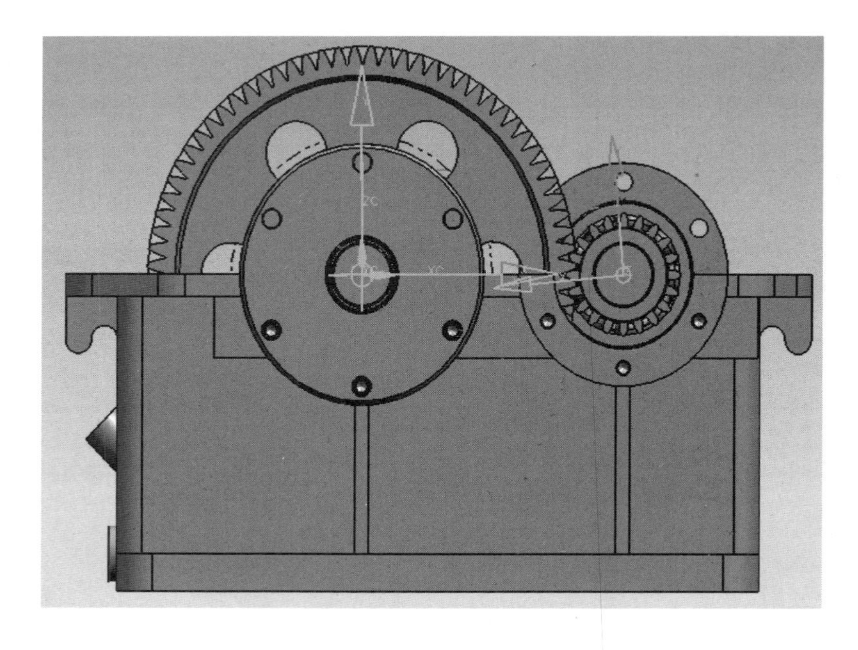

图 8-67

（7）在装配导航器中的装配结构树找到 DaChiLun 部件，用鼠标右键单击，然后在弹出的快捷菜单中单击“替换引用集”，弹出下一级子菜单，然后单击“MODEL”。

（8）在装配导航器中的装配结构树找到 GearModule 部件，用鼠标右键单击，然后在弹出的快捷菜单中单击“替换引用集”，弹出下一级子菜单，然后单击“MODEL”。

（9）保存装配文件，完成低速大齿轮和高速齿轮轴啮合的调整。

8.5　安装机盖

本节在上节基础上继续安装减速器的机盖，具体操作步骤如下所述。

（1）启动 UG NX 4 软件，单击“打开文件”，在“打开部件文件”对话框中，选择减速器文件存盘位置，选择文件名称“Assembly01”，单击“确定”按钮，打开减速器装配文件。

（2）单击“添加现有的组件”图标，弹出“选择部件”对话框；再单击“选择部件文件”按钮，弹出“选择部件”对话框。在减速器文件目录中选择文件“121901”，并在对话框右侧生成零件预览。

（3）单击“确定”按钮，系统弹出“添加现有部件”对话框。在该对话框中，保持默认的组件名称“121901”不变。在“引用集”下拉列表中选择“Model”选项，系统默认只加载零部件实体模型。在“定位”下拉列表中选择“配对”选项，在“层选项”下拉列表中选择“原先的”选项，系统将保持部件原来的层位置。系统同时按照对话框中的设置在“组件预览”区域生成部件的预览，效果如图 8-68 所示。

（4）单击“确定”按钮，弹出“配对条件”对话框。

（5）在对话框的“配对类型”组合框中单击“配对约束”按钮图标。在过滤器中选择“面”，在组件预览区单击机盖的水平底面作为相配合的配合对象，然后在绘图区中单击底座的水平顶面作为基础部件的配合对象，系统将使所选的两个对象共面而且法线方向相反。

（6）在对话框的“配对类型”组合框中单击“对齐约束”按钮图标。在过滤器中选择“边缘”，在组件预览区单击机盖右前方的竖直边缘作为相配合的配合对象，然后在绘图区中单击底座右前方的竖直边缘作为基础部件的配合对象，系统将使所选的两个对象重合而且法线方向相同，如图 8-69、图 8-70 所示。

注意：几个约束条件的选择配合对象过程中要注意零件方向的一致性，选择对象不方便的时候可以适当地翻转装配体和被装配零件。

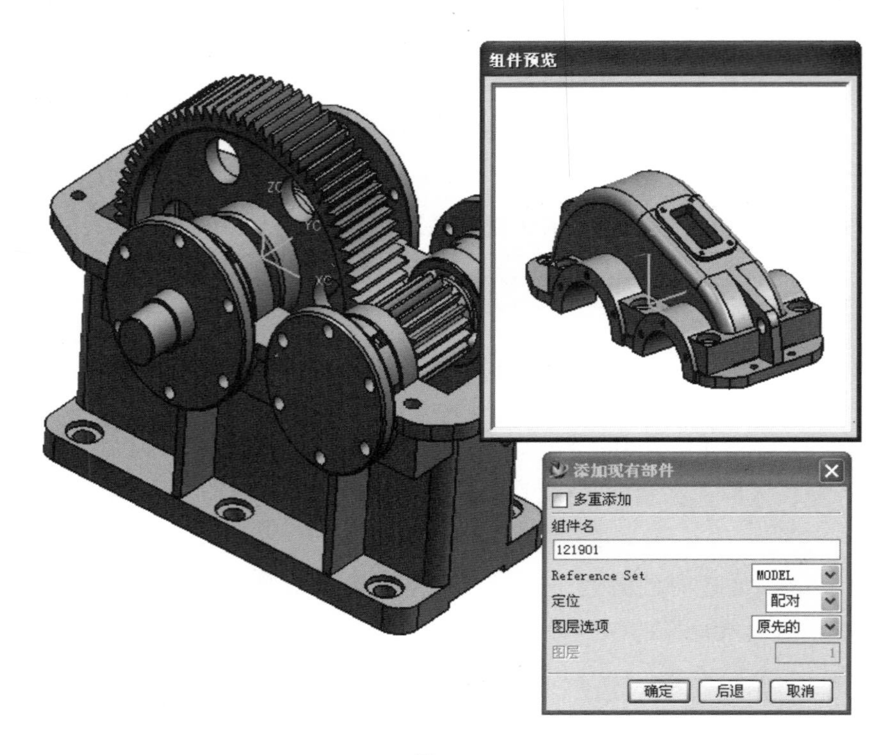
组件预览
添加现有部件
多重添加
组件名
121901
Reference Set
MODEL
定位
配对
图层选项
原先的
图层
确定
后退
取消

图 8-68

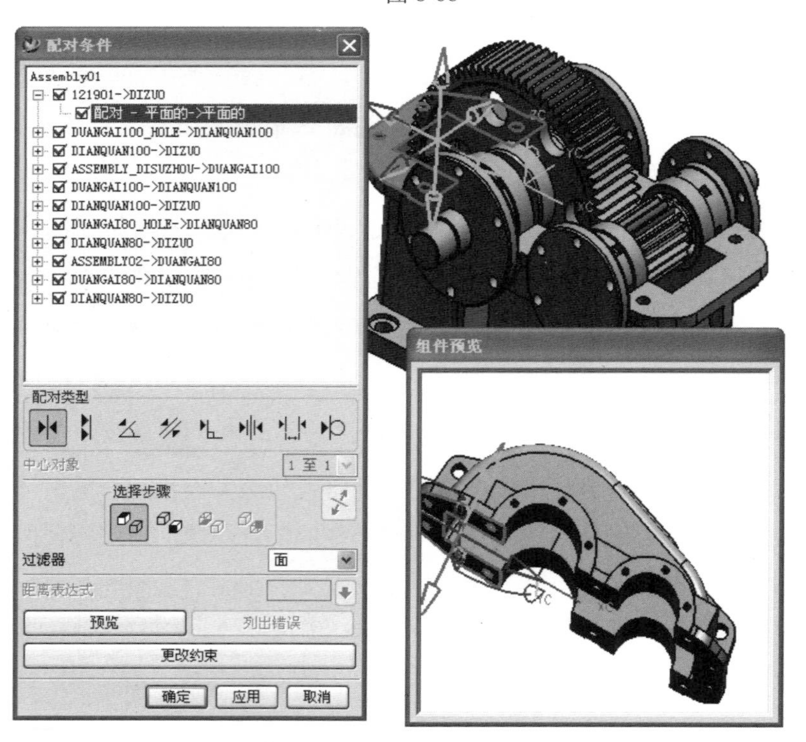
配对条件
Assembly01
121901->DIZUO
配对 - 平面的->平面的
DUANGAI100_HOLE->DIANQUAN100
DIANQUAN100->DIZUO
ASSEMBLY_DISUZHOU->DUANGAI100
DUANGAI100->DIANQUAN100
DIANQUAN100->DIZUO
DUANGAI80_HOLE->DIANQUAN80
DIANQUAN80->DIZUO
ASSEMBLY02->DUANGAI80
DUANGAI80->DIANQUAN80
DIANQUAN80->DIZUO
配对类型
中心对象
1 至 1
选择步骤
过滤器
面
距离表达式
预览
列出错误
更改约束
确定
应用
取消
组件预览

图 8-69

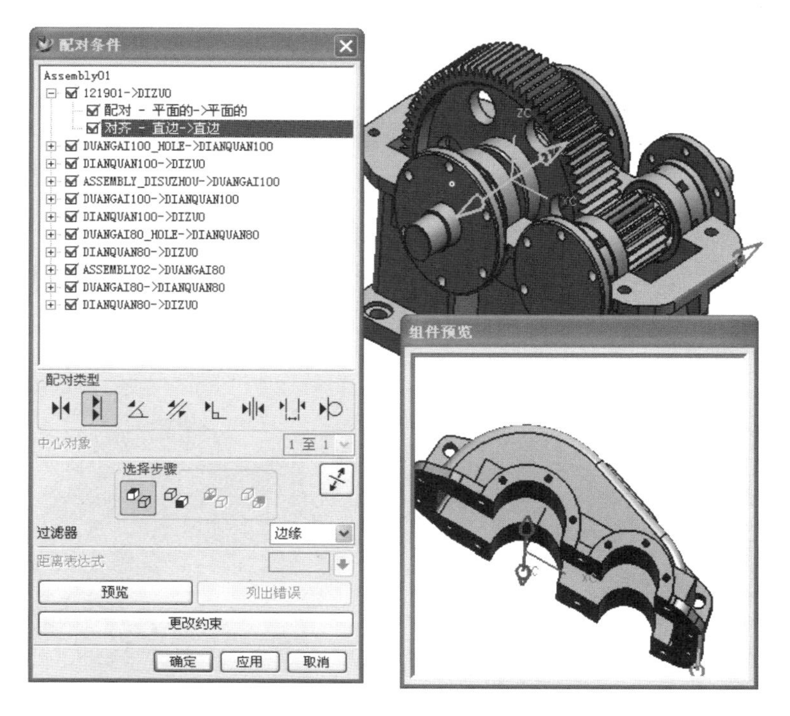

图 8-70

（7）单击对话框中的“应用”按钮，系统将按照配对条件把机盖安装在底座上，效果如图 8-71 所示。

8.6　安装标准件

减速器紧固装配中包含几个标准件：M8X30 螺栓、M12X85 螺栓和 M12 螺母。本节简单介绍它们的装配方法。

由于这些标准件的使用数量比较多，考虑采用组件阵列来完成。组件阵列是一种在装配中用对应相同的配对条件快速完成多个组件装配的方法。比如，要在轴承端盖上装配多个螺栓，可用配对条件先装配其中一个，其他螺栓的装配可以采用组件阵列的方式，而不必去为每一个螺栓定义配对条件。通常组件阵列有下列三种方式：基于特征的阵列、线性阵列、环形阵列。

本节主要采用线性阵列和环形阵列安装标准件。

8.6.1　安装 M8X30 螺栓

在每个轴承端盖的 6 个均匀分布孔处安装 6 个 M8X30 螺栓。首先按照配对条件安装其中 1 个，然后利用环形阵列组件的方法安装其他 5 个螺栓。

具体操作过程如下所述。

（1）在“添加已有部件”对话框中选中“多重添加”复选框，接着在第一个轴承端盖上安装第一个 M8X30 螺栓，弹出“创建组件阵列”对话框，选择“环形阵列”，再选择轴承端盖的外圆柱面，输入阵列数量 6，角度 60°，单击“确定”，完成第一个轴承端盖的螺栓安装。

（2）重复步骤（1），将其他 3 个轴承端盖的均匀孔中安装同样的 M8X30 螺栓。

8.6.2 安装 M12X85 螺栓和 M12 螺母

在底座和机盖上的 6 个分布孔处安装 6 组 M12X85 螺栓和 M12 螺母。

首先按照配对条件安装其中 1 组，然后利用线性阵列组件的方法安装其他 5 组。这个过程和上一节很相似，具体操作步骤请参考上一节。安装完成结果如图 8-72 所示。

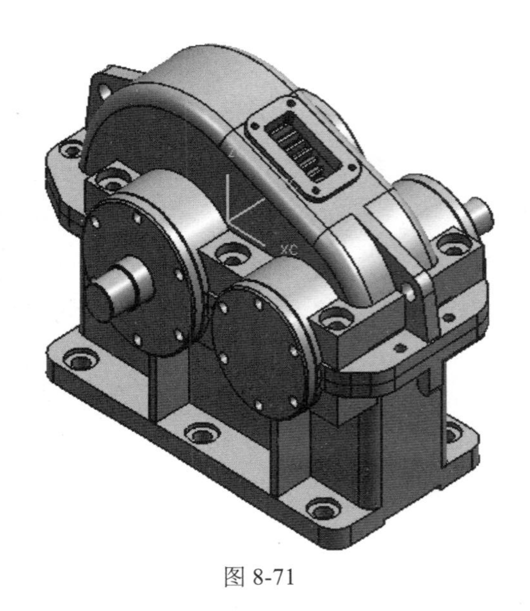

图 8-71

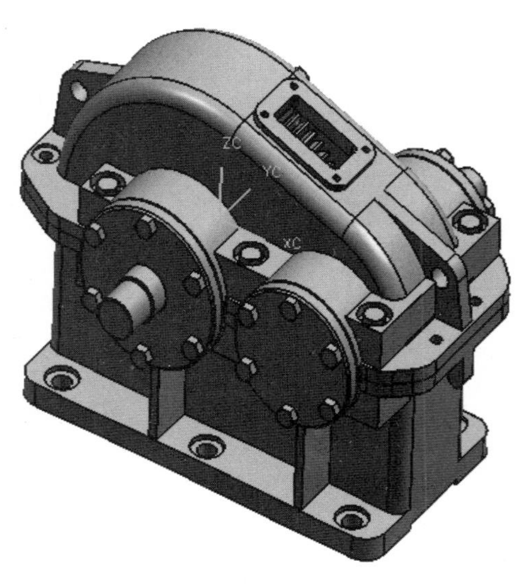

图 8-72